高等职业技术教育"十三五"规划教材

高等职业技术教育校企合作教材

电路分析基础与实践

DIANLU FENXI JICHU YU SHIJIAN　（第2版）

主　编　○　邱太俊
副主编　○　林稳章　唐　敏　孟　宓
主　审　○　申志福　周天泉

西南交通大学出版社
·成　都·

内容简介

本书是根据高等职业教育电子信息工程、通信技术及相近专业的教学需求，依照培养高技能、实用型人才的要求而编写的。

全书分为 3 部分，共 6 章。第一部分为直流电路（第 1~3 章）；第二部分为交流电路（第 4 章）；第三部分为技能与实践（第 5~6 章）。第 1~4 章后配有本章小结和习题，以增强学生的学习效果。第 5 章和第 6 章为基础实验和实训，是培养高素质、高技能、实用型人才的主要体现。此外，本书还以附录的形式给出了安全用电常识、部分习题答案、装配实训总结报告的内容与格式要求，以及"自检自测"数据与验收签字单。

本书可作为高等职业教育院校通信技术、电子信息工程、计算机应用等电类相关专业的教材，也可供相关工程技术人员参考。

图书在版编目（CIP）数据

电路分析基础与实践 / 邱太俊主编. —2 版. —成都：西南交通大学出版社，2016.6
高等职业技术教育"十三五"规划教材　高等职业技术教育校企合作教材
ISBN 978-7-5643-4727-7

Ⅰ. ①电… Ⅱ. ①邱… Ⅲ. ①电路分析–高等职业教育–教材　Ⅳ. ①TM133

中国版本图书馆 CIP 数据核字（2016）第 133163 号

高等职业技术教育"十三五"规划教材
高等职业技术教育校企合作教材

电路分析基础与实践
（第 2 版）

主编　邱太俊

*

责任编辑　宋彦博
封面设计　何东琳设计工作室
西南交通大学出版社出版发行
四川省成都市二环路北一段 111 号西南交通大学创新大厦 21 楼
邮政编码：610031　发行部电话：028 – 87600564
http://www.xnjdcbs.com
四川森林印务有限责任公司印刷

*

成品尺寸：185 mm × 260 mm　　印张：15.25
字数：381 千字
2016 年 6 月第 2 版　　2016 年 6 月第 2 次印刷
ISBN 978-7-5643-4727-7
定价：35.00 元

课件咨询电话：028-87600533
图书如有印装质量问题　本社负责退换
版权所有　盗版必究　举报电话：028 – 87600562

第 2 版前言

本书自 2013 年 8 月第一次出版以来，受到读者的青睐和好评，故此推出第二版。

此次再版，仍然保持第一版的架构和形式，未做调整。仅做了如下工作：

（1）对书中个别概念表述不太清楚或容易混淆的内容做了更新。

（2）对交流电路部分的习题做了少量的删减。

（3）对书做了勘误。

（4）为方便读者，增加了部分习题的参考答案供读者学习时参考。

在本书此次再版时，编写组本想将其改为"模块化+任务驱动"架构，但经反复讨论并考虑到我们的实训模式是在铜铆钉 PCB 上的焊接形式，具有灵活、方便的特点，在教学实施中，教师可以按照"理实一体"的模式实施，故未作调整。

由于编者水平有限，书中不妥之处在所难免，诚望读者批评指正。

编　者

2016 年 1 月于重庆

第1版前言

本书是根据高等职业教育电子信息工程、通信技术及相近专业的教学要求而编写的。在编写过程中，结合专业特点，以"必需、够用和实用"为原则，突出学生的实践技能培养，将"教""学""做""评"融为一体。

全书分为3个部分，共6章。第一部分——直流电路（第1~3章）；第二部分——交流电路（第4章）；第三部分——技能与实践（第5章和第6章）。第1~4章后配有本章小结和习题，以增强学生学习效果。第5章和第6章为基础实验和实训，是培养高素质、高技能、实用型人才的主要体现。

本教材是集体智慧的结晶：邱太俊担任主编，负责全书的统稿、定稿，并编写了第1章和第5章；林稳章、唐敏、孟宓担任副主编，其中，林稳章编写了第4章，唐敏编写了第3章，孟宓编写了第2章，唐敏、孟宓合编了第6章；重庆电讯职业学院申志福教授和重庆普天普科通信技术有限公司周天泉副总经理担任主审，并为本书的编写提出了很多指导性意见；重庆电讯职业学院梁卫华主任对本书的编写给予了具体指导。

本教材在编写过程中参考了众多专家学者的研究成果，书后列出了参考文献。在此，向所有作者表示深深的谢意。

由于编者水平有限，加之时间仓促，书中不妥之处在所难免，诚望读者批评指正。

编 者
2013年4月于重庆

目 录

1 电路的基本概念和基本定律 ·· 1
   1.1 电路与电路模型 ·· 1
   1.2 电路的基本变量 ·· 3
   1.3 电路的基本元件 ··· 10
   1.4 基尔霍夫定律 ·· 16
   本章小结 ··· 20
   习　题　一 ·· 22

2 线性电路的分析方法 ··· 27
   2.1 等效分析方法 ·· 27
   2.2 线性电路的一般分析方法 ·· 49
   2.3 电路定理 ·· 58
   本章小结 ··· 73
   习　题　二 ·· 76

3 动态电路的暂稳态分析 ·· 83
   3.1 动态元件 ·· 83
   3.2 过渡过程及初始条件 ·· 91
   3.3 一阶电路的三要素法 ·· 95
   本章小结 ··· 101
   习　题　三 ·· 103

4 正弦稳态电路分析 ·· 107
   4.1 正弦交流电的基本概念 ··· 107
   4.2 正弦交流电的相量表示法 ·· 111
   4.3 电路定律的相量形式 ·· 115
   4.4 正弦交流电路分析 ··· 117
   4.5 谐振电路 ·· 137
   4.6 正弦交流电路的功率 ·· 148
   4.7 耦合电感元件 ·· 153
   4.8 理想变压器 ··· 159
   4.9 三相交流电路的基本知识 ·· 163
   本章小结 ··· 169
   习　题　四 ·· 174

5 基础实验与实训 ... 180
5.1 万用表的使用 ... 180
5.2 电烙铁焊接技术与实践 ... 183
5.3 电路元件伏安特性的测绘 ... 188
5.4 电位的测试与电位图的绘制 ... 191
5.5 基尔霍夫定律的验证 ... 193
5.6 叠加原理的验证 ... 195
5.7 电压源与电流源的等效变换 ... 197
5.8 戴维南定理和诺顿定理的验证 ... 199
5.9 最大功率传输条件测定 ... 203
5.10 示波器的使用 ... 205
5.11 模拟"配电" ... 209

6 MF-47型万用表的装配与调试 ... 212
6.1 实训目的 ... 212
6.2 实训主要器材、仪表和工具 ... 212
6.3 万用表的工作原理 ... 213
6.4 MF-47型万用表装配步骤 ... 217
6.5 主要元件识别与判断 ... 217
6.6 装配与工艺要求 ... 218
6.7 检测与验收 ... 220
6.8 实训的总体要求 ... 221

附录1 安全用电基本常识 ... 222
附录2 部分习题参考答案 ... 229
附录3 装配实训总结报告的内容与格式要求 ... 235
附录4 "自检自测"数据与验收签字单 ... 236

参考文献 ... 237

1 电路的基本概念和基本定律

1.1 电路与电路模型

1.1.1 实际电路

为了实现电能或电信号的产生、传输、加工和利用，人们将各种所需要的电气元件或设备，按一定的方式相互连接而构成的电流通路称为电路（circuit），也称为网络（network）。

日常生活中，人们经常接触到的实际电气器件或设备有各种电源、电阻器、电容器、电感器、变压器、晶体管、集成块、发电机、电动机等。显然，实际的电路种类繁多、千差万别。有的电路十分庞大、复杂，可以延伸到数千千米之外，如由发电机、变压器、输电线及各种负载组成的电力系统、通信系统等；而有的电路则被限制在非常微小的面积之内，如集成块内集成了许许多多的元器件来构成一个"功能"或"系统"。上述电路无论尺寸大小，其内部结构都是比较复杂的。当然，也有些实际电路是非常简单的。如图 1.1.1（a）所示就是一个简单的手电筒的实际电路，它完成的功能就是提供照明。

图 1.1.1　手电筒的实际电路及电路模型

无论实际电路的尺寸与复杂度如何，我们都可以把电路看成由三个基本部分组成：
① 供电装置，如电能、电信号发生器等，即电源；
② 用电设备，即负载；
③ 中间环节，即控制部件（开关）、连接导线等。

其中，电源（power source）是将其他形式的能量转换为电能的装置或设备，如干电池、蓄电池、发电机等。

负载（load）就是取用（消耗）电能的装置或设备，通常也称为用电器，如照明灯、电视机、电冰箱、洗衣机、电动机等。

中间环节是指传输、控制电能的装置或设备，如连接导线、变压器、开关、过压过流保护器等。

由于电路中的电压和电流是在电源的作用下产生的，因此电源又称为"激励"，而在电源作用下产生的电压和电流称为"响应"。有时根据激励与响应的因果关系，又把激励称为"输入"，把响应称为"输出"。

1.1.2 电路模型

由于实际电路千差万别，人们不可能直接研究电池、变压器、晶体管、灯泡、导线、开关等实际器件，而是把它们"理想化"。

所谓"理想化"，就是把实际电路元件在一定条件下进行科学抽象，用数学关系式将其严格定义成一种"理想元件"。每一种理想元件都可以表示实际器件所具有的一种主要电磁性能，反映实际器件的基本物理规律，从而得到实际电路的一个理想化模型——电路模型。图 1.1.1（b）就是图 1.1.1（a）所示实际电路的电路模型。显然，电路理论中所说的电路本质上是指电路模型，而不是实际电路。

理想元件是抽象的模型，它只具有一种物理特性，没有体积大小，其电磁特性集中表现在空间的一个点上，称为集总参数元件。比如，电阻元件是消耗电能量的，所有的电能量的消耗都集中于电阻元件。此外，电场能集中于电容元件，磁场能集中于电感元件。

由集总参数元件构成的电路称为集总参数电路，简称集总电路。在集总电路中，任何时刻该电路任何地方的电流、电压都是与其空间位置无关的确定值。

那么，用集总电路来近似地描述实际电路的条件是什么呢？就是实际电路的尺寸 d 要远远小于电路工作时的电磁波波长 λ。而波长

$$\lambda = c/f \tag{1.1.1}$$

式中，c 代表光速，$c = 3 \times 10^8$ m/s。

用光速 c 去除不等式 $d \ll c/f$ 的两边，可得集总化条件的另一种表示形式：

$$\tau \ll T \tag{1.1.2}$$

式中，$\tau = d/c$ 是电磁信号从电路的一端传到电路的另一端所需要的时间，T 为信号的周期。

实际电路的尺寸差异是很大的。比如，我国电力系统供电的频率为 50 Hz，对应的波长为 6 000 km，对于大多数用电设备（电器）来讲，其尺寸与波长相比可忽略不计，因此可以采用集总电路来进行分析。但是对于频率比较高的微波信号，其对应的波长 $\lambda = 0.1 \sim 10$ cm，这时，波长与元件尺寸属于同一数量级，信号在电路中传输的时间不能忽略；电路中的电流、电压不仅是时间的函数，也是空间的函数；某一时刻从电路或器件一端流入的电流不一定等于另一端流出的电流。此时，集总模型失效，应当采用"分布参数模型"来分析与研究。

1.1.3 电路分析的一般方法

电路分析的对象是理想元件的模型及电路模型。

电路分析的一般方法：首先建立实际电路的电路模型，然后按照一定的规律和方法，建立相应的数学模型，最后通过求解这些数学方程，得到分析结果，也就是实际电路的近似特性。以上过程如图 1.1.2 所示。

图 1.1.2　电路分析的一般方法

1.2　电路的基本变量

电路的功能，无论是能量的传输和分配，还是信号的传输和处理，都是通过电压、电流和功率来实现的。因此，在电路理论中，常用电压 u、电流 i 和功率 p 三个基本变量来描述电路的工作状态以及元件特性等。

1.2.1　电流及其参考方向

1.2.1.1　电　流

电荷 q 的定向移动就形成了电流（current）。

单位时间内通过导线横截面的电荷量，称为电流强度，简称电流，用符号 I 或 i 表示。

习惯上把正电荷运动的方向定义为电流的方向。图 1.2.1 中的 I 的方向就是电流的方向。

如果在时间 Δt 内通过的某导体横截面的电荷数为 Δq，则该段时间的平均电流为

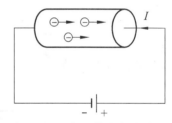

图 1.2.1　电子的定向移动及电流的方向

$$i(t) = \frac{\Delta q}{\Delta t} \tag{1.2.1}$$

当 $\Delta t \to 0$ 时，可得

$$i = \lim_{\Delta t \to 0} \frac{\Delta q}{\Delta t} = \frac{\mathrm{d}q}{\mathrm{d}t} \tag{1.2.2}$$

如果电流的大小和方向都不随时间改变，则这种电流称为直流电流（Direct Current），简称直流（DC），用大写字母 I 表示。在直流情况下，可知

$$I = \frac{q}{t} \tag{1.2.3}$$

周期性变动而且平均值为零的电流称为交流电流（Alternate Current），简称交流（AC），常用小写字母 i 表示。如图 1.2.2 所示为直流电流与交流电流的波形示意图。

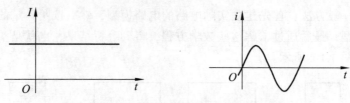

图 1.2.2　直流电流与交流电流波形示意图

在国际单位制（SI）中，电流的基本单位为安培，简称安，符号为 A。在电力系统中，常用的电流单位为千安（kA）；在通信、电子等专业中，常用的电流单位为毫安（mA）、微安（μA）和纳安（nA）。它们的关系为

$$1 \text{ kA} = 10^3 \text{ A}, \ 1 \text{ A} = 10^3 \text{ mA}, \ 1 \text{ mA} = 10^3 \text{ μA}, \ 1 \text{ μA} = 10^3 \text{ nA}$$

1.2.1.2　电流的参考方向

电路分析中，在描述电流时需要指明电流的大小和方向。对于一个给定的电路而言，不经过分析就直接给出电流的真实方向往往是很困难的，另外交流电路中电流方向随时间变化，也需要建立一个分析的基准。为了便于分析，引入了电流的"参考方向"的概念。

在对电路进行分析之前，人为设定某一方向为电流的正方向，称为电流的参考方向。其方向可以是任意的，但一经设定，在整个分析计算过程中就不要再改变。

电流的参考方向在电路图中通常用箭头符号表示，在文字表述中常用双下标表示，如图 1.2.3 所示。

图 1.2.3（a）中，在 a，b 间有一器件（或电路），流经它的电流 i 的参考方向用箭头符号表示，并在该箭头符号附近标上符号 i（在本图中是标在箭头符号的上方），表示电流 i 的参考方向是由 a 流向 b。图 1.2.3（b）所示为双下标表示方法，表示的电流参考方向为由 b 指向 a。

（a）箭头表示　　　　　　　　　　（b）双下标表示

图 1.2.3　电流的参考方向表示方法

经分析计算，如果计算结果为正值，表示电流的真实（实际）方向与假设参考方向相同；如计算结果为负值，表示电流的真实方向与假设参考方向相反。显然，$i_{ab} = -i_{ba}$。

对于电流而言，只有大小而没有方向是不能描述其物理意义的，因此，在求解电路时，必须设定电流的参考方向。

1.2.2　电压及其参考方向

1.2.2.1　电位与电压

在电磁学中已经知道：① 电荷在电场中受到电场力的作用，当把电荷由电场中的一点 a 移到另一点 b 时，电场力对电荷做功。② 当正电荷从高电位移到低电位时，电场力做功，将

电能转化为其他形式的能量；当正电荷在电源内部由低电位向高电位移动时，必由外力做功，将其他形式的能量转化为电能。

1. 电　位

电位（potential）在物理学中称为电势，其定义为：在电场中电场力将单位正电荷 $+q$ 由 a 点沿任意路径移动到无穷远处（该点可用字母 E 来表示，而且该处的电场强度为零），电场力所做的功，称为电场中 a 点的电位，用字母 V_a 表示。电位的单位是伏特（V），与电压的单位相同。

在电路问题中，可以任选电路中的一点作为参考点（也称零电位点）。在实际电路中，参考点通常选为接地点、设备外壳或某一公共连接点。但是，在一个连通的系统中只能选择一个参考点，并规定参考点电位为零。然而从电压的角度考虑则有：电路中任意一点 a 的电位定义为从 a 点出发沿任意路径到参考点间的电压，即

$$V_a = U_{aE}$$

从电位的角度考虑，电路中任意两点 a、b 间的电压 U_{ab} 用电位表示，有

$$U_{ab} = V_a - V_b$$

显然又有

$$U_{ba} = V_b - V_a = -U_{ab}$$

2. 电　压

单位正电荷 $+q$ 由 a 点移动到 b 点时电场力做的功称为 a，b 两点间的电压（voltage），用符号 U 或 u 表示，即

$$u_{ab} = \frac{\mathrm{d}w}{\mathrm{d}q} \tag{1.2.4}$$

式中，w 的基本单位是焦耳，简称焦，符号为 J；$\mathrm{d}w$ 为单位正电荷从 a 点到 b 点获得或失去的能量。

如果正电荷由 a 点到 b 点获得能量，则 a 点的电位比 b 点的电位低；如果正电荷从 a 点到 b 点失去能量，则 a 点的电位比 b 点的电位高。

习惯上把电位降落（从高电位到低电位）的方向规定为电压的方向。通常用符号"＋"来表示高电位端，用符号"－"表示低电位端，则电压的方向由"＋"指向"－"。

如果电压的大小和方向都不随时间改变，则这种电压称为直流电压（恒定电压），用大写字母 U 表示。此时

$$U = \frac{W}{q} \tag{1.2.5}$$

在国际单位制中，电压的基本单位为伏特，简称伏，符号为 V。在电力系统中，常用的电压单位为千伏（kV），在通信、电子等专业中，常用的电压单位有毫伏（mV）、微伏（μV）。它们的关系为

$$1\ \mathrm{kV} = 10^3\ \mathrm{V},\ 1\ \mathrm{V} = 10^3\ \mathrm{mV},\ 1\ \mathrm{mV} = 10^3\ \mathrm{\mu V}$$

电位和电压是两个既有联系又有区别的概念。电位是对电路中某一零电位点而言的，其值与零电位点（参考点）的选取有关，即 $V_a = U_{ao}$；电压则是对电路中某两点而言的，其值与参考点的选取无关。

电压与电位的关系为：a、b两点间的电压等于这两点的电位之差。

1.2.2.2 电压的参考方向

与电流一样，在分析电路时也要事先设定电压的参考方向。电压的参考方向的选定是任意的，可以用"+""-"符号或箭头符号表示，如图1.2.4所示。

经分析计算，如果结果为正值，表示电压的实际方向与参考方向相同；如果结果为负值，表示电压的实际方向与参考方向相反。

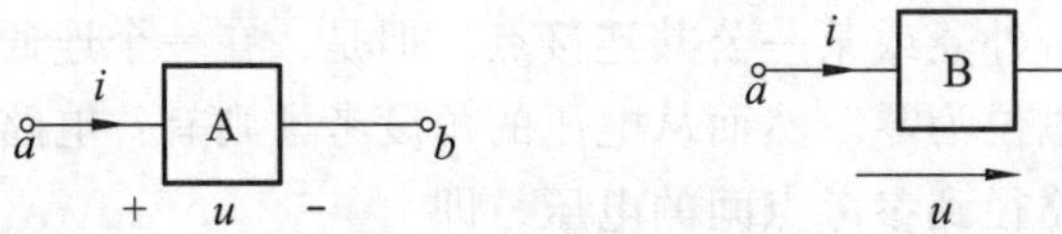

图1.2.4 电压的参考方向表示方法

由于电压指的是两点间的电位相对高低，也常用带双下标的符号表示其参考方向，如u_{ab}，下标的第一位代表高电位点，第二位代表低电位点。显然，有

$$u_{ab} = -u_{ba} \tag{1.2.6}$$

电压的正负值必须对应确定的参考方向。抛开电压参考方向而谈电压是没有意义的。

1.2.3 关联参考方向

进行电路分析时，对于一个元件A或同一段电路N，我们既要选取电流参考方向，又要选取电压参考方向，两个参考方向是相互独立的，可以任意选定。

但是在实际应用中，两者之间需要联合考虑。通常用"关联"这一概念来表示。所谓关联参考方向，就是电流的参考方向是从电压的参考方向的"+"端流向"-"端，否则就是非关联参考方向，如图1.2.5所示。

注意：电压u与电流i参考方向关联与否，只与参考方向有关，而与具体的值无关。

（a）关联参考方向　　　　　（b）非关联参考方向

图1.2.5 关联参考方向与非关联参考方向

【**例1.2.1**】在图1.2.6所示电路中，判断电压u和电流i参考方向是否关联。

【**解**】在图中假设的电压和电流参考方向下，对于元件B，电流i从电压u的"+"极流入，从"-"极流出，所以电压与电流参考方向关联。

对于元件A，电流i从电压u的"-"极流入，从"+"极流出，所以电压与电流参考方向非关联。

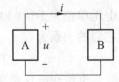

图1.2.6 例1.2.1图

注意：在考察电压和电流变量的参考方向是否关联时，一定要看是对哪一部分电路或哪个元件而言。

【**例1.2.2**】电路如图1.2.5所示，已知图（a）中$u_{ab}=5\text{ V}$，图（b）中$u_{ba}=-10\text{ V}$，判

断图中元件电压的实际方向（极性）。

【解】由图（a）可知，电压的参考方向为 $a \to b$，$u_{ab} = 5$ V>0，所以电压的实际方向与参考方向相同，为 $a \to b$。

由图（b）可知，电压的参考方向为 $b \to a$，$u_{ba} = -10$ V<0，所以电压的实际方向与参考方向相反，为 $a \to b$。

【例 1.2.3】电路如图 1.2.7（a）所示，其中：$R = 10\ \Omega$，$I = 2$ A。分别求：
① 当 a 点为参考点时，V_a，V_b，V_c 的值和 U_{bc}；
② 当 d 点为参考点时，V_a，V_b，V_c 的值和 U_{bc}。

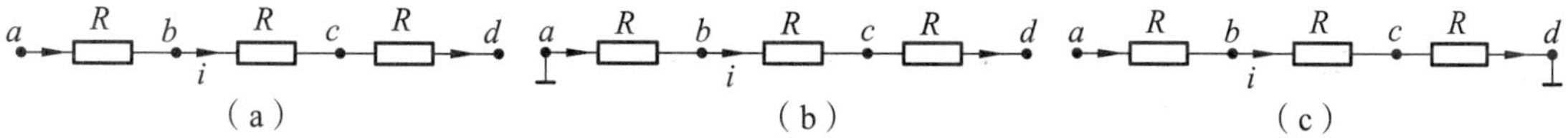

图 1.2.7　例 1.2.3 图

【解】① 当 a 点为参考点时，即 $V_a = 0$，如图 1.2.7（b）所示，则有

$$V_b = -IR = -(2 \times 10) = -20 \text{ V}$$
$$V_c = -I(R + R) = -[2 \times (10 + 10)] = -40 \text{ V}$$

而 U_{bc} 的计算方法有

$$U_{bc} = IR = 2 \times 10 = 20 \text{ V}$$
$$U_{bc} = V_b - V_c = -20 - (-40) = 20 \text{ V}$$

② 当 d 点为参考点时，即 $V_d = 0$，如图 1.2.7（c）所示，则有

$$V_a = I(R + R + R) = [2 \times (10 + 10 + 10)] = 60 \text{ V}$$
$$V_b = I(R + R) = [2 \times (10 + 10)] = 40 \text{ V}$$
$$V_c = IR = 2 \times 10 = 20 \text{ V}$$
$$U_{bc} = V_b - V_c = 40 - 20 = 20 \text{ V}$$

结论：① 电位值随参考点不同而改变；② 任意两点间的电压值不随参考点的变化而改变。

1.2.4　功率和能量

电路在工作状态下总是存在电能和其他形式能量之间的互相转换。同时，电气设备、电路部件等在工作时都对功率有要求，即在使用过程中要保证其电压和电流不超过其"额定值"。过载（指电压或电流超过额定值）会使设备或部件烧坏，反之，欠载（指电压或电流达不到额定值）则使设备不能正常工作。

1.2.4.1　电　能

电路中随着电荷 q 的移动总是伴随着能量的转换。当 $+q$ 在电场力的作用下从元件上电压的"＋"极经元件运动到电压的"－"极时，电场力对电荷做正功，正电荷将失去一部分能量而被元件所吸收（消耗）。反之，当 $+q$ 从元件上电压的"－"极经元件运动到电压的"＋"极时，电场力对电荷做负功，元件向外释放（提供、产生、输出）能量，正电荷将获得元件释放出的能量。

我们已经知道，计算电场中某两点 a，b 间的电压时用公式（1.2.4），再用高等数学知识可得

$$W = \int u_{ab} \mathrm{d}q \quad (1.2.7)$$

式（1.2.7）为单位正电荷 $+q$ 由 a 点移动到 b 点时电场力做的功的计算式。则从 t_0 到 t 时间内，元件吸收的电能为

$$W = \int_{q(t_0)}^{q(t)} u_{ab} \mathrm{d}q \quad (1.2.8)$$

又因为电流 $i = \dfrac{\mathrm{d}q}{\mathrm{d}t}$，即 $\mathrm{d}q = i\mathrm{d}t$，所以

$$W = \int_{t_0}^{t} u(\tau)i(\tau)\mathrm{d}\tau \quad (1.2.9)$$

式（1.2.9）中，电压和电流都是时间的函数，并且是代数量，因此，电能 W 也是时间的函数，而且也是代数量。

设电压和电流的参考方向为关联，若 $W>0$，则元件吸收能量；若 $W<0$，则元件释放能量。当电流单位为 A，电压单位为 V，时间单位为 s 时，电能的单位为 J。

1.2.4.2 功率

功率（power）定义为能量的变化率，本质上是指单位时间内电流所做的功，用符号 P 或 p 表示。其数学表达式为

$$p(t) = \frac{\mathrm{d}w}{\mathrm{d}t} \quad (1.2.10)$$

根据式（1.2.10）可以得到

$$p(t) = \frac{\mathrm{d}w}{\mathrm{d}t} = \frac{\mathrm{d}w}{\mathrm{d}q} \cdot \frac{\mathrm{d}q}{\mathrm{d}t} = u(t)i(t) \quad (1.2.11)$$

由式（1.2.11）可以知道：功率是和电压、电流都有关的量，因此，需要考虑其参考方向的关联性。

参考方向关联时：

$$p(t) = u(t)i(t) \quad (1.2.12)$$

参考方向非关联时：

$$p(t) = -u(t)i(t) \quad (1.2.13)$$

如图 1.2.8 所示，在参考方向关联的情况下，计算功率时用公式（1.2.12），否则，用公式（1.2.13）计算。

图 1.2.8　参考方向关联及其功率计算公式

采用上述两个公式计算功率时，计算的都是元件消耗（吸收）的功率。即：
$p>0$，表示消耗（吸收、存储）功率；
$p<0$，表示输出（提供、产生、释放）功率。

在国际单位制中，功率的基本单位为瓦特，简称瓦，符号为 W。常用的功率单位还有兆瓦（MW）、千瓦（kW）、毫瓦（mW）和微瓦（μW）。

其换算关系为

$$1\ \text{MW} = 10^3\ \text{kW},\ 1\ \text{kW} = 10^3\ \text{W},\ 1\ \text{W} = 10^3\ \text{mW},\ 1\ \text{mW} = 10^3\ \text{μW}$$

注意：对于整个电路，电路应满足功率平衡原理，即

$$\sum p_{消耗} = \sum p_{输出} \text{ 或 } \sum p = 0$$

当已知设备或负载的功率为 P 时，则在时间 t 秒内消耗的电能（或电功）为

$$W = Pt \tag{1.2.14}$$

在工程和实际生活中，电能的单位通常用千瓦时（kW·h），俗称"度"。即

$$1\ 度电 = 1\ \text{kW·h} = 10^3\ \text{W} \times 3\ 600\ \text{s} = 3.6 \times 10^6\ \text{J}$$

1 度电的概念 $\begin{cases} 1\ 000\ \text{W 的"热得快"加热 1 个小时} \\ 200\ \text{W 的台式计算机开机使用 5 个小时} \\ 40\ \text{W 的照明灯照明 25 个小时} \end{cases}$

电能的计量主要使用"电度表"。电度表的容量主要用电流的大小来表示。

【例 1.2.4】 图 1.2.9 所示电路，已知某时刻的电流和电压，求该时刻各电路的功率，并指明功率是吸收还是输出。

图 1.2.9 例 1.2.4 图

【解】 图（a）中的电压、电流方向为关联参考方向，元件 N_1 吸收的功率为

$$p = ui = 2 \times (-3) = -6\ \text{W} < 0$$

所以元件 N_1 实际为输出功率。

图（b）中的电压、电流方向为非关联参考方向，元件 N_2 吸收的功率为

$$p = -ui = -(-5) \times 2 = 10\ \text{W} > 0$$

所以元件 N_2 实际为消耗功率。

【例 1.2.5】 电路如图 1.2.10 所示，已知 $U_A = 5\ \text{V}$，$U_B = 4\ \text{V}$，$U_C = 15\ \text{V}$，$U_D = 6\ \text{V}$，$I = 2\ \text{A}$。试求：

① 元件 A，B，C，D 各自的功率，并说明功率的性质。
② 分析整个电路功率关系是否平衡。

【解】 ① 对于元件 A，电压和电流方向关联，则

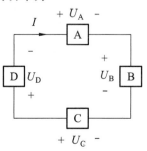

图 1.2.10 例 1.2.5 图

$$P_A = U_A I = 10 \text{ W} > 0 \text{（消耗功率）}$$

对于元件 B，电压和电流方向关联，则

$$P_B = U_B I = 8 \text{ W} > 0 \text{（消耗功率）}$$

对于元件 C，电压和电流方向非关联，则

$$P_C = -U_C I = -30 \text{ W} < 0 \text{（输出功率）}$$

对于元件 D，电压和电流方向关联，则

$$P_D = U_D I = 12 \text{ W} > 0 \text{（消耗功率）}$$

② 对于整个电路，有

$$\sum P = P_A + P_B + P_C + P_D = 10 + 8 + (-30) + 12 = 0 \text{（满足功率平衡）}$$

1.2.4.3 额定值

各种设备和电器（如电动机、电灯、电烙铁、电阻器等）都有一定的量值限额，称为额定值，包括额定电压、额定电流和额定功率。许多设备和电器只有在额定电压下才能够正常、合理、可靠地工作。如果电压超过额定值，设备和电器容易损坏（烧坏）；如果电压低于额定值，设备和电器不能正常工作。例如，对于灯泡、电烙铁，当电压过高，时间稍长就会因过热而烧坏；当电压过低，则灯泡亮度不够、电烙铁温度不够。

【例 1.2.6】某实训室现有规格为 220 V/40 W 的照明灯 25 盏，220 V/25 W 内热式电烙铁 20 把，220 V/2 kW 电动机 3 台，都在额定状态下工作。试求：

① 总功率 $P = ?$ 总电流 $I = ?$ ② 它们正常工作 4 小时消耗的总电能 $W = ?$

【解】① 总功率 $P = 40 \times 25 + 25 \times 20 + 2\,000 \times 3 = 7\,500$ W = 7.5 kW

总电流 $I = P/U = 7\,500/220 \approx 34$ A

② 总电能 $W = Pt = 7.5 \times 4 = 30$ kW·h（即大约消耗 30 度电）

1.3 电路的基本元件

电路元件是组成电路的基本单元，元件通过端子与外部相连接，元件的特性则利用与元件端子有关的物理量描述。简单地讲，对电路的分析就是确定电路中流过某些元件的电流或该元件两端的电压，因此必须明确元件的电压和电流之间的关系（VCR, Voltage Current Relation）。电压与电流之间的关系也称为伏安关系，是表征电路元件特性的常用手段和方法。

电路元件分为两大类：无源元件和有源元件。

无源元件是指在接入任一电路进行工作的全部时间范围内总的输入能量不能为负值的元件。即

$$w(t) = \int_{-\infty}^{t} p(\tau) \mathrm{d}\tau \geq 0 \quad \text{或} \quad w(t) = \int_{-\infty}^{t} u(\tau)i(\tau) \mathrm{d}\tau \geq 0$$

有源元件是指不满足无源元件条件的元件。

常用的无源元件主要有电阻元件、电容元件、电感元件、互感线圈、理想变压器等。常用的有源元件主要有独立电源、受控电源、晶体三极管、场效应管、理想运放等。

按照电路元件与外部连接的端子数目可将其分为二端元件和多端元件。

二端元件也称为单端口(单口)元件。需要注意的是"端口"的概念和"端子"(端钮)的概念是不同的:一个端口,是由两个端钮构成的,但不是任意两个端钮都可以构成端口。构成一个端口的条件是:在任意时刻,从一个端钮流入的电流等于从另一个端钮流出的电流。如图 1.3.1 所示,端钮 a,b 是一个端口,c,d 是一个端口,e,f 也是一个端口,但 c,e 和 d,f 等就不是一个端口。

图 1.3.1　二端元件和多端元件

此外,电路元件还可分为线性元件和非线性元件等。

1.3.1　电阻元件

电阻元件是电子电路中应用最广、最多的无源二端元件。许多实际的电路器件,如电阻器、电热器、灯泡等,在一定条件下均可用二端电阻元件来表示。

1.3.1.1　电阻元件的定义

如果一个二端元件在任意时刻的电压 $u(t)$ 和电流 $i(t)$ 之间的关系可以由 u-i 平面上的一条曲线所决定,则此二端元件就称为电阻元件(resistor)。如图 1.3.2(a)所示,过原点的直线代表线性电阻,而且直线的斜率代表电阻值的大小。电阻元件的典型实物和电路符号分别如图 1.3.2(b)和(c)所示。

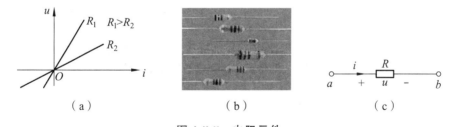

图 1.3.2　电阻元件

通常所说的电阻元件,习惯上就是指线性非时变电阻元件,简称电阻。显然,在电压、电流参考方向关联的情况下,有

$$u = Ri \qquad (1.3.1)$$

如果电压、电流参考方向非关联,则

$$u = -Ri \qquad (1.3.2)$$

式（1.3.1）和式（1.3.2）中的 R 表征的是线性非时变电阻的特性，是一个与电压、电流无关的量，是一种电路参数。电阻的单位为欧姆，简称欧，符号为 Ω。在线性非时变电阻的伏安特性曲线中，R 是该直线的斜率。

电阻元件的伏安关系还可以表示为另外一种形式

$$i = Gu \tag{1.3.3}$$

式中，G 是表征线性电阻的另一个参数——电导。在一定的电压下，电导的增大将使电流增大，因此电导表征电阻元件传导电流能力的大小。电导的单位为西门子，简称西，符号为 S。显然，有

$$G = \frac{1}{R} \tag{1.3.4}$$

同样，在电压、电流参考方向非关联的条件下，有

$$i = -Gu \tag{1.3.5}$$

1.3.1.2 电阻元件的两种特殊情形

1. 开　路

当电阻的特性曲线与纵轴 u 重合，即 $R \to \infty$ 时，在电路模型中电阻元件相当于"断开"，称为"开路"或"断路"，此时有 $G = 0$，如图 1.3.3（a）所示。

2. 短　路

当电阻的特性曲线与横轴 i 重合，即 $R = 0$ 时，在电路模型中电阻元件相当于理想的导线，称为"短路"，此时有 $G \to \infty$，如图 1.3.3（b）所示。

（a）开路　　　　　　　　　（b）短路

图 1.3.3　电阻元件的开路与短路示意图

1.3.1.3 电阻元件的功率和能量

在电压 u 和电流 i 取参考方向关联的情况下，线性正电阻消耗的功率为

$$p = ui = i^2 R = u^2 / R \tag{1.3.6}$$

电阻元件消耗的能量为

$$\begin{aligned} w(t) &= \int_{-\infty}^{t} p(\tau) \mathrm{d}\tau \\ &= R \int_{-\infty}^{t} i^2(\tau) \mathrm{d}\tau = \frac{1}{R} \int_{-\infty}^{t} u^2(\tau) \mathrm{d}\tau \end{aligned} \tag{1.3.7}$$

1.3.1.4 电阻元件的分类

物体对电流的阻碍作用,称为电阻。利用这种阻碍性质制成的元件称为电阻器。电阻器的主要应用是限流、分压和分流。此外,在工程中还常用电阻元件消耗的电能转化为热能的效应,做成各种电热器,如电炉、电烙铁、电暖器、电热毯等。

电阻器的常见分类方法如下:

① 按电阻值是否可变,分为定值电阻和可变电阻。

② 按电阻制造工艺和材料分为金属膜电阻(RJ)、线绕电阻(RX)、碳膜电阻(RT)、金属氧化膜电阻(RY)等。

③ 按封装形式,分为直插式、贴片电阻、电阻排等。

④ 按电阻值的标注方式,分为色标电阻和直标电阻两种。

目前,在电子产品中广泛使用的是金属膜色环电阻 RJ 系列,因为金属膜电阻具有体积小、噪声低、精度高、稳定性好、高频特性好等主要优点。

1.3.1.5 电阻元件的主要参数

电阻元件在使用中,主要应考虑三个参数:

① 电阻的阻值;

② 电阻的额定功率,如 1/8 W,1/4 W,1/2 W,1 W 等;

③ 电阻的误差,如 ±2%,±1%,±0.5%,±0.1%等。

实际的电阻在使用时对电压、电流和功率都有一定的限制,因此,在电子设备中的电阻根据其使用场合可能有不同的额定电流、额定电压及额定功率的要求。

1.3.2 独立源

理想电源是从实际电源抽象出来的一种电路模型,是有源元件。

表示电源特性的参数仅由电源本身结构确定,与电路其他部分的电压、电流无关的电源,称为独立源。独立源又分为独立电压源和独立电流源。

1.3.2.1 电压源

1. 电压源的定义

一个二端元件,在任一电路中,不论流过它的电流是多少,其两端的电压始终能保持为某给定的时间函数 $u_s(t)$ 或定值 U_s,则该二端元件称为独立电压源,简称电压源(voltage source)。

电压源分为直流电压源和时变电压源两个大的类别。

① 如果电压源的端电压保持为定值 U_s,则该电压源称为直流电压源。

② 如果电压源的端电压保持为某给定的时间函数 $u_s(t)$,则该电压源称为时变电压源。

电压源的符号如图 1.3.4(a)所示,图中的"+"和"-"表示电压源的参考极性。如果是直流电压源,也可用图 1.3.4(b)所示符号表示。

电压源的伏安关系可以用下式表示:

$$u(t) = u_s(t) \tag{1.3.8}$$

直流电压源的伏安特性曲线为不通过原点而平行于 i 轴的一条直线，如图 1.3.5 所示。

图 1.3.4　电压源符号　　　　　　　图 1.3.5　直流电压源的伏安特性曲线

2. 电压源的主要特性

① 电压源的端电压为定值 U_s 或某给定的时间函数 $u_s(t)$，与流过元件的电流无关。

② 流过电压源的电流可以是任意的，是由与该电压源连接的外电路决定的。电流可能从电压源的正极性端流出，即电压源可能输出能量；电流也可能从外电路流进电压源的正极性端，即电压源也可能吸收能量。也就是说，流经电压源的电流 i 的值可能是正的，也可能是负的。

1.3.2.2　电流源

1. 电流源定义

一个二端元件，在任一电路中，不论它两端的电压是多少，流经它的电流始终能保持为某给定的时间函数 $i_s(t)$ 或定值 I_s，则该二端元件称为独立电流源，简称电流源（current source）。电流源分为直流电流源和时变电流源两个大的类别。

① 如果流经电流源的电流保持为定值 I_s，则该电流源称为直流电流源。

② 如果流经电流源的电流保持为某给定的时间函数 $i_s(t)$，则该电流源称为时变电流源。

电流源的符号如图 1.3.6 所示，图中箭头表示电流源的参考方向。

电流源的伏安关系可以用下式表示：

$$i(t) = i_s(t) \tag{1.3.9}$$

直流电流源的伏安特性曲线为不通过原点而平行于 u 轴的一条直线，如图 1.3.7 所示。

2. 电流源的主要特性

① 流经电流源的电流为定值 I_s 或某给定的时间函数 $i_s(t)$，与元件两端的电压无关。

② 电流源两端的电压可以是任意的，是由与该电流源连接的外电路决定。

因为电流源两端的电压是由外电路决定的，因此，电流源本身可能对外电路提供能量，也可能消耗能量。

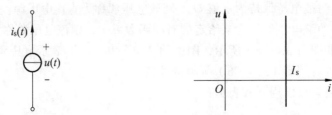

图 1.3.6　电流源符号　　　　　　　图 1.3.7　直流电流源的伏安特性曲线

1.3.2.3 受控源

电压源及电流源都是独立源。所谓独立，指的是表征电压源和电流源的特征只与电源本身有关，而与电源以外的其他电路无关，即电源值是定值或是确定的时间函数。

电路中除了含有独立源外，往往还含有非独立源，即受控电源（controlled source）。受控电压源的电压和受控电流源的电流不是独立的，而是受电路中电源以外的其他某些支路的电压或电流的控制。因此，就受控源的组成来看，可以分为两个部分，一个是控制量，一个是受到控制的电源。例如，在电子电路中的电压放大器，其对应的模型如图 1.3.8 所示，输出电压 u_2 是受控制的电源，输入电压 u_1 是控制量。它们之间满足如下关系：

$$\left. \begin{array}{l} i_1 = 0 \\ u_2 = \mu u_1 \end{array} \right\} \tag{1.3.10}$$

称此四端元件为电压控制电压源（VCVS，Voltage Controlled Voltage Source）。

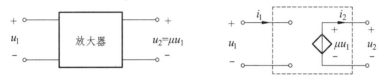

图 1.3.8 受控电压源模型

由于电源有两种形式——电压源和电流源，而控制量也有两种——电流与电压，因此受控源可以分为四种类型。除电压控制电压源外，其余三种模型如图 1.3.9 所示。

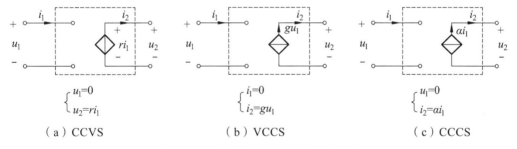

图 1.3.9 受控电源模型及伏安关系式

电压控制电压源（VCVS），μ 称为电压放大系数，是一个无量纲的常数。
电流控制电压源（CCVS），r 称为转移电阻，是一个具有电阻量纲的常数。
电压控制电流源（VCCS），g 称为转移电导，是一个具有电导量纲的常数。
电流控制电流源（CCCS），α 称为电流放大倍数，是一个无量纲的常量。

注意：
① 为了和独立源相区别，受控源符号采用"菱形"。
② 受控源具有电源性：可以输出功率，视为有源元件。但是，受控源一般不能单独作为电路的激励。只有在电路已经被独立源激励时，受控源才可能向外输出电压或电流，才有可能向外提供功率。
③ 受控源具有电阻性：只含受控源的电路可用一个等效电阻 R 代替，而且 R 的值可能为正值，也可能为负值。

④ 在对含有受控源的电路进行分析化简时，要保留控制量，不能将控制量化简掉，否则电路无法求解。

以上所讲的各种元件，不管是二端元件还是二端口元件，重点要掌握它们的伏安关系。这些伏安关系实际上反映的是电路中的元件对它们端口的电压和电流之间所起的约束作用，统称为元件约束。

1.4 基尔霍夫定律

电路中的电压变量和电流变量要受到两类约束：

结构约束——元件的相互连接形成的电路结构的约束（也称为拓扑约束）。

元件约束——组成电路的元件本身特性（VCR）的约束。

基尔霍夫定律（Kirchhoff's Law）就是关于电路结构的约束。

基尔霍夫定律包括基尔霍夫电流定律和基尔霍夫电压定律，是分析一切集总参数电路的基本依据。电路中的一些重要定理、分析方法都是以这两个基本定律和相关元件的伏安关系为基础进行推导、证明和归纳总结而得出的。

在介绍两个基本定律之前，需要介绍电路模型中的相关术语。

1.4.1 相关术语

1. 支 路

支路就是电路中一段无分支的电路。支路通常由一个二端元件组成，也可以由两个或两个以上的元件依次串联而成。如图1.4.1中的 ab，bc，bd，$c'd$，cd，aec，afd 均为支路。

2. 节 点

电路中3条或3条以上的支路的连接点称为节点，如图1.4.1中的 a，b，c，d。其中 c 点实际上是 R_2，R_4，R_7 及 i_s 的连接点，在图中虽然分成了两个点 c' 和 c，但在这两点之间并没有元件存在，实际上是一个节点。同样，d 点也是一个节点，而 e 和 f 不是节点。

3. 回 路

电路中任一闭合路径称为回路。如图1.4.1中的 $abdfa$，$aecc'ba$，$bc'db$，$aecdfa$，$aecbdfa$ 等都是回路。

4. 网 孔

内部不含有跨接支路的回路称为网孔。如图1.4.1中的 $abdfa$，$aecba$ 等是网孔，而 $abc'dfa$ 则不是，因为其内部含有跨接支路 bd。

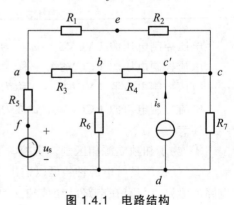

图1.4.1 电路结构

1.4.2 基尔霍夫定律

1.4.2.1 基尔霍夫电流定律

基尔霍夫电流定律简写为 KCL（Kirchhoff's Current Law），描述的是电路中与同一节点相连接的各支路的电流之间的关系。

KCL 可以表述为：对于集总参数电路中的任一节点，在任意时刻，流出该节点电流之和等于流入该节点电流之和。即对于任一节点，有

$$\sum i_{流入}(t) = \sum i_{流出}(t) \tag{1.4.1}$$

以图 1.4.2 为例，对于节点 a 有

$$i_1 + i_3 + i_4 = i_2 + i_5$$

也可写成

$$i_1 - i_2 + i_3 + i_4 - i_5 = 0$$

图 1.4.2

因此，KCL 又可以表述为：对于集总参数电路中的任一节点，在任意时刻，所有连接于该节点的各支路的电流的代数和恒等于零。即对任一节点，有

$$\sum_{k=1}^{m} i_k(t) = 0 \tag{1.4.2}$$

说明：

① 按电流的参考方向列写节点方程，习惯上规定流入节点的电流取"+"，流出节点的电流取"-"。当然，也可作相反的规定，其结果是完全等效的。

② i_k 为与该节点相连的某一支路上的电流，m 为与该节点相连的支路的个数。

③ KCL 的本质是电荷守恒定律。

④ KCL 对各支路的元件的性质没有要求，只要是集总参数元件，KCL 都是成立的。

⑤ KCL 不仅适用于电路中的节点，对于电路中的任一假设的闭合面，它也是成立的。如图 1.4.3 所示电路，对闭合曲面 S，有

$$i_1(t) + i_2(t) - i_3(t) = 0$$

因为闭合曲面可以看作一个广义的节点，这样，就很好理解图 1.4.4 所示电路中的电流 $i = 0$ 了。

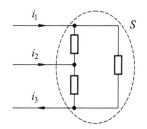

图 1.4.3　KCL 应用于封闭曲面

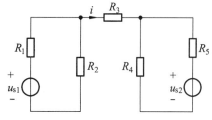

图 1.4.4

【例 1.4.1】如图 1.4.5 所示电路，已知 $i_1 = 1\text{ A}$，$i_3 = 2\text{ A}$，$i_5 = 1\text{ A}$，求电流 i_4。

【解】设流经电阻 R_2 的电流 i_2 参考方向如图所示。

对于节点 b，由 KCL 得

$$i_2 + i_3 = i_5 \quad 或 \quad -i_2 - i_3 + i_5 = 0$$

所以

$$i_2 = -1\text{ A}$$

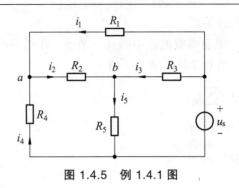

图 1.4.5 例 1.4.1 图

同样，对于节点 a，由 KCL 得

$$i_1 + i_4 = i_2$$

所以 $i_4 = i_2 - i_1 = -1 - 1 = -2 \text{ A}$

在使用 KCL 解决相关问题时，一定要明确其适用范围：只要是集总参数电路都适用。KCL 并没有对电流的形式作规定。

同时，还要掌握使用的方法，即先设定相关电流的参考方向，再根据参考方向列写 KCL 方程，最后才代入相关的数值。

1.4.2.2 基尔霍夫电压定律

基尔霍夫电压定律简写为 KVL（Kirchhoff's Voltage Law），描述的是回路中各元件电压之间的关系。

KVL 可以表述为：在集总参数电路中，在任意时刻，沿任一回路绕行，回路中所有支路电压降的代数和恒为零。即对于任一回路，有

$$\sum_{k=1}^{m} u_k(t) = 0 \tag{1.4.3}$$

说明：

① u_k 为该回路上某一元件两端的电压，m 为该回路上元件的个数。

② 列写 KVL 方程时，首先确定回路的绕行方向，可以任意设定。当支路电压参考方向与绕行方向一致时，电压取正号，反之则取负号。

③ KVL 的本质是能量守恒定律。

如图 1.4.6 所示局部电路，对于图示回路 $abcda$（如图中虚线所示），由式（1.4.3）得

$$u_A + u_B + u_C - u_D = 0$$

上式也可写成

$$u_A + u_B + u_C = u_D$$

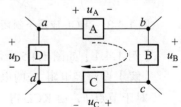

图 1.4.6 KVL 示例

从图 1.4.6 中可看出，在规定绕行方向下，u_A、u_B 和 u_C 为电压降，而 u_D 为电压升。

因此，KVL 又可表述为：在集总参数电路中，在任意时刻，沿任一回路绕行，回路中所

有支路电压升之和恒等于电压降之和。即对于任一回路，有

$$\sum u_{电压降} = \sum u_{电压升} \quad (1.4.4)$$

如图 1.4.7 所示局部电路，对于图示回路，从 a 点出发沿顺时针方向绕行（如图中虚线所示），有

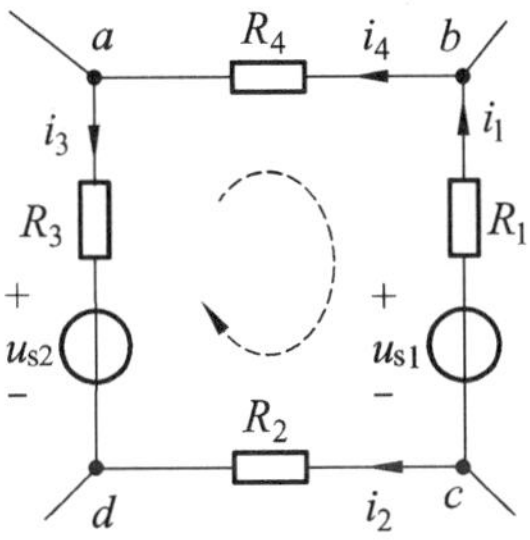

$$u_{ab} + u_{bc} + u_{cd} + u_{da} = 0$$

其中
$$u_{ab} = -R_4 i_4,\ u_{bc} = u_{s1} - R_1 i_1$$
$$u_{cd} = R_2 i_2,\ u_{da} = -u_{s2} - R_3 i_3$$

即
$$-R_4 i_4 - R_1 i_1 + u_{s1} + R_2 i_2 - u_{s2} - R_3 i_3 = 0$$

图 1.4.7 KVL 示例电路

【例 1.4.2】电路如图 1.4.8 所示，求 U_F 和 U_E。

【解】（1）选回路 1 为 bcdeb，且绕行方向为顺时针方向，列 KVL 方程。

根据公式（1.4.3）有
$$3 - 5 - 1 - U_F = 0, 则 U_F = -3\ \text{V}$$

或根据公式（1.4.4）有
$$3 = 5 + 1 + U_F, 则 U_F = -3\ \text{V}$$

（2）选回路 2 为 abcdea，且绕行方向为顺时针方向，列 KVL 方程。

$$1 + 3 - 5 - 1 - U_E = 0 \quad 或 \quad 1 + 3 = 5 + 1 + U_E$$

则
$$U_E = -2\ \text{V}$$

结论：$U_F = -3\ \text{V}$，$U_E = -2\ \text{V}$。

【例 1.4.3】电路如图 1.4.9 所示，已知 $U_{s1} = 20\ \text{V}$，$U_{s2} = 16\ \text{V}$，$U_{s3} = 8\ \text{V}$，$R_1 = 5\ \Omega$，$R_2 = R_3 = 3\ \Omega$，$R_4 = 2\ \Omega$，求 U_{ab}、U_{ac}。

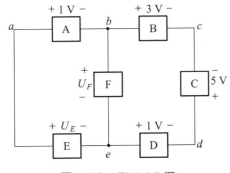

图 1.4.8 例 1.4.2 图

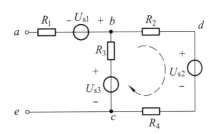

图 1.4.9 例 1.4.3 图

【分析】求两点之间电压的问题，都可以归结为寻找两点之间合适的路径，使路径上的电压易知或易求，进而转化为求路径中支路电压或电流等问题。对于本题，求 U_{ab} 需要求出 R_1 上的电流；求 U_{ac} 的路径有两条，只要求出 R_2 或 R_3 上的电流即可。

【解】由于 ab 支路一端是悬空（断开），由 KCL 易知 ab 支路上的电流为零，即

$$U_{R1} = 0$$

因此

$$U_{ab} = -U_{s1} = -20 \text{ V}$$

由于 ab 支路、ce 支路上的电流为零，因此回路 bdcb 上的电流相等。设该电流为 I，参考方向如图所示，并假定绕行方向与 I 方向一致，由 KVL 得

$$R_2 I + U_{s2} + R_4 I - U_{s3} + R_3 I = 0$$

即

$$R_2 I + R_4 I + R_3 I = U_{s3} - U_{s2}$$

所以

$$I = \frac{U_{s3} - U_{s2}}{R_2 + R_4 + R_3} = \frac{8-16}{3+2+3} = -1 \text{ A}$$

① 在图 1.4.9 中，沿路径 $a \to b \to c$ 的电压 U_{ac} 为

$$\begin{aligned} U_{ac} &= U_{ab} + U_{bc} \\ &= U_{ab} - R_3 I + U_{s3} \\ &= -20 - 3 \times (-1) + 8 \\ &= -9 \text{ V} \end{aligned}$$

② 沿路径 $a \to b \to d \to c$ 的电压 U_{ac} 为

$$\begin{aligned} U_{ac} &= U_{ab} + U_{bd} + U_{dc} \\ &= -20 + (-1 \times 3) + 16 + (-1 \times 2) \\ &= -9 \text{ V} \end{aligned}$$

从本例可知：虽然选择的两条路径不同，但计算出的电压值是相等的。

结论：
① 电路中任意两点之间的电压，只与起点和终点有关，而与所选择的路径无关。
② 在集总参数电路中，电路中任意两点 a，b 之间的电压 U_{ab}，等于从 a 点沿任意路径到 b 点的所有元件上电压降的代数和。

注意：
① KVL 只适用于集总参数电路。
② KVL 的使用方法是：
第 1 步：设定相关电压、电流的参考方向和回路的绕行方向，并在电路图中标示出来。
第 2 步：根据设定的绕行方向和电压的参考方向列写 KVL 方程。
第 3 步：代入相关的数值进行计算。

本章小结

1. 电　路

（1）电路的定义：电流通过的路径称为电路。
（2）简单电路的组成：电源、负载、开关和导线等。
（3）理想元件：从实际部件抽象出来的、只具有一种物理特性的元件。
（4）电路模型：由理想元件按照一定方式连接而成、能完成一定功能的电路。

2. 电路的基本物理量

（1）基本物理量：包括电流、电压、功率等，如表 1.1 所示。

（2）电流、电压的参考方向（参考极性）：

参考方向（极性）：根据电路分析的需要任意选定的方向（极性）。用"＋"或"－"表示与实际方向（极性）一致或不一致。

关联参考方向：电流的参考方向是从电压参考极性的"＋"指向"－"。

（3）功率的计算：

$$P = \pm UI$$

当 U 和 I 关联时取"＋"，U 和 I 非关联时取"－"。

当 $P>0$ 时，该元件（或支路）吸收功率；$P<0$ 时，该元件（或支路）输出功率。

表 1.1 电路的基本物理量

名称	符号	含义	定义式	单位及符号	实际方向
电流	I, i	表示电荷运动快慢	$i = \dfrac{dq}{dt}$	安培（A）	正电荷移动的方向
电压	U_{ab}, u_{ab}	表示电荷运动时电场力做功大小	$u_{ab} = \dfrac{dw}{dq}$	伏特（V）	由高电位指向低电位
电位	V_a, v_a	某一点到零电位点间的电压	如 $V_o = 0$，则 $V_a = U_{ao}$	伏特（V）	高于零电位为正，反之为负
功率	P, p	单位时间内消耗的电能	$p = \dfrac{dw}{dt}$	瓦特（W）	耗能为正，供能为负
电能	W, w	电流做功的大小	$W = Pt$	焦耳（J）；1 度电 = 1 kW·h = 3.6×10^6 J	

3. 电路的基本元件

电路的基本元件包括电阻、电压源、电流源和受控源，其符号和压流关系等如表 1.2 所示。

表 1.2 电路的基本元件之电阻、电压源、电流源和受控源

名称	电阻	电压源	电流源	受控源
电路符号	（电阻符号图）	（电压源符号图）	（电流源符号图）	四种类型：VCVS，VCCS，CCVS，CCCS
参数	R	u	i	μ, r, g, α
压流关系	$u = iR$	$u = u_s$	$i = i_s$	略
特性曲线	（线性过原点曲线）	（水平线 u_s）	（垂直线 i_s）	输出电压或电流受电路其他部分电压或电流控制
特例	$R = 0$，短路 $R \to \infty$，开路	当 $u_s(t) = U_s$ 时即为恒压源	当 $i_s(t) = I_s$ 时即为恒流源	

4. 基尔霍夫定律

基尔霍夫定律包括 KCL 和 KVL，如表 1.3 所示。

表 1.3　基尔霍夫定律

名　称	基尔霍夫电流定律（KCL）	基尔霍夫电压定律（KVL）
文字表述	对于集总参数电路中的任一节点，在任意时刻，流出该节点电流的和等于流入该节点电流的和	在集总参数电路中，在任意时刻，沿任一回路绕行，回路中所有支路电压降的代数和恒为零
表达式	$\sum\limits_{流入} i(t) = \sum\limits_{流出} i(t)$ 或 $\sum\limits_{k=1}^{m} i_k(t) = 0$	$\sum\limits_{电压降} u(t) = \sum\limits_{电压升} u(t)$ 或 $\sum\limits_{k=1}^{m} u_k(t) = 0$
说明	反映电路中节点对支路电流的约束关系，可用于一个节点，也可用于一个闭合面	反映电路中回路对支路电压的约束关系

本章重点是基尔霍夫定律和元件的压流关系。基尔霍夫定律为电路结构的约束关系，元件的压流关系为电路元件的约束关系。这两大约束关系是电路分析的根本依据，贯穿电路理论始终。

习　题　一

一、判断题

（　）1. 电路元件就是指实际的电路器件。
（　）2. 电源是可以将其他形式的能量转化为电能的器件。
（　）3. 电流的参考方向又称为电流的正方向，就是电流的真实方向。
（　）4. 如果电路中的电流 $I = -5\text{ mA}$，表明此时的电流比零值还小。
（　）5. 电路中两点间的电压大小与零电位点的位置无关。
（　）6. 如果电路中 a，b 两点间的电压 $U_{ab} = -3\text{ V}$，表明 b 点的电位比 a 点高。
（　）7. 电路中电压为零的支路，其支路电流一定为零。
（　）8. 电路中电流为零的支路，其支路电压也一定为零。
（　）9. 电阻元件两端的电压越大，其电阻值就越大。
（　）10. 电压为零的电压源相当于短路，电流为零的电流源相当于开路。
（　）11. 金属导体的电阻值不受温度的影响。
（　）12. 一段导线，其电阻值为 R，将其从中对折后形成一段新的导线，则其电阻值为 $2R$。
（　）13. 欧姆定律与加在线性电阻两端的电压信号的形式没有关系。
（　）14. 器件是吸收或是输出功率与参考方向关联与否有关。
（　）15. KCL 和 KVL 只与电路结构有关，与电路中元件的特性无关。

二、填空题

1. 电路通常由＿＿＿＿＿＿、＿＿＿＿＿＿和＿＿＿＿＿＿三部分组成。
2. 试换算以下单位：

　　　　250 mA =＿＿＿＿＿＿A =＿＿＿＿＿＿μA；
　　　　0.3 kV =＿＿＿＿＿＿V =＿＿＿＿＿＿mV =＿＿＿＿＿＿μV。

3. 我们日常生活中所使用的干电池（如 1 号、2 号、5 号等），一节的电压为＿＿＿＿＿＿V，汽车用的一个蓄电池（瓶）的电压一般为_____V，一般家用电器使用的电压为_____V，人体的安全电压为_____V。

4. 工程中的"1 度电"= _____ = _____ J。

5. 在运用 $P = \pm UI$ 计算功率时，在_____情况下取"+"，在_____情况下取"-"。如果计算结果某元件的功率大于零，说明_____；反之，说明_____。

6. 欧姆定律的全面表达式为_____。

7. 将电压 $u(t) = 12t + 2$ V 加在阻值为 1 Ω 的电阻两端，则 $t = 0.5$ s 时的电流为____A，功率为_____W。

8. 通常电阻元件总是_____功率的。其功率计算式为_____、_____和_____。

9. 电压源的特性是保持_____恒定而_____需由外电路决定；电流源的特性是保持_____恒定而_____需由外电路决定。

10. 受控源有四种类型，分别是_____、_____、_____和_____。

11. 电路中的任一节点都可对应一个_____方程，任一回路都可对应一个_____方程。

12. KCL 不仅适用于单个节点，而且适用于电路中任一_____。

13. 列写回路 KVL 方程时，需先为回路选择一个_____。

14. 计算电路中任两点间的电压时，只需在起点和终点间任选一条_____，求出各段电压的_____即可。

15. 电路分析的根本依据是_____、_____和_____。

三、单项选择题

1. 下列说法正确的是（   ）。
   A. 通电时间越长，电流越大
   B. 通过导体的电荷越多，电流越大
   C. 电流与电荷量成正比，与通电时间成反比
   D. 在相同时间内，通过导体的电荷越多，电流越大

2. 习题 1.3.2 图所示伏安特性曲线代表的元件分别是（   ）。

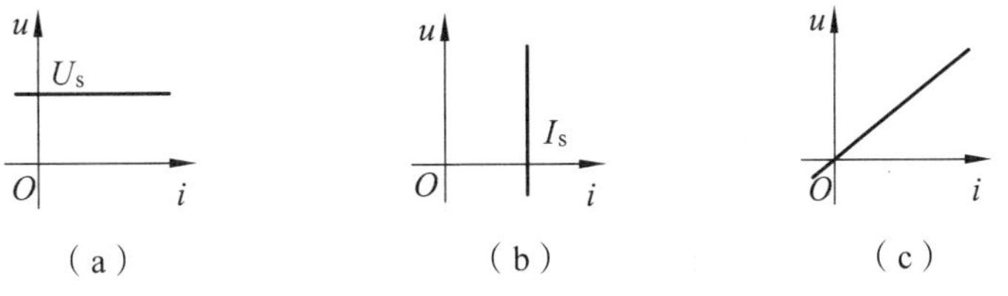

习题 1.3.2 图

   A. 电阻、电压源、电流源
   B. 电压源、电流源、电阻
   C. 电流源、电压源、电阻
   D. 电感、电容、电阻

3. 习题 1.3.3 图所示各电路中电压、电流参考方向关联的是（   ）。

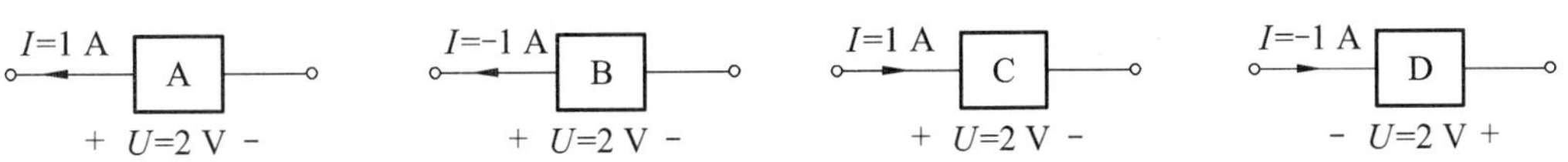

习题 1.3.3 图

4. 判断灯泡亮暗程度的物理量是（　　）。
   A. 电压　　　　　B. 电流　　　　　C. 额定功率　　　　　D. 实际功率
5. 习题 1.3.5 图所示电路中的电流 I 为（　　）。
   A. -1A　　　　　B. 0　　　　　C. 1 A　　　　　D. 无法确定
6. 习题 1.3.6 图所示局部电路，电位 V_a、V_b 和电压 U_{ab} 对应的值为（　　）。
   A. -5 V, -10 V, 5 V　　　　　　　　B. 5 V, 10 V, -5 V
   C. -5 V, 10 V, -15 V　　　　　　　D. 5 V, -10 V, 15 V

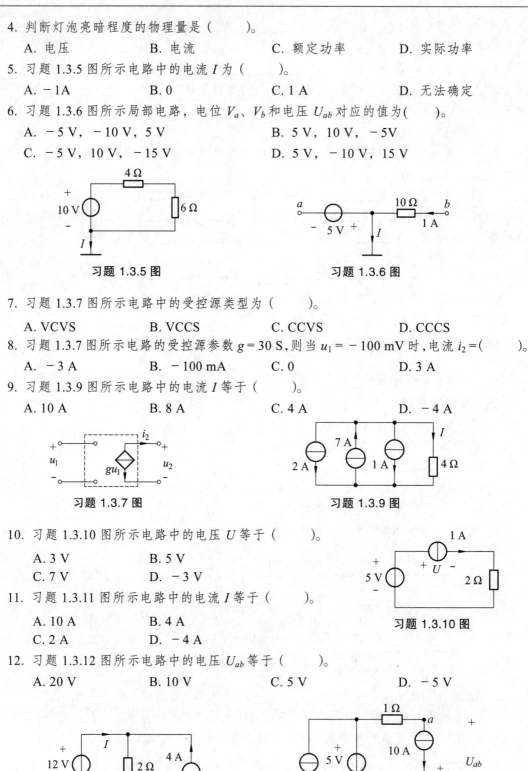

习题 1.3.5 图　　　　习题 1.3.6 图

7. 习题 1.3.7 图所示电路中的受控源类型为（　　）。
   A. VCVS　　　　　B. VCCS　　　　　C. CCVS　　　　　D. CCCS
8. 习题 1.3.7 图所示电路的受控源参数 $g = 30$ S，则当 $u_1 = -100$ mV 时，电流 $i_2 =$（　　）。
   A. -3 A　　　　　B. -100 mA　　　　　C. 0　　　　　D. 3 A
9. 习题 1.3.9 图所示电路中的电流 I 等于（　　）。
   A. 10 A　　　　　B. 8 A　　　　　C. 4 A　　　　　D. -4 A

习题 1.3.7 图　　　　习题 1.3.9 图

10. 习题 1.3.10 图所示电路中的电压 U 等于（　　）。
    A. 3 V　　　　　B. 5 V
    C. 7 V　　　　　D. -3 V
11. 习题 1.3.11 图所示电路中的电流 I 等于（　　）。
    A. 10 A　　　　　B. 4 A
    C. 2 A　　　　　D. -4 A

习题 1.3.10 图

12. 习题 1.3.12 图所示电路中的电压 U_{ab} 等于（　　）。
    A. 20 V　　　　　B. 10 V　　　　　C. 5 V　　　　　D. -5 V

习题 1.3.11 图　　　　习题 1.3.12 图

四、分析计算题

1. 标称值为 220 V/60 W 和 220 V/100 W 的灯泡,正常工作时各自的电流和电阻是多少?
2. 局部电路如习题 1.4.2 图所示。
（1）如果电压 $U=2$ V，电流 $I=-2$ A，求这段电路的功率；
（2）如果元件产生 6 W 功率，电流 $I=2$ A，求电压 U；
（3）如元件吸收功率为 10 μW，电压 $U=5$ mV，求电流 I 及此段电路在 1 分钟内消耗的电能。

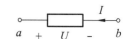

习题 1.4.2 图

3. 习题 1.4.3 图所示是电路中的一条支路,其电压、电流参考方向如图中所示。
（1）若 $i=2$ A，$u=4$ V，求元件吸收功率；
（2）若 $i=2$ mA，$u=-5$ mV，求元件消耗功率；
（3）若 $i=2.5$ mA，元件吸收功率为 10 mW，求电压 u。

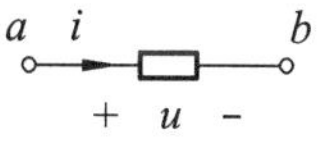

习题 1.4.3 图

4. 求习题 1.4.4 图所示电路中各局部电路中的电压 U_{ab}。

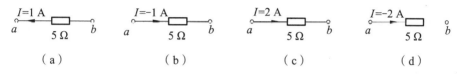

习题 1.4.4 图

5. 电路如习题 1.4.5 图所示,求 R 分别为 5 Ω，20 Ω 时各电源电流与输出功率。
6. 电路如习题 1.4.6 图所示,求 R 分别为 1 Ω，100 Ω 时各电源电压与输出功率。
7. 电路如习题 1.4.7 图所示,若已知元件 C 发出功率 20 W,求元件 A 和 B 的功率并说明功率性质。

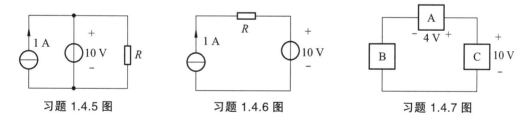

习题 1.4.5 图   习题 1.4.6 图   习题 1.4.7 图

8. 局部电路如习题 1.4.8 图所示,求:（1）电压 U_{ab}；（2）电阻元件的功率。

习题 1.4.8 图

9. 局部电路如习题 1.4.9 图所示,求电流 I_1，I_2 和 I_3。
10. 局部电路如习题 1.4.10 图所示,求电压 U_1，U_2，U_{ad} 和 U_{ae}。
11. 电路如习题 1.4.11 图所示,计算电流 I、电压 U 和各个元件的功率,并说明功率的性质。
12. 电路如习题 1.4.12 图所示,求电压 u。

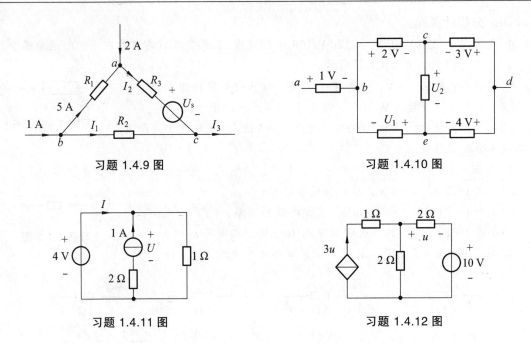

习题 1.4.9 图　　　　　　　　习题 1.4.10 图

习题 1.4.11 图　　　　　　　　习题 1.4.12 图

13. 电路如习题 1.4.13 图所示，求电位 V_a、V_b 和电压 U_{ab}。

14. 已知电路如习题 1.4.14 图所示，分别计算开关 S 接通和断开两种情况下 c, d, e 各点的电位 V_c, V_d, V_e, U_{ce} 和 U_{ef}。

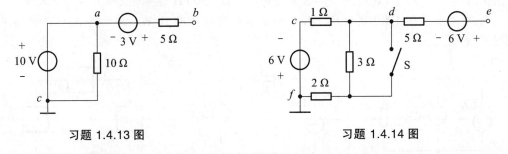

习题 1.4.13 图　　　　　　　　习题 1.4.14 图

2 线性电路的分析方法

线性电路是只含有线性元件和独立源的电路。

电路分析的根本依据是基尔霍夫定律（KVL，KCL）和组成电路各元件自身的压流关系（VCR）。线性电路的特性表现为电路中响应变量（支路的电压和电流）与激励（独立电源）之间的关系。线性电阻电路是电路中最基础、最重要、最广泛的一类电路。常用的分析方法有：等效变换法、网络定理和一般分析方法。

一般分析法就是在不改变电路（网络）结构的前提下，运用元件约束（VCR）和结构约束（KVL，KCL）来建立电路方程的一般方法，具有普遍性和通用性。而网络定理和等效变换法则是指电路在特定的条件下具备的特性的分析方法。

2.1 等效分析方法

等效分析方法的总体思路是：将电路分解为待求支路和复杂网络两部分，先根据电路等效原则，将复杂网络等效成最为简单的网络，再接上待求支路，对其进行分析计算。

2.1.1 无源二端网络和等效网络的定义

1. 无源二端网络的定义

不含独立电源的二端网络称为无源二端网络。无源二端网络内可以包含电阻和受控源。

2. 等效网络（电路）的定义

两个内部结构完全不同的二端网络 N_1 和 N_2，如图 2.1.1 所示，如果两个网络的端口上的压流关系相同，则称这两个二端网络 N_1 和 N_2 对于端口相互等效，用符号 $\Longleftrightarrow$ 表示。

例如，图 2.1.2 所示两个电路的内部结构并不相同，但是对于外部 a，b 端口来说，两个电路的等效电阻 R_{ab} 均为 5 Ω，因此，两端口处的压流关系相同，故两电路是相互等效的。

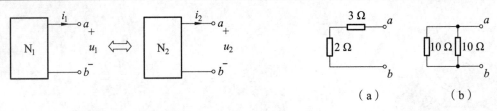

图 2.1.1 等效网络示意图　　　　图 2.1.2 等效电路示例

注意：

① 这种等效只是对网络端口外接的任一电路等效。也就是说，两等效网络在外电路中产生的电流、电压、功率是完全相同的，它们对外电路所起的作用完全相同。而对网络内部来说，由于具体结构不同，就不存在等效关系。

② 在进行电路分析时，可以用简单网络去代替复杂网络，达到简化电路、简化分析和简化计算的目的。

2.1.2　简单电阻电路

2.1.2.1　电阻串联电路

把两个或更多的电阻一个接一个依次相连，组成无分支的电路（即流过同一电流），这种连接方式叫作电阻的串联。图 2.1.3（a）所示为由 3 个电阻组成的串联电路。

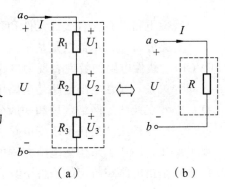

图 2.1.3　电阻串联电路

1. 电路特性

（1）电流关系

根据 KCL 可知，串联电路中的电流处处相等，总电流等于各分电流，即

$$I = I_1 = I_2 = I_3 \tag{2.1.1}$$

（2）电压关系

根据 KVL 可知，串联电路中的总电压等于各分电压之和，即

$$U = U_1 + U_2 + U_3 \tag{2.1.2}$$

（3）电阻关系

将欧姆定律应用于各电阻，得

$$U_1 = IR_1, \quad U_2 = IR_2, \quad U_3 = IR_3$$

电路总电压与总电流的比值称为电路的总电阻 R，即

$$R = \frac{U}{I}$$

将式（2.1.2）两边同除以电流 I，得

$$\frac{U}{I} = \left(\frac{U_1}{I}\right) + \left(\frac{U_2}{I}\right) + \left(\frac{U_3}{I}\right)$$

即 $R = R_1 + R_2 + R_3$ （2.1.3）

式（2.1.3）表明，串联电路的总电阻等于各电阻之和。所以，总电阻的值总是大于任一串联电阻的值。

从等效的角度来看，图 2.1.3（a）所示的 3 电阻串联电路可等效为图 2.1.3（b）所示的一个电阻。这两个网络端口的压流关系完全相同，它们对外电路所起的作用也完全相同，在满足等效条件的前提下，使原电路得到了简化。

（4）分压关系

由于通过每个电阻的电流相同，所以各电阻分到的电压与其电阻值成正比，即

$$U_1 = IR_1 = \frac{R_1}{R_1 + R_2 + R_3}U = \frac{R_1}{R}U$$

同理可得到

$$U_2 = IR_2 = \frac{R_2}{R}U, \quad U_3 = IR_3 = \frac{R_3}{R}U$$

以上关系可推广到多个电阻串联的电路中：一个电阻分得的电压等于总电压乘以此电阻占串联总电阻的百分比，得到分压公式的一般形式为

$$U_n = \frac{R_n}{R}U$$ （2.1.4）

（5）功率关系

将式（2.1.2）两边同乘以电流 I，得

$$UI = U_1I + U_2I + U_3I$$

即 $P = P_1 + P_2 + P_3$ （2.1.5）

式（2.1.5）表明，串联电阻电路消耗的总功率，等于各电阻消耗功率之和。结合式（2.1.4）可知，电阻值越大，分得的电压越大，消耗的功率也越大，功率和电阻值也成正比关系。

【例 2.1.1】电路如图 2.1.3（a）所示，已知电阻 $R_1 = 100\ \Omega$，$R_2 = 200\ \Omega$，$R_3 = 600\ \Omega$，电压 $U = 36\ \text{V}$，求：① 电路总电阻；② 电路总电流；③ 各电阻两端电压；④ 各电阻消耗功率及电路总功率。

【解】根据电阻串联电路特性及欧姆定律可得：

① 电路总电阻，亦即串联电阻电路的等效电阻为

$$R = R_1 + R_2 + R_3 = 100 + 200 + 600 = 900\ \Omega$$

② 电路总电流为

$$I = \frac{U}{R} = \frac{36}{900} = 0.04\ \text{A} = 40\ \text{mA}$$

③ 各电阻两端电压为

$$U_1 = \frac{R_1}{R}U = \frac{100}{900} \times 36 = 4\ \text{V}$$

$$U_2 = \frac{R_2}{R}U = \frac{200}{900} \times 36 = 8\ \text{V}$$

$$U_3 = \frac{R_3}{R}U = \frac{600}{900} \times 36 = 24 \text{ V}$$

或

$$U_1 = IR_1 = 0.04 \times 100 = 4 \text{ V}$$

$$U_2 = IR_2 = 8 \text{ V}$$

$$U_3 = IR_3 = 24 \text{ V}$$

④ 各电阻消耗功率为

$$P_1 = IU_1 = I^2 R_1 = \frac{U_1^2}{R_1} = 0.04^2 \times 100 = \frac{4^2}{100} = 0.16 \text{ W}$$

$$P_2 = IU_2 = I^2 R_2 = \frac{U_2^2}{R_2} = 0.32 \text{ W}$$

$$P_3 = IU_3 = I^2 R_3 = \frac{U_3^2}{R_3} = 0.96 \text{ W}$$

电路总功率为

$$P = P_1 + P_2 + P_3 = I^2 R = \frac{U^2}{R} = 0.16 + 0.32 + 0.96 = 1.44 \text{ W}$$

2. 电阻串联电路的应用

（1）降 压

当负载的额定电压低于电源电压时，可用一个适当的电阻与负载串联，这个串联电阻分去一部分电压后，可使负载电压符合额定值。

【例 2.1.2】有一个用作指示灯的灯泡的额定电压为 6.3 V，额定电流为 50 mA，现有电源电压 21.3 V，应如何处理才能使灯泡正常工作？

【解】因电源电压值超过灯泡的额定电压，故必须在电路中串联一个降压电阻，分去一部分电压。电路连接如图 2.1.4 所示。要使灯泡正常工作，串联电阻后，通过灯泡的电流必须仍然达到灯泡的额定电流 50 mA。

根据串联电路特性可计算降压电阻 R 的阻值。

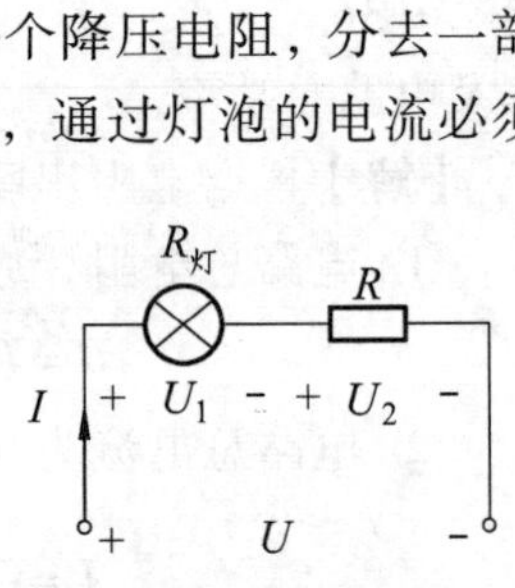

$$U_2 = U - U_1 = 21.3 - 6.3 = 15 \text{ V}$$

故

$$R_2 = \frac{U_2}{I} = \frac{15}{0.05} = 300 \text{ Ω}$$

图 2.1.4 例 2.1.2 图

此电阻消耗的功率为

$$P_2 = IU_2 = 0.05 \times 15 = 0.75 \text{ W}$$

因要求此电阻的阻值比较稳定，故一般采用线绕电阻。为保证安全工作，额定功率应在 0.75 W 以上。

（2）调节电流

当电路中的电流大小需要调节时，可在电路中串联一个可变电阻 R_w，如图 2.1.5 所示。当可变电阻器 R_w 的滑动触头向左移动时，电路中总电阻增大，电流减小；滑动触头向右移动时，电路中总电阻减小，电流就会增大。日常生活中，如调压台灯的明暗调节，电动机的转速改变等，都利用了串联电阻的电流调节原理。

图 2.1.5 串联电阻调节电流

（3）分　压

利用串联电阻的分压关系做成分压器，可使负载得到大小不同的电压。图 2.1.6（a）所示为由 4 个阻值均为 R 的电阻串联组成的固定式分压器电路。U_i 为输入电压，也是串联电路的总电压，通过一个"单刀四掷"开关 S 向负载输出电压 U_o。从图中可以看出，当开关 S 接 1 位时，输出电压为一个电阻上的电压，$U_o = \frac{1}{4}U_i$；当开关 S 接 2 位时，输出为两个电阻上的电压，$U_o = \frac{1}{2}U_i$；……当开关接 4 位时，输出电压 $U_o = U_i$。

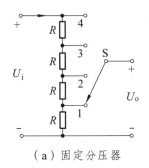
（a）固定分压器

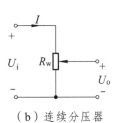
（b）连续分压器

图 2.1.6　分压器电路

如果需要输出一个连续可调的电压，可在串联电路中接入电位器 R_w，如图 2.1.6（b）所示。改变活动触点的位置，就可改变输出电压的大小，使得输出电压在一定范围内连续可调。

【例 2.1.3】一个 200 Ω 的电位器 R_w 与 330 Ω 及 470 Ω 的电阻组成的分压电路如图 2.1.7 所示，已知电路的输入电压 U_i 为 100 V，求输出电压 U_o 的调节范围。

【解】当电位器触头（中心抽头）滑到最下端时，由分压公式得

$$U_{o1} = \frac{R_3}{R_1 + R_w + R_3}U_i = \frac{470}{1\ 000} \times 100 = 47 \text{ V}$$

当电位器触头滑到最上端时，由分压公式得

$$U_{o2} = \frac{R_3 + R_w}{R_1 + R_w + R_3}U_i = \frac{470 + 200}{1\ 000} \times 100 = 67 \text{ V}$$

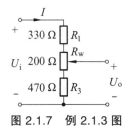

图 2.1.7　例 2.1.3 图

因此，输出电压 U_o 的调整范围为 47 ~ 67 V。

（4）扩大电压表量程

我们知道，电压表的表头是灵敏度非常高的电流计，允许通过的电流 I_g 很小，且电流计

的内阻 R_g 也很小。因此，电流计两端只能承受很小的电压 $U_g = I_g R_g$。如 MF47 型电压表的 $I_g = 46.7~\mu\text{A}$，$R_g = 1~\text{k}\Omega$。如果在电流计上串联一个电阻 R 后，就可装配成测量范围较大的电压表，如图 2.1.8 所示。这时，串联电阻 R 上分得一定的电压 $U_R = I_g R$，电压表所能承受的总电压得以增大：$U = U_g + U_R = I_g(R_g + R)$，相当于电压表的量程得以扩大。显然，串联的电阻越大，电压表的量程就越大。在实际的万用表中，还通过"转换开关"对多个串联电阻进行连接转换，实现电压量程的分挡测量。

2.1.2.2 电阻并联电路

把两个或多个电阻连接在两个公共的节点之间，并且各个电阻两端承受相同的电压，这样的连接方式称为电阻的并联。图 2.1.9（a）所示为由 3 个电阻组成的并联电路。

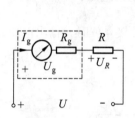

图 2.1.8 电压表电路

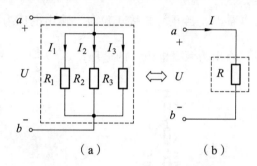

图 2.1.9 电阻并联电路

1. 电路特性

（1）电压关系

根据 KVL 可知，并联电路中的电压处处相等，总电压等于各分电压，即

$$U = U_1 = U_2 = U_3 \tag{2.1.6}$$

（2）电流关系

根据 KCL 可知，并联电路中的总电流等于各分电流之和，即

$$I = I_1 + I_2 + I_3 \tag{2.1.7}$$

（3）电阻关系

将式（2.1.7）两边同除以电压 U，得

$$\frac{I}{U} = \frac{I_1}{U} + \frac{I_2}{U} + \frac{I_3}{U}$$

电路总电导为

$$G = G_1 + G_2 + G_3 \tag{2.1.8}$$

即并联电路的总电导等于各支路电导之和。

式（2.1.8）还可改写为

$$\frac{1}{R} = \frac{1}{R_1} + \frac{1}{R_2} + \frac{1}{R_3} \tag{2.1.9}$$

即并联电路的总电阻的倒数等于各支路电阻倒数之和。由于并联电路总电导大于各支路电导值，因此总电阻必然小于任一支路电阻的阻值。

从等效角度来看，几个电阻并联后，最终也可等效为一个电阻，如图 2.1.9（b）所示。这两个网络的端口压流关系完全相同，而原电路得到了简化。

（4）分流关系

由于每个电阻两端的电压相同，所以各电阻分得的电流为

$$I_n = \frac{U}{R_n} = UG_n = \left(\frac{I}{G}\right)G_n = \left(\frac{G_n}{G}\right)I \tag{2.1.10}$$

式（2.1.10）称为并联电路的分流公式。此式说明，并联电路中，各电阻分得的电流与其电导值成正比，即与其电阻值成反比。这与串联电路的分压关系形成对偶。

实际工程中常常遇到两个电阻 R_1 与 R_2 并联的电路，其总电阻为

$$R = \frac{1}{\frac{1}{R_1} + \frac{1}{R_2}} = \frac{R_1 R_2}{R_1 + R_2} \tag{2.1.11}$$

各支路电流为

$$I_1 = \frac{U}{R_1} = \frac{IR}{R_1} = \frac{R_2}{R_1 + R_2} I \tag{2.1.12}$$

$$I_2 = \frac{U}{R_2} = \frac{IR}{R_2} = \frac{R_1}{R_1 + R_2} I \tag{2.1.13}$$

由此可知：在两电阻并联电路中，求某一支路电流时，可用总电流乘以一分流系数。分流系数的分母是两电阻之和，分子是另一支路的电阻值。

（5）功率关系

将式（2.1.7）两边同乘以电压 U，得

$$UI = UI_1 + UI_2 + UI_3$$

即

$$P = P_1 + P_2 + P_3 \tag{2.1.14}$$

式（2.1.14）表明，并联电阻电路消耗的总功率，等于各电阻消耗功率之和。结合式（2.1.10）可知，电阻值越大，分得的电流越小，消耗的功率也越小，功率和电阻值也成反比关系。

【例 2.1.4】已知 $R_1 = 20\ \Omega$ 与 $R_2 = 80\ \Omega$ 的两电阻并联电路中，总电流 I 为 50 mA。① 求电路总电阻；② 求各支路电流；③ 如电源电压不变，再并联上一个电阻 R_3，总电阻和总电流会如何变化？

【解】① 总电阻为

$$R = \frac{R_1 R_2}{R_1 + R_2} = \frac{20 \times 80}{20 + 80} = 16\ \Omega$$

② 各支路电流为

$$I_1 = \frac{R_2}{R_1+R_2}I = \frac{80}{20+80}\times 50 = 40 \text{ mA}$$

$$I_2 = \frac{R_1}{R_1+R_2}I = \frac{20}{20+80}\times 50 = 10 \text{ mA}$$

（也可先用 $U=IR$ 计算总电压，再运用欧姆定律计算各支路电流。）

③ 如再并联一个电阻 R_3，总电阻将会减小，总电流将会增大。

2. 电阻并联电路的应用

（1）对负载并联供电

在日常用电中，各类负载（如照明灯、电冰箱、空调、洗衣机等）一般都采用并联供电方式。并联供电可以为各支路负载提供相同的电压，并且各支路负载接通或断开时，不会影响其他负载的正常工作。

（2）分流与扩大电流表量程

当电源提供的电流大于负载的额定电流时，可以在负载两端并联一个分流电阻，分去一部分电流后，负载就能够正常工作。

利用分流原理还可扩大电流表的量程。电流表表头允许通过的电流（测量范围）I_g 很小，只要在表头并联一个分流电阻 R 后，就可装配成具有一定测量范围的电流表，如图 2.1.10 所示。电阻 R 上分得的电流 $I_R = \dfrac{U}{R}$，如果 R 的阻值很小，分得的电流就很大，整个电流表允许通过的电流（$I = I_g + I_R$）就得以增大，相当于电流表的量程得以扩大。

显然，并联的电阻越小，电流表的量程就越大。在实际的万用表中还通过"转换开关"对多个分流电阻进行连接转换实现电流量程的分挡测量。

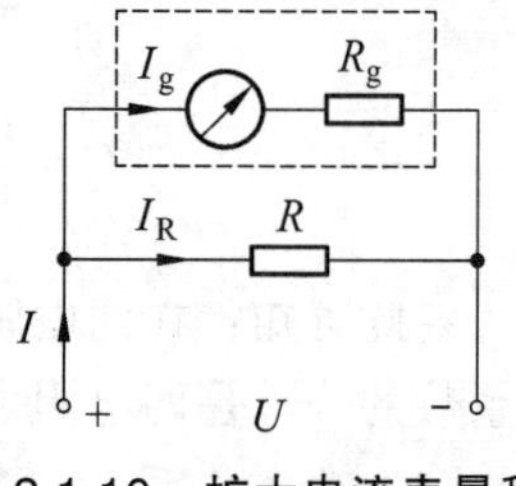

图 2.1.10 扩大电流表量程

2.1.2.3 电阻混联电路

既有串联又有并联的电路称为混联电路。

分析混联电路的关键是首先判别电阻之间的串并联关系，再运用串并联电路的特性进行电路分析。

1. 等效电阻的求解

求解电阻混联电路的等效电阻是分析混联电路的重要环节。

对于比较简单的电路，如用观察法即可判断出各个元件的连接关系的，可以运用电阻的串并联特性直接进行等效分析。

如图 2.1.11 所示为三个简单的混联电路。通常用"+"表示元件的串联，用"//"表示并联。在图 2.1.11（a）所示电路中，显然，3 个电阻连接关系为 R_2 和 R_3 并联后再与 R_1 串联，在 ab 端口的等效电阻为

$$R_{ab} = R_1 + (R_2 /\!/ R_3) = R_1 + \frac{R_2 R_3}{R_2 + R_3}$$

同理，对于图 2.1.11（b）所示电路，不难得到其中的三个电阻连接关系为 R_2 和 R_3 串联后再与 R_1 并联，在 ab 端口的等效电阻为

$$R_{ab} = R_1 /\!/ (R_2 + R_3) = \frac{R_1(R_2 + R_3)}{R_1 + R_2 + R_3}$$

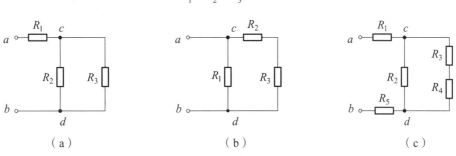

图 2.1.11 简单混联电阻电路

对于图 2.1.11（c）所示电路，电阻连接关系为 R_3 和 R_4 串联后再与 R_2 并联，再与 R_1 和 R_5 串联，在 ab 端口的等效电阻为

$$R_{ab} = R_1 + [(R_3 + R_4) /\!/ R_2] + R_5$$

由此可知，电阻混联电路的最终等效结果就是一个电阻。

对于比较复杂的电路，一般不能直接用观测法来判断，需要对电路作"变形"等效，变为易于观察的电路。在不改变连接关系的前提下，一般可以通过以下方法来化简电路。

① 将连接线任意伸长与缩短；
② 改变元件放置方式；
③ 合并节点和"设支路电流或电压，走电路看电流间、电压间关系，从而确定连接关系"等方式。

如图 2.1.12（a）所示电路，采取直接观察的方法容易将图中的四个电阻错看为串联关系。如果采用合并节点的方式，将 c 和 e 合并为一点，d 和 f 合并为一点，就可分析出图中的电阻 R_2，R_3 并未被短路，R_2，R_3，R_4 为并联关系，等效电路如图 2.1.12（b）所示。

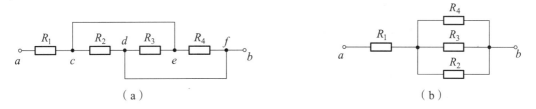

图 2.1.12 采用缩节点法分析的混联电路

【例 2.1.5】电阻混联电路如图 2.1.13（a）所示，已知 $R_1 = 4\,\Omega$，$R_2 = 6\,\Omega$，$R_3 = 6\,\Omega$，$R_4 = 3\,\Omega$，$R_5 = 12\,\Omega$，求端口总电阻 R_{ef}。

【解】观察电路结构，电路中 a，b 两点间有一导线，可将 a，b 两点合并为一点，得到如图 2.1.13（b）所示的等效电路，就能清楚分析出几个电阻的连接关系为：R_2，R_4 并联，R_3，R_5 并联，两部分串联后再与 R_1 串联。

端口等效总电阻为

$$R = R_1 + (R_2 // R_4) + (R_3 // R_5) = 4 + \frac{6 \times 3}{6+3} + \frac{6 \times 12}{6+12} = 10 \, \Omega$$

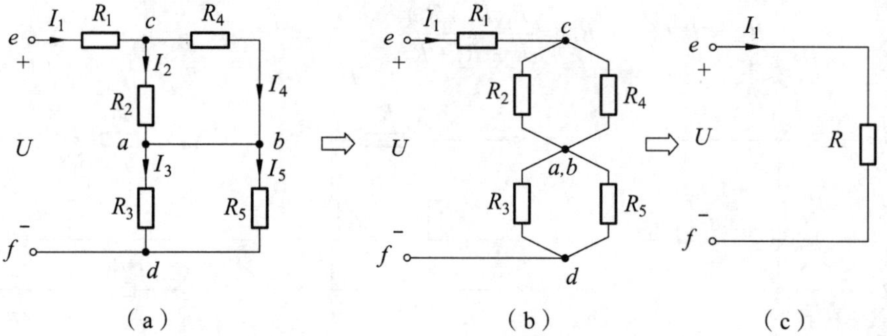

图 2.1.13　例 2.1.5 图

2. 电压、电流、功率的计算

求解混联电路中的电压、电流、功率时，仍需看清电阻的串并联关系，从已知条件入手，根据电路特性进行分析计算。

【例 2.1.6】如在图 2.1.13（a）所示电路的 e，f 端口加一电压 $U = 96$ V，① 求通过各电阻的电流及导线 ab 上的电流；② 如将导线 ab 断开，求 a，b 两点间的电压。

【解】① 例 2.1.5 中已求出端口等效总电阻 $R = 10 \, \Omega$，端口电流即为流过电阻 R_1 的电流，即

$$I_1 = \frac{U}{R} = \frac{96}{10} = 9.6 \, \text{A}$$

运用分流公式和 KCL，可得

$$I_2 = \frac{R_4}{R_2 + R_4} I_1 = \frac{3}{6+3} \times 9.6 = 3.2, \quad I_4 = I_1 - I_2 = 9.6 - 3.2 = 6.4 \, \text{A}$$

$$I_3 = \frac{R_5}{R_3 + R_5} I_1 = \frac{12}{6+12} \times 9.6 = 6.4 \, \text{A}, \quad I_5 = I_1 - I_3 = 9.6 - 6.4 = 3.2 \, \text{A}$$

（还可先计算 R_{ca} 和 R_{ad}，再运用分压公式求出 U_{ca} 和 U_{ad}，最后用欧姆定律求出各电阻上的电流。）

求导线 ab 上的电流时必须回到图 2.1.13（a）所示的原电路中计算，因为在图 2.1.13（b）所示的等效电路中导线 ab 已经合并为一点了，不能认为导线 ab 上的电流就是总电流 I_1。

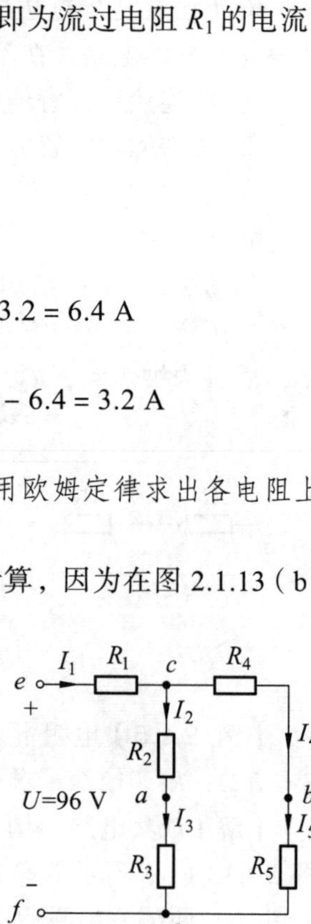

对图 2.1.13（a）所示电路中的 a 节点运用 KCL，可得

$$I_{ab} = I_2 - I_3 = 3.2 - 6.4 = -3.2 \, \text{A}$$

② 如将导线 ab 断开，如图 2.1.14 所示，这时电路结构改变，电阻之间的连接关系也发生变化。可以直观地看出几个电阻的连接关系为：R_2，R_3 串联，R_4，R_5 串联，两部分并联后再与 R_1 串联。

端口等效总电阻为

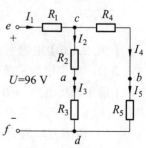

图 2.1.14　例 2.1.6 图

$$R = R_1 + (R_2 + R_3) // (R_4 + R_5)$$
$$= 4 + \frac{(6+6) \times (3+12)}{6+6+3+12}$$
$$\approx 10.7 \, \Omega$$

总电流为
$$I_1 = \frac{U}{R} = \frac{96}{10.7} \approx 9 \, \text{A}$$

根据分流关系可计算出
$$I_2 = I_3 = \frac{R_4 + R_5}{R_2 + R_3 + R_4 + R_5} I_1 = \frac{3+12}{6+6+3+12} \times 9 = 5 \, \text{A}$$
$$I_4 = I_5 = \frac{R_2 + R_3}{R_2 + R_3 + R_4 + R_5} I_1 = \frac{6+6}{6+6+3+12} \times 9 = 4 \, \text{A}$$

再根据 KVL，可得
$$U_{ab} = -I_2 R_2 + I_4 R_4 = I_3 R_3 - I_5 R_5$$
$$= -5 \times 6 + 4 \times 3 = -18 \, \text{V}（还可根据分压公式求得）$$

2.1.2.4 电桥电路

在无源二端网络中，有一些不能直接用串并联关系求解的电路，如在工程实际和测量技术中应用十分广泛的电桥电路就是其中的一种。

1. 电桥电路结构

电桥电路如图 2.1.15 所示，电路中的几个电阻既不是串联关系，也不是并联关系。电桥电路的特点是 R_1，R_2，R_3，R_4 四个电阻组成一个闭合四边形，四边形的一条对角线 cd 跨接另一个电阻 R_5，另一条对角线 ab 接直流电源。习惯上将组成四边形的四个电阻支路称为"臂"支路，将 cd 间支路称为"桥"支路，而将包含直流电源的电桥电路称为直流电桥。

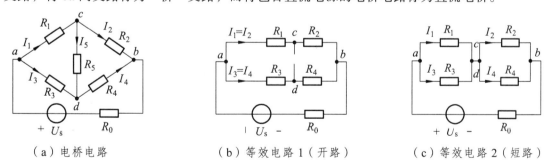

（a）电桥电路　　　（b）等效电路1（开路）　　　（c）等效电路2（短路）

图 2.1.15　电桥电路及平衡电桥等效电路

2. 电桥平衡条件

一般情况下，这种既非串联又非并联的电桥电路不能用电阻串并联特性进行分析。但是当桥支路 R_5 上电流 I_5 为零时，桥支路 R_5 就可看成开路，如图 2.1.15（b）所示。又因为 $U_{cd} = I_5 R_5$，所以 U_{cd} 为零，桥支路 R_5 又可看成短路，如图 2.1.15（c）所示。这时的电桥电路就转化为一个普通的混联电路了。我们把桥支路上电流为零的状态称为电桥的平衡状态。

根据 KCL，KVL 和欧姆定律可以导出电桥平衡的条件为

$$R_1R_4 = R_2R_3 \quad 或 \quad R_1/R_2 = R_3/R_4 \tag{2.1.15}$$

即电桥平衡时，电桥对臂电阻的乘积相等或电桥邻臂电阻的比值相等。

【例 2.1.7】电路结构及参数如图 2.1.16（a）所示，求此电路的总电流 I。

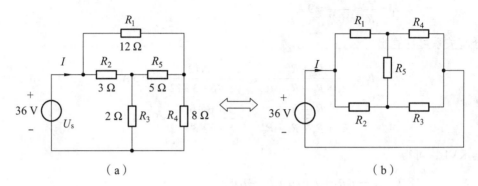

图 2.1.16　例 2.1.7 图

【解】观察图 2.1.16（a）所示电路结构，不容易直接看出图中电阻 R_1，R_2，R_3，R_4，R_5 的连接关系。但如果用等效变换方法将其变换成图 2.1.16 所示结构，则容易看出：电阻 R_1，R_2，R_3，R_4，R_5 构成一个电桥电路，并且两组对臂电阻乘积相等（$R_1R_3 = R_2R_4 = 24\,\Omega$），电桥平衡，可将桥支路（$R_5$ 支路）看作开路，则电路总电阻为

$$R = (R_1 + R_4) // (R_2 + R_3) = \frac{(12+8) \times (3+2)}{12+8+3+2} = 4\,\Omega$$

总电流

$$I = \frac{U_s}{R} = \frac{36}{4} = 9\,\text{A}$$

（也可将桥支路看作短路，电路总电阻不变。）

3. 电桥的基本应用

根据平衡电桥原理可制作精确测量电阻值的仪器——直流电桥。其实物如图 2.1.17（a）所示。其电路结构原理图如图 2.1.17（b）所示，就是将图 2.1.15 所示电桥电路的桥支路改接成一个检流计 G，四条臂支路中的一条改接成被测电阻 R_x，另一条改接成有刻度盘的可调电阻 R_w 即可。

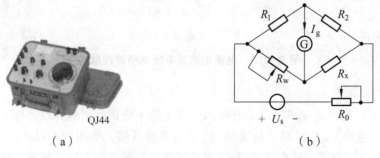

图 2.1.17　直流电桥

测量时，调节可变电阻 R_w 的大小，使检流计指针到零点，此时桥支路电流 $I_g = 0$（即电流计指针指在中心 0 值点），电桥平衡，则可根据式（2.1.15）计算出被测电阻 R_x 的阻值为

$$R_x = \frac{R_2}{R_1} R_w$$

直流电桥主要分为单臂电桥和双臂电桥，多用于高精度小阻值电阻的测量。

2.1.3 电阻的星形连接和三角形连接电路

在电桥电路中，如图 2.1.18 所示，当电桥不满足平衡条件时，电阻元件间既非串联又非并联，不能直接采用串、并联等效化简的方法求出 ab 端的等效电阻 R_{ab}，而需要采用电阻的星形连接和三角形连接的等效变换。

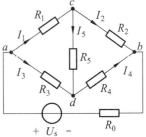

图 2.1.18 非平衡电桥电路

2.1.3.1 电阻的星形连接和三角形连接电路

1. 电阻的星形连接

三个电阻的一端连接在一起，形成一个公共端（点），另一端分别与外电路连接的方式称为电阻的星形连接，如图 2.1.19 所示。由于图 2.1.19 所示局部电路的形状像"Y"，所以也称为 Y 形连接。图 2.1.18 中的 R_1，R_2，R_5；R_3，R_4，R_5 等就构成星形连接。

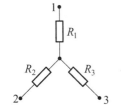

图 2.1.19 电阻的星形连接

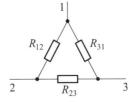

图 2.1.20 电阻的三角形连接

2. 电阻的三角形连接

三个电阻首尾相连，形成一个闭合的回路，然后三个节点再分别与外电路连接的方式称为电阻的三角形连接，如图 2.1.20 所示。由于图 2.1.20 所示局部电路的形状像"△"，所以也称为△连接。图 2.1.18 中的 R_1，R_3，R_5；R_2，R_4，R_5 等就构成三角形连接。

2.1.3.2 电阻的星形连接和三角形连接电路的等效变换

图 2.1.21 所示的电阻的星形和三角形连接都是通过三个端子 1，2，3 与外电路相连，如果能够保证两个电路的三个端子之间的电压 u_{12}，u_{23}，u_{31} 分别对应相等，流入三个端子的电流 i_1，i_2，i_3 也分别对应 i'_1，i'_2，i'_3 相等，即各个端的压流关系相同，满足等效条件，可以相互等效。

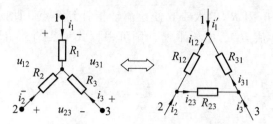

图 2.1.21 电阻的 Y 与 △ 的等效变换

对于三角形连接的电路，各个电阻中流过的电流为

$$i_{12}=\frac{u_{12}}{R_{12}}, \quad i_{23}=\frac{u_{23}}{R_{23}}, \quad i_{31}=\frac{u_{31}}{R_{31}}$$

根据 KCL，又有

$$i'_1 = i_{12} - i_{31}$$
$$i'_2 = i_{23} - i_{12}$$
$$i'_3 = i_{31} - i_{23}$$

对于星形连接的电路，由 KCL 和 KVL 可列出各个端子电流和电压间的关系，其方程为

$$i_1 + i_2 + i_3 = 0$$
$$u_{12} = R_1 i_1 - R_2 i_2$$
$$u_{23} = R_2 i_2 - R_3 i_3$$

对这三个方程求解，即可得到三个端子的电流 i_1，i_2 和 i_3 的表示式。

显然，若要使电阻的星形连接和三角形连接相互等效，则必须满足在任何时刻，两种连接的对应端子间的有相同的电压 u_{12}，u_{23}，u_{31} 时，流入对应端子的电流也应该相等，即有

$$i_1 = i'_1, \quad i_2 = i'_2, \quad i_3 = i'_3$$

由数学知识可解得

$$\left. \begin{array}{l} R_{12} = \dfrac{R_1 R_2 + R_2 R_3 + R_3 R_1}{R_3} \\[6pt] R_{23} = \dfrac{R_1 R_2 + R_2 R_3 + R_3 R_1}{R_1} \\[6pt] R_{31} = \dfrac{R_1 R_2 + R_2 R_3 + R_3 R_1}{R_2} \end{array} \right\} \quad (2.1.16)$$

$$\left. \begin{array}{l} R_1 = \dfrac{R_{12} R_{31}}{R_{12} + R_{23} + R_{31}} \\[6pt] R_2 = \dfrac{R_{23} R_{12}}{R_{12} + R_{23} + R_{31}} \\[6pt] R_3 = \dfrac{R_{31} R_{23}}{R_{12} + R_{23} + R_{31}} \end{array} \right\} \quad (2.1.17)$$

式（2.1.16）是已知星形连接各电阻求三角形连接各电阻的公式，式（2.1.17）是已知三角形连接各电阻求星形连接各电阻的公式。

为了便于记忆，可将星形连接和三角形连接"套画"在一起，如图 2.1.22 所示，并将两种等效变换公式归纳成文字表述如下：

Y→△：

$$R_\triangle = \frac{\text{Y 连接中各电阻两两乘积之和}}{\text{Y 连接中对应点的对角电阻}}$$

△→Y：

$$R_Y = \frac{\triangle \text{连接中对应点的两相邻电阻之乘积}}{\triangle \text{三边电阻之和}}$$

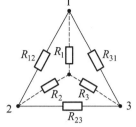

图 2.1.22 "套画"示意图

特殊情形：当一种连接中的三个电阻阻值相等时，等效成另一种连接的三个电阻阻值也相等，且有

$$R_\triangle = 3R_Y \quad \text{或} \quad R_Y = \frac{1}{3}R_\triangle$$

利用 Y↔△ 等效变换，可将有些非串并联电路变成串并联来求解。

【例 2.1.8】在图 2.1.23 中，已知 $U_s = 50$ V，$R_0 = 10\ \Omega$，$R_1 = 20\ \Omega$，$R_2 = R_4 = 40\ \Omega$，$R_3 = 100\ \Omega$，$R_5 = 80\ \Omega$，求电流 $I = ?$

【解】观察易知图 2.1.23 所示电路为一典型的非平衡电桥电路，故用 Y↔△ 等效变换求解。

方法一：将△连接的 R_1，R_3，R_5 变换为 Y 连接，如图 2.1.23（b）所示。

$$R_a = \frac{R_1 R_3}{R_1 + R_3 + R_5} = \frac{20 \times 100}{20 + 100 + 80} = 10\ \Omega$$

$$R_c = \frac{R_1 R_5}{R_1 + R_3 + R_5} = \frac{20 \times 80}{20 + 100 + 80} = 8\ \Omega$$

$$R_d = \frac{R_3 R_5}{R_1 + R_3 + R_5} = \frac{100 \times 80}{20 + 100 + 80} = 40\ \Omega$$

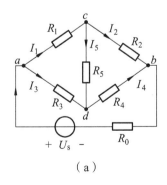
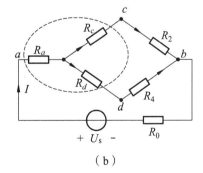

（a） （b）

图 2.1.23 例 2.1.8 图

由图 2.1.23（b）所示等效电路，可得

$$R_{ab} = R_a + (R_c + R_2) // (R_d + R_4)$$
$$= 10 + (8 + 40) // (40 + 40)$$
$$= 40\ \Omega$$

所以 $$I = \frac{U_s}{R_0 + R_{ab}} = \frac{50}{10+40} = 1\,\text{A}$$

方法二：将 Y 连接的 R_1，R_2，R_5 变换为 △ 连接，其计算结果相同。（详细过程略）

2.1.4 有源网络的等效变换

在第 1 章中已经学习了理想电源元件。在实际应用中，有时单个电源往往不能满足实际要求，而需要使用多个电源。

2.1.4.1 简单的等效关系

1. 电压源的串联与电流源的并联

三个电压源串联电路如图 2.1.24（a）所示，根据 KVL 可得到其总输出电压与各电压源电压的关系，即

$$U_s = U_{s1} + U_{s2} + U_{s3} \quad (2.1.18)$$

因输出电压 U_s 为恒定值，输出电流仍需由外电路确定，故对外电路而言，可等效为一个电压源，如图 2.1.24（b）所示。

结论：

① 多个电压源串联时，其等效电压源的电压等于各个电压源电压的代数和。

② 电压源串联使用主要是为了提高输出电压。

三个电流源并联电路如图 2.1.25（a）所示，根据 KCL 可得到其总输出电流与各电流源电流的关系，即

$$I_s = I_{s1} + I_{s2} + I_{s3} \quad (2.1.19)$$

因输出电流 I_s 为恒定值，输出电压仍需由外电路确定，故对外电路而言，可等效为一个电流源，如图 2.1.25（b）所示。

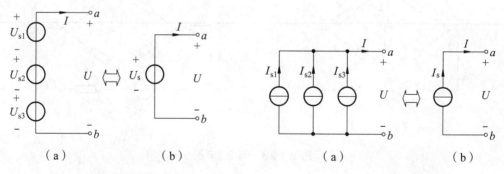

图 2.1.24　电压源串联电路　　图 2.1.25　电流源并联电路

结论：

① 多个电流源并联时，其等效电流源的电流等于各个电流源电流的代数和。

② 电流源并联使用主要是为了提高输出电流。

2. 电压源并联与电流源串联

电压源并联必须满足大小相等、极性相同这一条件，否则将会违背 KVL。其等效电压源的电压就是其中任一电压源的电压。如图 2.1.26（a）所示电路有

$$U_s = U_{s1} = U_{s2}$$

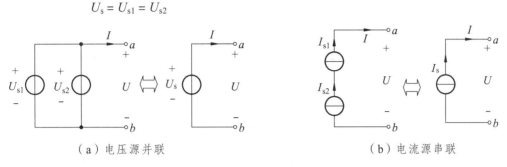

（a）电压源并联　　　　　　　　　　　（b）电流源串联

图 2.1.26　电压源的并联与电流源的串联

电压源并联使用主要是为了增加驱动功率，即减轻每个电源的功率负担。

电流源串联必须满足大小相等、方向相同这一条件，否则将会违背 KCL。其等效电流源的电流就是其中任一电流源的电流。如图 2.1.26（b）所示电路有

$$I_s = I_{s1} = I_{s2}$$

电流源串联使用主要是为了增加驱动功率，即减轻每个电源的输出功率负担。

3. 电源与网络串并联

图 2.1.27（a）所示为一电压源与一个未知网络 N（或元件）并联电路，分析其对外特性可知，其端口电压 U 必然等于电压源电压 U_s，而其端口电流 I 需要由外电路确定。这正是一个电压源的压流关系，故该并联电路可等效为一个电压为 U_s 的电压源。

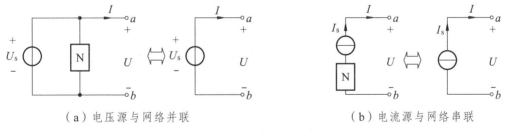

（a）电压源与网络并联　　　　　　　　（b）电流源与网络串联

图 2.1.27　电源与网络的连接

同理，图 2.1.27（b）所示为一电流源与一个未知网络 N（或元件）串联电路，分析其对外特性可知，其端口电流 I 必然等于电流源电流 I_s，而其端口电压 U 需要由外电路确定。这正是一个电流源的压流关系，故其可等效为一个电流为 I_s 的电流源。

通过以上分析可得出如下结论：

① 和电压源并联的元件（或网络）对外电路而言不起作用，可看作开路。
② 和电流源串联的元件（或网络）对外电路而言不起作用，可看作短路。

注意：这里的"等效"是对外电路而言的，对内就不存在这种等效关系。

【例 2.1.9】电路如图 2.1.28（a）所示，求电阻上的电压 U_1 和电流源上的电压 U_2。

【解】① 求电阻上的电压 U_1 时，由于电流源与电压源串联，故对电阻而言，只有电流源起作用，电压源可看成短路，如图 2.1.28（b）所示。因此

$$U_1 = 5 \times 10 = 50 \text{ V}$$

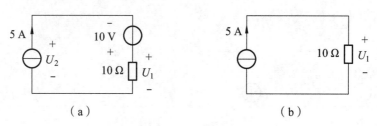

图 2.1.28　例 2.1.9 图

② 求电流源两端的电压 U_2 时，则不能将电压源去掉，应回到原电路去求解。

$$U_2 = -10 + 50 = 40 \text{ V}$$

2.1.4.2　实际电源模型及等效

前面学习的电压源和电流源都是实际电源在一定条件下（$R_s = 0$）理想化的结果，它们都只具有向外界提供电能这一种物理特性，而一个实际电源的内阻不可能为零，因此一个实际电源除了向外电路提供电能外，内部还有一定的损耗。

1. 实际电压源

实际电压源的内部损耗一般用串联电阻来等效，其等效模型如图 2.1.29 所示。

根据 KVL 和欧姆定律，可得实际电压源端口电压、电流关系为

$$U = U_s - IR_s \tag{2.1.20}$$

式中，U_s 为理想电压源的电压值；R_s 为电压源内阻。这也是实际电压源的两个参数。

由式（2.1.20）和图 2.1.29 可以看出：

① 当外电路开路时，电流 I 为零，实际电压源的输出电压 U 就等于理想电压源的电压 U_s，因此 U_s 也称为实际电源的开路电压。

② 接上负载时，由于电压源内阻有电能损耗，其输出电压 U 就会减小，并且电流越大，R_s 上的损耗越大，U 就越小。因此，实际电压源的输出电压不再恒定。

电压源的内阻越小，质量就越好，内阻为零的实际电压源就是理想电压源。

2. 实际电流源

实际电流源的内部损耗一般用并联电阻来等效，其等效模型如图 2.1.30 所示。

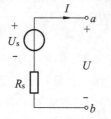

图 2.1.29　实际电压源

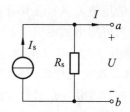

图 2.1.30　实际电流源

根据 KCL 和欧姆定律，可得实际电流源端口电压、电流关系为

$$I = I_s - \frac{U}{R_s} \quad \text{或} \quad I = I_s - G_s U \tag{2.1.21}$$

式中，I_s 为理想电流源的电流值，R_s（或 G_s）为电流源内阻。这也是实际电源的两个参数。

由式（2.1.21）和图 2.1.30 可以看出：

① 当外电路短路时，电压 U 为零，实际电流源的输出电流 I 最大，就等于理想电流源的电流 I_s，因此 I_s 也称为实际电源的短路电流。

② 接上负载时，由于电流源内阻有电能损耗，其输出电流 I 就会减小，并且电压越大，R_s 上的损耗越大，I 就越小。因此，实际电流源的输出电流不再恒定。

电流源的内阻 R_s 越大，质量就越好，内阻为无穷大的实际电流源就是理想电流源。

3. 实际电源两种模型的等效变换

一个实际电源，既可以用实际电压源模型（电压源串电阻）表示，也可以用实际电流源模型（电流源并电阻）表示，它们对外电路而言都是等效的。

根据等效概念，如果两种实际电源模型的端口电压、电流关系相同，则这两种电源对外电路等效，它们对外电路产生的作用就完全相同。如图 2.1.31 所示，其等效互换的关系为：

实际电压源→实际电流源：$I_s = \dfrac{U_s}{R_s}$　（电阻 R_s 不变）

实际电流源→实际电压源：$U_s = I_s R_s$　（电阻 R_s 不变）

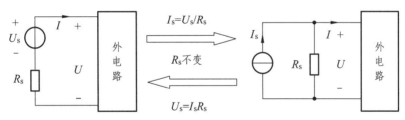

图 2.1.31　两种电源的相互等效

注意：

① 电流源 I_s 的方向是流出端与电压源 U_s 的正极端对应。

② 这种等效只是对外电路等效，即这两种模型接相同的外电路后，在外电路上产生的电压、电流是完全相同的，但对电源内部并不等效。

③ 理想的电压源 U_s 和理想的电流源 I_s 不能相互等效。因为电压源 U_s 的电流 I 决定于外电路负载，是不恒定的；而电流源 I_s 的电压 U 决定于外电路负载，也是不恒定的。

4. 实际电压源串联与实际电流源并联

（1）实际电压源串联

两个实际电压源串联电路如图 2.1.32（a）所示，根据 KVL 将电压源合并，根据电阻串联特性将电阻合并，可得如图 2.1.32（b）所示的等效电路，它的参数为

$$\begin{cases} U_s = U_{s1} + U_{s2} \\ R_s = R_{s1} + R_{s2} \end{cases}$$

这种等效关系可以推广到多个实际电压源串联的情况。

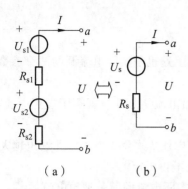

图 2.1.32　实际电压源串联等效

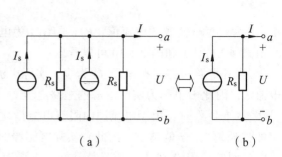

图 2.1.33　实际电流源并联等效

（2）实际电流源并联

两个实际电流源并联电路如图 2.1.33（a）所示，根据 KCL 将电流源合并，根据电阻并联特性将电阻合并，可得如图 2.1.33（b）所示的等效电路，它的参数为

$$\begin{cases} I_s = I_{s1} + I_{s2} \\ R_s = \dfrac{R_{s1} R_{s2}}{R_{s1} + R_{s2}} \end{cases}$$

这种等效关系可以推广到多个实际电流源并联的情况。

5. 有源二端网络的等效化简

在一个完整的电路中，有时只需要分析研究某一条支路[图 2.1.34（a）和（b）中的 R 支路]的电压、电流，就可以把这条支路与其他电路分离，使得其他部分电路成为一个有源二端网络，如图 2.1.34（c）所示。

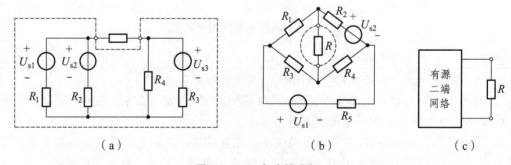

图 2.1.34　电路的分解

如果能把一个复杂的有源二端网络等效化简为一个比较简单的电路，则要计算 R 支路的电压、电流或功率就非常方便了。有源二端网络的等效化简仍然是依据基尔霍夫定律及实际电源的压流关系。

（1）电源互换法

电源互换法是运用实际电压源和实际电流源等效互换关系化简有源二端网络的方法。

用电源互换法化简有源二端网络时，首先，要看清电路中电源的类型以及它们的连接方式，采用"串化电压源，并化电流源"的原则进行化简。其次，当电路中某支路串联有理想电流源时，可将与理想电流源串联的所有支路全部短路。当电路中某支路并联有理想电压源时，可将与理想电压源并联的所有支路全部开路，这样处理的结果对外电路是等效的。

【例 2.1.10】 电路如图 2.1.35（a）所示，求通过负载电阻 R_L 的电流 I。

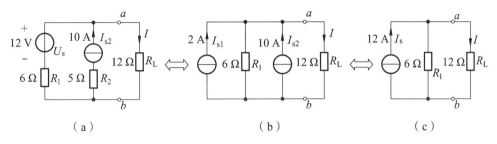

图 2.1.35　例 2.1.10 图

【解】 将电路从 ab 端口划分为两部分，ab 端口右边是待求支路，左边是一个有源二端网络。如将 ab 端口左边的有源二端网络化简，问题就得以简化。

观察电路结构，ab 端口以左的电路由两条支路并联组成，一条是实际电压源支路，一条是电流源与电阻串联，而串联电阻（5 Ω）对外电路（R_L 支路）不起作用，可看成短路。左边的实际电压源支路与电流源并联，因而将其转化成实际电流源模型，如图 2.1.35（b）所示。其中

$$I_{s1} = \frac{U_s}{R_1} = \frac{12}{6} = 2 \text{ A}$$

电阻不变。再将图 2.1.35（b）所示电路中的两个电流源合并，如图 2.1.35（c）所示，其中

$$I_s = I_{s1} + I_{s2} = 2 + 10 = 12 \text{ A}$$

最后根据分流公式可得

$$I = \frac{R_1}{R_1 + R_L} I_s = \frac{6}{6+12} \times 12 = 4 \text{ A}$$

或者将图 2.1.35（c）所示电流源电路转换为电压源电路，如图 2.1.36 所示，其中

$$U'_s = I_s R_1 = 12 \times 6 = 72 \text{ V}, \quad R_s = R_1 = 6 \text{ Ω}$$

根据全电路欧姆定律可得

$$I = \frac{U'_s}{R_s + R_L} = \frac{72}{6+12} = 4 \text{ A}$$

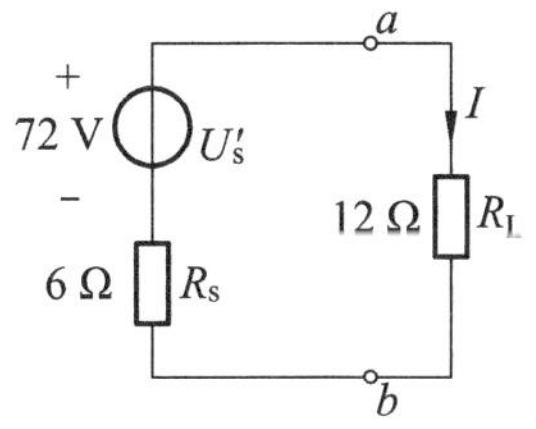

图 2.1.36　图 2.1.35（c）等效电路

应用电源互换法分析电路时应注意以下几点：
① 电源模型的等效变换只是对外电路等效，对电源模型内部是不等效的。
② 理想电压源与理想电流源不能等效互换。
③ 如果理想电压源与外接电阻串联，可把外接电阻看作内阻，即可转换为电流源形式。如果理想电流源与外接电阻并联，可把外接电阻看作内阻，转换为电压源形式。

④ 不能使待求支路参与电源互换，否则待求量会在等效电路中消失。

⑤ 电源互换法是在电路图上逐步对电路进行等效变换，比较直观、清晰，但每步都需要画等效电路图，步骤较多而且烦琐；因此，它一般用于结构简单的电路或者电路某一局部的等效化简。

（2）端口压流法

我们知道，实际电压源的端口压流关系遵循 $U = U_s - IR_s$，实际电流源的端口压流关系遵循 $I = I_s - \dfrac{U}{R_s}$。

反过来，如果我们求得一个有源二端网络的端口压流方程，即可得到这个有源二端网络的最简等效参数 U_s（或 I_s）和 R_s，也就可画出最简模型。

端口压流法就是通过建立电路的方程，将方程化简后得到最简电路模型的方法。

采用端口压流法化简有源二端网络的步骤是：

第一步：设端口电压 U、电流 I 参考方向并标示在图中。

第二步：列写出端口 U_{ab} 与电流 I 的关系式（根据 KCL，KVL 和欧姆定律）。

第三步：根据关系式得出原电路的等效电压源参数：U_s 和 R_s。

第四步：根据参数 U_s 和 R_s，画出等效电路模型。

【例 2.1.11】用端口压流法化简如图 2.1.37（a）所示二端网络。

【解】① 设端口电压 U、电流 I 参考方向如图所示。

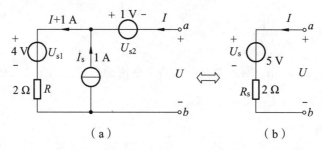

图 2.1.37　例 2.1.11 图

② 列写出端口电压电流的表达式。

$$U = -U_{s2} + U_{s1} + (I + I_s)R$$
$$= -1 + 4 + (I+1) \times 2$$
$$= 5 + 2I$$

③ 等效电压源参数为

$$U_s = 5 \text{ V}, \quad R_s = 2 \text{ }\Omega$$

④ 画出等效电路模型如图 2.1.37（b）所示。

由此可见，端口压流法比电源互换法在步骤上简洁许多，但需要熟练掌握电路方程的建立和计算等。有时可将两种方法结合使用。

另外，端口压流法对于含受控源的电路分析特别有效。

【例 2.1.12】 化简如图 2.1.38（a）所示二端网络。

【解】 设端口电压 U、电流 I 参考方向如图所示。

将电路中的受控电流源视为独立电流源，根据 KCL，KVL 和欧姆定律，列写网络端口的电压、电流方程为

$$U = 15 + 5 \times (I + 2I)$$
$$= 15 + 15I$$

其等效电压源参数为

$$U_s = 15 \text{ V}, \quad R_s = 15 \text{ Ω}$$

等效电路模型如图 2.1.38（b）所示。

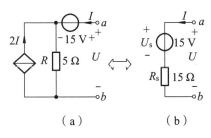
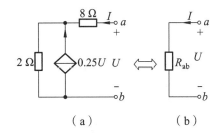

图 2.1.38　例 2.1.12 题图　　　　　图 2.1.39　例 2.1.13 图

【例 2.1.13】 将图 2.1.39（a）所示二端网络化为最简形式。

【解】 设端口电压 U、电流 I 参考方向如图所示。

将电路中的受控电流源视为独立电流源，根据 KCL，KVL 和欧姆定律，列写网络端口的电压、电流方程为

$$U = 8I + 2 \times (I + 0.25U)$$
$$= 10I + 0.5U$$

经整理，得

$$U = 20I$$

据此可将电路等效成一个电阻，阻值 $R_{ab} = 20$ Ω。

由此可见，不含独立源，仅含电阻和受控源的网络也属于无源网络，其最简等效形式为一个电阻，可用端口压流法求其等效电阻值。

2.2　线性电路的一般分析方法

在线性电路分析中，如果电路结构比较复杂，而且需要求解多条支路的电路变量，等效分析方法往往就不太适用。

所谓一般分析方法，是指适用于任何线性电路的具有普遍性和系统性的电路分析方法。与等效分析方法不同，一般分析方法不改变电路的结构，分析过程往往具有规律性。

分析电路的一般分析方法是：确定一组电路变量→依据 VCR，KCL 和 KVL 建立方程组

→解方程组得电路变量（u 或 i）→根据电路变量 u，i 求出响应。

根据所选择的电路变量的不同，一般分析方法可分为支路电流法、网孔电流法和节点电压法等。

2.2.1 支路电流法

支路电流法就是以每条支路的电流 I_x 为变量，依据 KCL、KVL 和元件的 VCR 列出独立节点的 KCL 方程和独立回路的 KVL 方程组，然后联立求解方程组，得到各支路电流 I_x 数值的方法。

可以证明：对于一个含有 b 条支路、n 个节点的电路，则可以列出 $n-1$ 个独立的 KCL 方程和 $m=b-(n-1)$ 个独立的 KVL 方程（m 正好是电路的网孔数）。

【例 2.2.1】试用支路电流法，列写出求解图 2.2.1（a）所示电路中支路电流 I_1、I_2 和 I_3 的方程组。

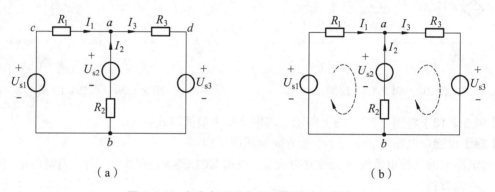

图 2.2.1　支路电流法和网孔电流法示例电路

【解】图 2.2.1（a）所示电路中，有 2 个节点、3 个回路（其中 2 个网孔）。依据 KCL、KVL 和元件的 VCR 可以列出 1 个以支路电流为变量的独立的 KCL 方程和 2 个独立的 KVL 方程来求解 3 个支路电流。故选择：

节点 a：　　　$I_1 + I_2 - I_3 = 0$　　　　　　　　　　　　　　　　　①

回路 $abca$：　$R_1 I_1 + U_{s2} - R_2 I_2 - U_{s1} = 0$　　　　　　　　　②

回路 $adba$：　$R_3 I_3 + U_{s3} + R_2 I_2 - U_{s2} = 0$　　　　　　　　　③

联立求解方程组，即可求出 I_1、I_2 和 I_3。

但随着待求量（支路电流）增多，需要列出的方程数增加，人工求解就十分烦琐。

2.2.2 网孔电流法

2.2.2.1 网孔电流

网孔电流法是以假想的网孔电流作为电路变量，直接列写网孔的 KVL 方程，先求得网孔电流，进而求得响应的一种电路分析方法。

所谓网孔电流是一种沿网孔边界环行流动的假想电流。如图 2.2.2 所示，图中两个网孔电流分别为 I_{m1}，I_{m2}。

从图 2.2.2 中可以看出，各网孔电流与各支路电流之间的关系为

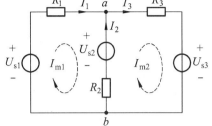

$$\begin{cases} I_1 = I_{m1} \\ I_2 = I_{m2} - I_{m1} \\ I_3 = I_{m2} \end{cases}$$

图 2.2.2 网孔电流法示例电路

即所有支路电流都可以用网孔电流表示。也就是说，只要求得网孔电流，各支路电流就可以得解，电路中各变量也随之得解。

由于每一个网孔电流在流经电路的某一节点时，流入该节点之后，又随即从该节点流出，因此各网孔电流都能自动满足 KCL。

2.2.2.2 网孔电流方程

用网孔电流法分析含 b 条支路、m 个网孔的电路时，只要设 m 个网孔电流为变量，列出 m 个 KVL 方程就可以求解电路。

通常，选取网孔的绕行方向与网孔电流的参考方向一致。于是，对于图 2.2.2 所示电路有

$$\left. \begin{array}{ll} 网孔1: & R_1 I_{m1} + R_2 I_{m1} - R_2 I_{m2} = U_{s1} - U_{s2} \\ 网孔2: & R_2 I_{m2} - R_2 I_{m1} + R_3 I_{m2} = U_{s2} - U_{s3} \end{array} \right\} \quad (2.2.1)$$

经整理后得

$$\left. \begin{array}{ll} 网孔1: & (R_1 + R_2) I_{m1} - R_2 I_{m2} = U_{s1} - U_{s2} \\ 网孔2: & -R_2 I_{m1} + (R_2 + R_3) I_{m2} = U_{s2} - U_{s3} \end{array} \right\} \quad (2.2.2)$$

这就是以网孔电流为未知量时列写的 KVL 方程，称为网孔方程。

方程组（2.2.2）可以进一步写成

$$\left. \begin{array}{l} R_{11} I_{m1} + R_{12} I_{m2} = U_{s11} \\ R_{21} I_{m1} + R_{22} I_{m2} = U_{s22} \end{array} \right\} \quad (2.2.3)$$

其中，$R_{11} = R_1 + R_2$，$R_{22} = R_2 + R_3$，分别是网孔 1 与网孔 2 各自包含的所有电阻之和，称为各网孔的自电阻。因为选取自电阻的电压与电流为关联参考方向，所以自电阻都取正号。

$R_{12} = R_{21} = -R_2$ 是网孔 1 与网孔 2 公共支路的电阻，称为相邻网孔的互电阻。互电阻可以取正号，也可以取负号。当流过互电阻的两个相邻网孔电流的参考方向一致时，互电阻取正号，反之取负号。本例中，由于各网孔电流的参考方向都选取为顺时针方向，即流过各互电阻的两个相邻网孔电流的参考方向都相反，因而它们都取负号。

$U_{s11} = U_{s1} - U_{s2}$，$U_{s22} = U_{s2} - U_{s3}$，分别是各自网孔中电压源电压的代数和，称为网孔电源电压。凡顺着网孔绕行方向电源电压升则取正号，降则取负号。这是因为将电源电压移到等式右边要变号的缘故。

式（2.2.3）也可以推广到具有 m 个网孔的平面电路，其通式为

$$R_{自}I_{本网孔} - \sum R_{互}I_{邻网孔} = \sum U_s \quad (2.2.4)$$

等式右边的 $\sum U_s$，若顺着网孔绕行方向电源电压升则取正号，否则取负号。

2.2.2.3 网孔电流法的应用

应用网孔电流法求解电路变量的步骤：

① 设定电路中网孔电流的方向并标示于图中。

② 根据网孔电流通式和电路参数列写未知网孔电流的 KVL 方程。

③ 解网孔方程，求解出各网孔电流。

④ 根据 KCL 求解出期望的支路电流。

⑤ 根据元件的 VCR 求解出期望的参数。

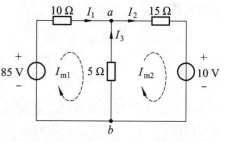

图 2.2.3　例 2.2.2 图

【例 2.2.2】用网孔电流法求图 2.2.3 所示电路的各支路电流。

【解】① 设各网孔电流的符号和参考方向如图所示。

根据网孔电流方程通式、图中参数和网孔绕行方向得

$$R_{11} = 10 + 5 = 15\ \Omega,\ R_{22} = 15 + 5 = 20\ \Omega$$
$$R_{12} = R_{21} = -5\ \Omega,\ U_{s11} = 85\ V,\ U_{s22} = -10\ V$$

② 按式（2.2.4）列网孔方程组，得

网孔 1：　　　　$15I_{m1} - 5I_{m2} = 85$

网孔 2：　　　　$-5I_{m1} + 20I_{m2} = -10$

③ 求解网孔方程组，得

$$I_{m1} = 6\ A,\ I_{m2} = 1\ A$$

④ 根据网孔电流求出各支路电流为

$$I_1 = I_{m1} = 6\ A$$
$$I_2 = I_{m2} = 1\ A$$
$$I_3 = I_{m2} - I_{m1} = -5\ A$$

为了验证计算结果是否正确，常选一个新的回路列写方程，将已求出的各电流代入，检验是否平衡。现取外围大回路，列写 KVL 方程式，得

$$10I_1 + 15 \times I_2 + 10 - 85 = 10 \times 6 + 15 \times 1 + 10 - 85 = 0$$

说明所求结果正确。

2.2.2.4 含有理想电流源的网孔电流分析

【例 2.2.3】用网孔电流法求图 2.2.4 所示电路的各支路电流。

【解】① 设各网孔电流和绕行方向如图所示。

② 列未知电流网孔的网孔方程组，得

$$\begin{cases}(1+2)I_{m1} - 2I_{m2} - 1I_{m3} = 10 \\ (1+2)I_{m2} - 2I_{m1} = -5 \\ I_{m3} = 5\ A\end{cases}$$

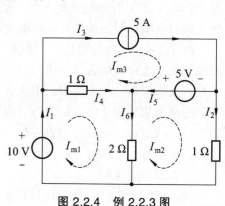

图 2.2.4　例 2.2.3 图

③ 求解网孔方程组，得

$$I_{m1} = 7 \text{ A}$$
$$I_{m2} = 3 \text{ A}$$

④ 根据网孔电流求出各支路电流为

$$I_1 = I_{m1} = 7 \text{ A}, \quad I_2 = I_{m2} = 3\text{A}, \quad I_3 = I_{m3} = 5 \text{ A}$$
$$I_4 = I_{m1} - I_{m3} = 2 \text{ A}, \quad I_5 = I_{m3} - I_{m2} = 2 \text{ A}$$
$$I_6 = I_{m1} - I_{m2} = 4 \text{ A}$$

结论：如果理想电流源在边沿支路，即本网孔电流为已知，则网孔方程就不必再列了。

【**例 2.2.4**】用网孔电流法求图 2.2.5 所示电路的各支路电流。

【**解**】**方法一**：直接在原电路图上根据网孔电流法进行分析，因为电路中含有电流源，电流源两端电压是未知的，在列写 KVL 方程时，需要在电流源两端假设一个未知电压 U，因多引入一个未知变量，就必须再多列一个方程（即辅助方程）。

① 选取各网孔电流及电流源电压为变量，将其符号和参考方向标示于图上。

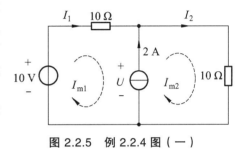

图 2.2.5 例 2.2.4 图（一）

② 列网孔方程，得

$$\begin{cases} 10I_{m1} = 10 - U \\ 10I_{m2} = U \end{cases}$$

补充方程：

$$I_{m2} - I_{m1} = 2 \text{ A}$$

③ 解方程组，得

$$I_{m1} = -0.5 \text{ A}$$
$$I_{m2} = 1.5 \text{ A}$$
$$U = 15 \text{ V}$$

此解法共需要列写三个方程联立求解。

方法二：如果将电流源支路移到边沿，原电路仍保持不变，如图 2.2.6 所示。

① 设各网孔电流和绕行方向如图所示。

② 列未知电流网孔的网孔方程，得

$$\begin{cases} (10+10)I_{m1} - 10I_{m2} = 10 \\ I_{m2} = -2 \text{ A} \end{cases}$$

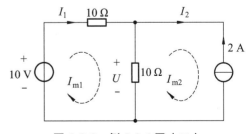

③ 解方程组，得

$$I_{m1} = -0.5 \text{ A}$$

图 2.2.6 例 2.2.4 图（二）

其余各支路电流和各部分电压即可求得。

因此，用网孔电流法分析含电流源的电路时，应尽可能将电流源支路移到电路的边沿，将电流源电流作为网孔电流，这样可以减少未知变量数，减少方程数。如果无法将电流源支路移到边沿，需增设电流源两端电压为变量，增加电路方程。

2.2.2.5 含有受控源的网孔电流分析

当电路中含有受控源时，首先将受控源视为独立源，再将受控源的控制量用网孔电流来表示。

【例 2.2.5】电路如图 2.2.7 所示，用网孔电流法求各支路电流。

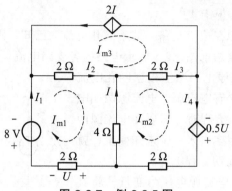

图 2.2.7 例 2.2.5 图

【分析】本电路含有 3 个网孔、1 个受控电压源和 1 个受控电流源。

【解】① 设网孔电流各绕行方向如图示。
② 列未知网孔电流方程，得

$$\begin{cases} 8I_{m1} - 4I_{m2} - 2I_{m3} = -8 \\ -4I_{m1} + 8I_{m2} - 2I_{m3} = 0.5U \\ I_{m3} = -2I \end{cases}$$

辅助方程：

$$I = I_{m2} - I_{m1}$$
$$U = 2I_{m1}$$

解方程组，得

$$I_{m1} = -2 \text{ A}, \quad I_{m2} = -1.5 \text{ A}, \quad I_{m3} = -1 \text{ A}$$

所以

$$I_1 = I_{m1} = -2 \text{ A}, \quad I_2 = I_{m1} - I_{m2} = -1 \text{ A}, \quad I_3 = I_{m2} - I_{m3} = -0.5 \text{ A}$$
$$I_4 = I_{m2} = 1.5 \text{ A}, \quad I = I_{m2} - I_{m1} = 0.5 \text{ A}$$

2.2.3 节点电压法

2.2.3.1 节点电压

节点电压法就是以节点电压为电路变量，直接列写独立节点的 KCL 方程，先求得节点电压，进而求解电路响应的电路分析方法。

所谓节点电压就是在电路 n 个节点中,任意选择(或指定)某一节点为参考节点(即零电位点),其余 $n-1$ 个独立节点与零电位点间的电压。

参考节点原则上可以任意选定,但一经选定,在分析求解过程中不允许再作变更,而且参考点必须用零电位符号"⊥"在电路图中示出。

在如图 2.2.8 所示电路中,有 a, b, c 三个节点,如果将 c 节点选为参考节点,其余两节点到参考节点的电压 V_a 和 V_b 就称为节点电压。

电路中所有支路电压都可以用节点电压来表示。电路中的支路分成两种:一种是接在独立节点和参考节点之间,它的支路电压就是节点电压;另一种是接在各独立节点之间,它的支路电压则是两个节点电压之差。

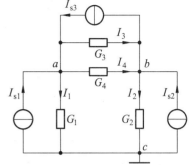

图 2.2.8 节点电压法示例电路

2.2.3.2 节点电压方程

如能求出各节点电压,就能求出各支路电压及其他待求量。要求 $n-1$ 个节点电压,需列 $n-1$ 个独立方程。用节点电压代替支路电压,已经满足 KVL 的约束,只需建立 KCL 的约束方程即可。以图 2.2.8 所示电路为例,独立节点数为 $n-1=2$。选取各支路电流的参考方向如图所示,对节点 a, b 分别由 KCL 列出节点电流方程为

节点 a: $I_1 + I_3 + I_4 - I_{s1} - I_{s3} = 0$
节点 b: $I_2 - I_3 - I_4 - I_{s2} + I_{s3} = 0$

将支路电流用节点电压 V_a, V_b 表示为

$$\begin{cases} I_1 = G_1 V_a \\ I_2 = G_2 V_b \\ I_3 = G_3 V_{ab} = G_3(V_a - V_b) = G_3 V_a - G_3 V_b \\ I_4 = G_4 V_{ab} = G_4(V_a - V_b) = G_4 V_a - G_4 V_b \end{cases}$$

代入两个节点电流方程中,经移项整理后得

$$\left.\begin{array}{l} 节点\ a: \quad (G_1 + G_3 + G_4)V_a - (G_3 + G_4)V_b = I_{s1} + I_{s3} \\ 节点\ b: \quad (G_2 + G_3 + G_4)V_b - (G_3 + G_4)V_a = I_{s2} - I_{s3} \end{array}\right\} \quad (2.2.5)$$

将式(2.2.5)写成

$$\left.\begin{array}{l} G_{11}V_1 + G_{12}V_2 = I_{s11} \\ G_{21}V_1 + G_{22}V_2 = I_{s22} \end{array}\right\} \quad (2.2.6)$$

式中,$G_{11} = G_1 + G_3 + G_4$, $G_{22} = G_2 + G_3 + G_4$ 分别是与节点 a, b 相连接的各支路上的电导之和,称为各节点的自电导。自电导总是正的。

$G_{12} = G_{21} = -(G_3 + G_4)$ 是连接在节点 a, b 之间的各公共支路上的电导之和的负值,称为两相邻节点的互电导。互电导总是负的。

$I_{s11} = I_{s1} + I_{s3}$, $I_{s22} = I_{s2} - I_{s3}$, 分别是流入节点 a, b 的各电流源电流的代数和,称为节点电源电流。流入节点的取正号,流出节点的取负号。

上述关系可推广到一般电路。对具有 n 个节点的电路,其通式为

$$G_{自}V_{本节点} - \sum G_{互}V_{邻节点} = \sum I_s \quad (2.2.7)$$

等式右边的 $\sum I_s$ 的符号选取原则是：流入节点电流源电流为正，流出为负。

2.2.3.3 节点电压法的应用

应用节点电压法分析求解电路变量的一般步骤为：
① 选择参考节点并用零电位符号"⊥"标注在图中；
② 在电路图中标注各节点电压变量；
③ 根据通式列写未知节点电压变量的节点方程；
④ 解节点电压方程，得到各节点电压；
⑤ 依据元件 VCR 和 KCL 等求出需要的响应。

【例 2.2.6】试用节点电压法求图 2.2.9 所示电路中的各支路电流。

【解】取节点 3 为参考节点，设节点 1、2 的节点电压 V_1、V_2 为变量。

按式（2.2.7）列方程，得

$$\begin{cases} \left(\dfrac{1}{1}+\dfrac{1}{2}\right)V_1 - \dfrac{1}{2}V_2 = 3 \\ -\dfrac{1}{2}V_1 + \left(\dfrac{1}{2}+\dfrac{1}{3}\right)V_2 = 7 \end{cases}$$

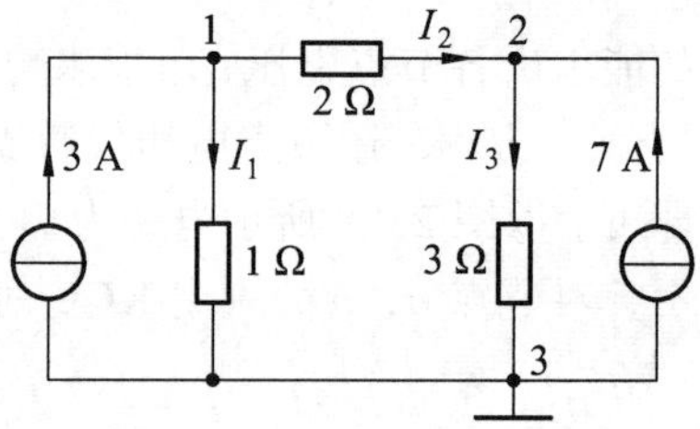

解之得

$$V_1 = 6 \text{ V}, \quad V_2 = 12 \text{ V}$$

图 2.2.9 例 2.2.6 图

设各支路电流的参考方向如图 2.2.9 所示。根据支路电流与节点电压的关系，有

$$I_1 = \dfrac{V_1}{1} = \dfrac{6}{1} = 6 \text{ A}$$

$$I_2 = \dfrac{V_1 - V_2}{2} = \dfrac{6-12}{2} = -3 \text{ A}$$

$$I_3 = \dfrac{V_2}{3} = \dfrac{12}{3} = 4 \text{ A}$$

当电路中含有电压源和电阻串联组合的支路时，可先把电压源和电阻串联组合等效变换成电流源和电阻并联组合，然后再按照式（2.2.7）列写方程。

对于图 2.2.10（a）所示电路，可将三条实际电压源支路等效变换为实际电流源模型，如图 2.2.10（b）所示。

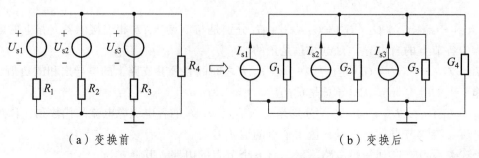

（a）变换前　　　　　　　　　　　（b）变换后

图 2.2.10 节点法中的电源互换

节点电压方程为

$$(G_1 + G_2 + G_3 + G_4)V_{10} = I_{s1} + I_{s2} + I_{s3}$$

【例 2.2.7】 求图 2.2.11（a）所示电路中的各支路电流。

【分析】 此电路有 3 条支路、2 个网孔、2 个节点，如用网孔电流法分析，需设 2 个变量、列 2 个方程，而用节点电压法分析，只需设 1 个变量、列 1 个方程即可求解。

【解】 设各支路电流 I_1、I_2、I_3 的参考方向如图所示。

选取节点 b 为参考节点，设节点 a 的节点电压 V_a 为变量。

先将电压源和电阻串联组合等效变换成电流源和电阻并联组合，如图 2.2.11（b）所示，然后按照式（2.2.7）列写方程，得

$$\left(\frac{1}{5} + \frac{1}{5} + \frac{1}{10}\right)V_a = 4 - 1$$

解之得 $V_a = 6\ \text{V}$

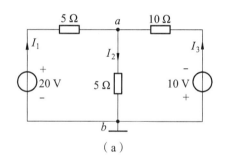 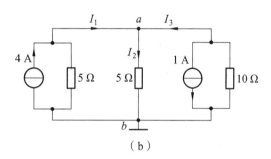

图 2.2.11 例 2.2.7 图

从而求得各支路电流为

$$I_1 = \frac{20 - V_a}{5} = \frac{20 - 6}{5} = 2.8\ \text{A}$$

$$I_2 = \frac{V_a}{5} = \frac{6}{5} = 1.2\ \text{A}$$

$$I_3 = \frac{-10 - V_a}{10} = \frac{-10 - 6}{10} = -1.6\ \text{A}$$

2.2.3.4 含有理想电压源支路的处理

当电路中含有理想电压源（也称为无伴电源）支路时，可以采用以下处理方法：

① 尽可能取电压源支路的负极性端作为参考点，这样可以减少一个未知变量，从而减少一个方程。

② 如果不能避免有的电压源支路的两端都不是参考节点，出现"悬浮电压源"支路，就设流过电压源支路的电流为 I_x，作为已知量来处理，并列入节点方程，放在等式右边，再将电压源值与两端节点电压间的关系作为补充方程。

【例 2.2.8】 电路如图 2.2.12 所示,试用节点电压法求电压 u 和电流 i。

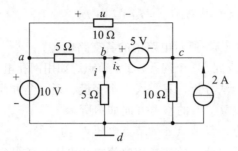

图 2.2.12 例 2.2.8 图

【解】 电路中含有 5 V 和 10 V 两个理想电压源,若选择 d 点为参考节点,即 $V_d = 0$,并设流过 5 V 电压源的电流为 i_x,方向如图所示,则列出节点电流方程为

节点 a: $\quad V_a = 10$ V

节点 b: $\quad \left(\dfrac{1}{5} + \dfrac{1}{5}\right)V_b - \dfrac{1}{5}V_a = -i_x$

节点 c: $\quad \left(\dfrac{1}{10} + \dfrac{1}{10}\right)V_c - \dfrac{1}{10}V_a = 2 + i_x$

辅助方程: $\quad V_b - V_c = 5$ V

解得 $\quad V_b = 10$ V, $V_c = 5$ V, $i_x = -2$ A

故电压 $\quad u = V_a - V_c = 10 - 5 = 5$ V

电流 $\quad i = \dfrac{V_b}{5} = \dfrac{10}{5} = 2$ A

(也可选择 c 点为参考节点。)

节点电压法是以电路的节点电压为未知量来分析电路的一种方法,它不仅适用于平面电路,同时也适用于非平面电路。鉴于这一优点,在计算机辅助电路分析中,一般多采用节点电压法求解电路。

2.3 电路定理

在电路分析中,有时只需要求出电路中某一条支路的电压响应 u 或电流响应 i。运用电路定理来解决这一类问题往往是行之有效的,且灵活方便。在电路分析中常用的电路定理有齐次定理、叠加定理、置换定理、戴维南定理、诺顿定理和最大功率传输定理等。

2.3.1 叠加定理和齐次定理

线性电路具有两个基本性质:叠加性和齐次性。它们为分析线性电路提供了有效方法,并经常作为建立其他电路定理的基本依据。

2.3.1.1 叠加定理

图 2.3.1（a）所示电路为一包含两个电源的电路。如果要求电路中的电流 I，根据 KVL 建立回路方程（绕行方向如图所示），得

$$I(R_1 + R_2) + U_{s2} - U_{s1} = 0$$

可求得电流

$$I = \frac{U_{s1} - U_{s2}}{R_1 + R_2} = \frac{U_{s1}}{R_1 + R_2} + \frac{-U_{s2}}{R_1 + R_2} = I' + I''$$

其中

$$I' = \frac{U_{s1}}{R_1 + R_2}, \quad I'' = \frac{-U_{s2}}{R_1 + R_2}$$

对照电路分析其物理含义可知，I'为只有电源 U_{s1} 作用而电源 U_{s2} 不作用时的电流，I''为只有电源 U_{s2} 作用而电源 U_{s1} 不作用时的电流。由此说明，两个电源共同作用下产生的电流，等于每个电源单独作用时产生电流的代数和。

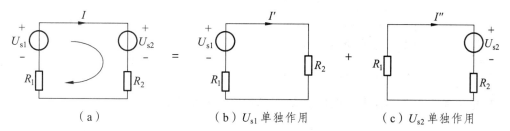

（a） （b）U_{s1} 单独作用 （c）U_{s2} 单独作用

图 2.3.1 叠加定理示意电路

这一结论可以推广到具有任意独立电源的任意线性电路。

1. 叠加定理的内容

叠加定理可表述为：在线性电路中，所有独立电源同时作用在某一支路产生的电压（或电流），等于各个独立电源单独作用时（除该电源外，其他所有独立源为零电源）在该支路产生的电压（或电流）的代数和。

注意：各个独立电源单独作用时，其余电源应不起作用。电压源不作用时看作短路，电流源不作用时看作开路。

2. 叠加定理的应用步骤

应用叠加定理时，可以将一个复杂得多电源作用的电路，拆分为几个比较简单的单电源作用的电路，分析计算出每个单电源电路的电压、电流后，把所得结果叠加起来，就可求出完整电路的电压和电流。

叠加定理的具体应用步骤如下：

第一步，将复杂电路分解成几个简单电路，每个简单电路仅有一个独立电源作用，其余电源置零（电压源视为短路，电流源视为开路）。

第二步，计算各分电路中的电流、电压。

第三步，求各电源共同作用时在各个支路产生的电流和电压的代数和。

【例 2.3.1】求图 2.3.2（a）所示电路中的电压 U、电流 I 和功率 P_{R1} 及 P_{R2}。

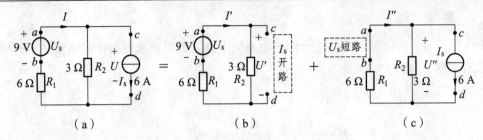

图 2.3.2 例 2.3.1 图

【解】电路中有电压源 U_s 和电流源 I_s 同时作用，电压 U 和电流 I 为这两个电源共同作用的结果，应等于两电源分别作用的结果之和。

① 电压源 U_s 单独作用时，电流源 I_s 视为开路，如图 2.3.2（b）所示。

$$I' = \frac{U_s}{R_1 + R_2} = \frac{9}{6+3} = 1\,\text{A}$$

$$U' = I'R_2 = 1 \times 3 = 3\,\text{V}$$

$$P'_{R1} = (I')^2 \times R_1 = 1^2 \times 6 = 6\,\text{W}$$

$$P'_{R2} = (U')^2/R_2 = 3^2/3 = 3\,\text{W}$$

② 电流源 I_s 单独作用时，电压源 U_s 视为短路，如图 2.3.2（c）所示。

$$I'' = \frac{R_2}{R_1 + R_2}I_s = \frac{3}{6+3} \times 6 = 2\,\text{A},\quad U'' = -I''R_1 = -2 \times 6 = -12\,\text{V}$$

$$P''_{R1} = (I'')^2 \times R_1 = 2^2 \times 6 = 24\,\text{W},\quad P''_{R2} = (U'')^2/R_2 = (-12)^2/3 = 48\,\text{W}$$

③ 将电压、电流叠加起来：

$$U = U' + U'' = 3 + (-12) = -9\,\text{V}$$

$$I = I' + I'' = 1 + 2 = 3\,\text{A}$$

$$P_{R1} = I^2 \times R_1 = 3^2 \times 6 = 54\,\text{W} \neq P'_{R1} + P''_{R1}\,（可见，功率计算不符合叠加定理）$$

$$P_{R2} = (U)^2/R_2 = (-9)^2/3 = 27\,\text{W} \neq P'_{R2} + P''_{R2}\,（可见，功率计算不符合叠加定理）$$

（此电路还可采用以前学习的方法求解，读者可自行分析、计算与比较。）

【例 2.3.2】电路如图 2.3.3 所示，其中 CCVS 的电压受流过 R_1 的电流 i_1 控制，求电压 u_3。

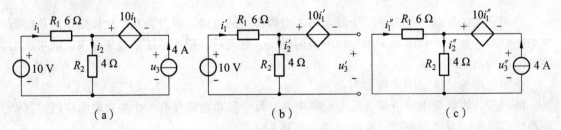

图 2.3.3 例 2.3.2 图

【分析】电路中既有独立电压源和独立电流源，又有受控源，由叠加定理可知，独立源各自单独作用，受控源始终保留（不能单独作用）。

【解】① 当 10 V 电压源单独作用时，4 A 电流源视为开路，受控源保留，电路如图 2.3.3（b）

所示。由图可得

$$i'_1 = i'_2 = 10/(6+4) = 1 \text{ A}, \quad u'_3 = -10i'_1 + 4i'_2 = (-10+4) = -6 \text{ V}$$

② 当 4 A 电流源单独作用时，10 V 电压源视为短路，受控源保留，电路如图 2.3.3（c）所示。由图可得

$$i''_1 = -\frac{4}{6+4} \times 4 \text{ A} = -1.6 \text{ A} \quad （分流公式）$$

$$i''_2 = i''_1 + 4 \text{ A} = 2.4 \text{ A} \quad （KCL）$$

$$u''_3 = -10i''_1 + 4i''_2 = 25.6 \text{ V}$$

所以

$$u_3 = u'_3 + u''_3 = -6 + 25.6 = 19.6 \text{ V}$$

3. 应用叠加定理时的注意事项

① 叠加定理仅仅适用于线性电路，不适用于非线性电路。

② 叠加定理只能用于计算线性电路中的电压（电位）和电流。

③ 原电路中各元件的功率不等于各分电路计算所得功率的叠加（即功率不能直接叠加），因为功率是电流和电压的乘积，是电压或电流的二次函数，不是线性关系。

④ 在原电路和各电源单独作用的分电路中，元件间的连接关系不能变动，参量的参考方向不能变化。叠加时必须注意各电压、电流的总量与分量之间是代数和关系。

⑤ 受控源不能参与叠加（不能单独作用）。因为受控源不是独立源，它仅反映支路与支路之间的控制关系，对电路无激励，因此，只能把它当作一个元件来处理，任何一个独立电源作用时，受控源都应保留在电路中，但需注意受控源控制量的变化。

2.3.1.2 齐次定理

对图 2.3.2（a）所示电路作进一步分析可知：

当电源 U_{s1} 单独作用时，在电路中产生的电流

$$I' = \frac{U_{s1}}{R_1 + R_2}$$

把电源 U_{s1} 增大 k 倍后，产生的电流

$$I'_k = \frac{kU_{s1}}{R_1 + R_2} = kI'$$

当电源 U_{s2} 单独作用时，在电路中产生的电流

$$I'' = \frac{-U_{s2}}{R_1 + R_2}$$

把电源 U_{s2} 增大 k 倍后，产生的电流

$$I''_k = \frac{kU_{s2}}{R_1 + R_2} = kI''$$

当电源 U_{s1} 和电源 U_{s2} 同时增大 k 倍后共同作用于电路时,根据叠加定理得其总电流

$$I_k = I'_k + I''_k = k(I' + I'') = kI \qquad (2.3.1)$$

式(2.3.1)说明,当电路中所有独立电源都增大 k 倍时,在电路中产生的电压或电流也相应增大 k 倍。这就是线性电路另一个重要特性——齐次性(又称比例性)的体现。

齐次定理可表述为:在线性电路中有多个独立电源作用时,当所有独立电源都增大或都缩小 k(k 为实常数)倍时,则在电路中任意支路产生的电压或电流也将同样增大或缩小 k 倍。

在线性电路中,若只有一个独立电压源(或独立电流源)作用时,在任意支路产生的电压或电流的大小与该电源值成齐次关系,在电阻电路中就是比例关系。

【例2.3.3】用齐次定理求图2.3.4所示电路中各支路电流。

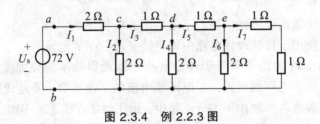

图 2.3.4　例 2.2.3 图

【分析】本电阻电路中只有一个独立电压源,电路中各支路电流与该电压源值成正比。

【解】现假设 $I'_7 = 1$ A,则有

$I'_6 = I'_7 = 1$ A,　$I'_5 = I'_6 + I'_7 = 2$ A

$I'_4 = I'_5 = 2$ A,　$I'_3 = I'_4 + I'_5 = 4$ A

$I'_2 = I'_3 = 4$ A,　$I'_1 = I'_2 + I'_3 = 8$ A

$U_{ab} = U'_s = I'_1 \times R_{ab} = 8 \times (2 + 1) = 24$ V

所以　　　　$k = U_s / U'_s = 72 / 24 = 3$

故有

$I_7 = kI'_7 = 3 \times 1 = 3$ A,　$I_6 = kI'_6 = 3 \times 1 = 3$ A

$I_5 = kI'_5 = 3 \times 2 = 6$ A,　$I_4 = kI'_4 = 3 \times 2 = 6$ A

$I_3 = kI'_3 = 3 \times 4 = 12$ A,　$I_2 = kI'_2 = 3 \times 4 = 12$ A

$I_1 = kI'_1 = 3 \times 8 = 24$ A

用齐次定理分析求解这种"梯形"电路特别有效。本例中是从离电压源支路最远的支路开始计算并假设其电流为 1 A(主要是便于计算),然后由远到近地推算到电压源支路,最后用齐次定理予以修正,这种方法称为"倒推法"。

运用叠加定理和齐次定理可以对一些内部结构和参数未知的电路问题进行分析计算。

2.3.2　置换定理

置换定理(又称替代定理)可表述为:若电路中某支路的电压 U_k 或电流 I_k 为确定值时,则无论该支路是由什么元件组成,都可以用电压值等于 U_k 的理想电压源或者电流值等于 I_k

的理想电流源去置换，置换后该电路中其余部分的电压电流均保持不变。置换定理的示意图如图 2.3.5 所示。

下面通过图 2.3.6（a）所示电路来验证置换定理的正确性。

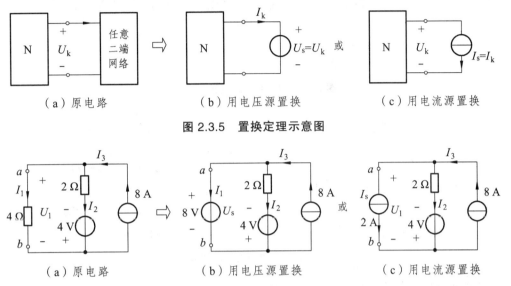

（a）原电路　　　　　　（b）用电压源置换　　　　　（c）用电流源置换

图 2.3.5　置换定理示意图

（a）原电路　　　　　　（b）用电压源置换　　　　　（c）用电流源置换

图 2.3.6　置换定理验证电路

对图 2.3.6（a）可求得

$$U_1 = 8 \text{ V}, \ I_1 = 2 \text{ A}, \ I_2 = 6 \text{ A}, \ I_3 = 8 \text{ A}$$

将 ab 支路视为置换定理表述中的 k 支路，其电压 $U_1 = 8$ V，电流 $I_1 = 2$ A。

① 将 ab 支路用 $U_s = 8$ V 电压源置换，如图 2.3.6（b）所示，可求得

$$U_1 = 8 \text{ V}, \ I_1 = 2 \text{ A}, \ I_2 = 6 \text{ A}, \ I_3 = 8 \text{ A}$$

这与原电路计算结果相同。

② 将 ab 支路用 $I_s = I_1 = 2$ A 电流源置换，如图 2.3.6（c）所示，可求得

$$U_1 = 8 \text{ V}, \ I_1 = 2 \text{ A}, \ I_2 = 6 \text{ A}, \ I_3 = 8 \text{ A}$$

这与原电路计算结果也是相同的。

运用置换定理后，原电路与置换后的元件在组成结构上并没任何变化，置换支路的电压、电流也没改变，整个电路的 KCL 和 KVL 方程仍然相同，因此对求其他支路的电压、电流的作用是完全相同的。

在电子线路中，常看到一些只标有电位的电路，如图 2.3.7（a）所示。a 点电位 $V_a = 50$ V，b 点电位 $V_b = -100$ V，表示 a，b 两点到零电位点的电压分别为 50 V 和 -100 V。利用置换定理，可将 a 点及 b 点电位，各用一个理想电压源去置换，如图 2.3.7（b）所示。置换的结果对原电路没有影响，而这样的电路大家比较熟悉，分析起来比较方便。

同理，只标有支路电流的电路，如图 2.3.8（a）所示，就可用理想电流源去置换支路电流，如图 2.3.8（b）所示，从而转换为我们熟悉的电路形式。

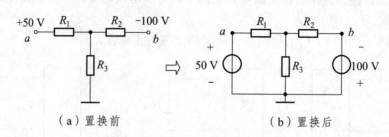

(a)置换前　　　　　　　　　　(b)置换后

图 2.3.7　电压源置换已知电位

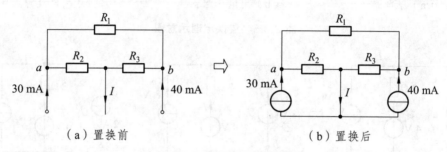

(a)置换前　　　　　　　　　　(b)置换后

图 2.3.8　电流源置换已知电流

在分析电路时,常常运用置换定理化简电路,辅助其他方法求解问题。在推导许多新的定理与等效方法时也常用到它。

实际工程中,在测试电路或试验设备中采用假负载(或称模拟负载)的理论根据,就是置换定理。

注意:

① 置换定理不仅适用于线性电路,也可推广到非线性电路。

② "置换"和"等效变换"是两个不同的概念。"置换"是用独立电压源或电流源置换已知的电压或电流支路,置换前后置换支路以外电路的连接关系和元件参数不能改变,因为一旦改变,置换支路的电压和电流也将发生变化;而等效变换是两个具有相同端口 VCR 的电路间的相互转换,与变换以外电路的连接关系和元件参数无关。

2.3.3　戴维南定理和诺顿定理

2.3.3.1　戴维南定理

1. 戴维南定理

戴维南定理(Thevenin's theorem)可表述为:一个线性有源二端网络 N,对外电路而言,可以等效为一个理想电压源 U_{oc} 和电阻 R_0 串联的形式,如图 2.3.9 所示。其中,U_{oc} 有源二端网络在外电路(也称为负载)开路时的电压值,称为开路电压,也常用 U_{abk} 表示。R_0 为线性有源网络内全部独立电源置零值(即电压源短路、电流源开路)、受控源保留时,所得无源网络在 a,b 端的等效电阻,称为戴维南等效电阻(简称戴氏内阻),也常用 R_{ab} 表示。

用戴维南定理求得的电压源 U_{oc} 与电阻 R_0 串联的电路,称为戴维南等效电路。

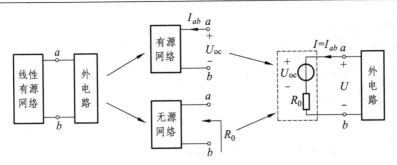

图 2.3.9 戴维南定理示意图

当二端网络端口电压 U 与电流 I 取关联参考方向时,其端口压流关系可表述为

$$U = U_{oc} + IR_0 \qquad (2.3.2)$$

在电子电路中,当把二端网络视为电源时,常称此电阻为输出电阻,用 R_0 表示;当把二端网络视为负载时,则称之为输入电阻,常用 R_i 表示。

2. 戴维南定理的应用

在电路结构和元件参数都已知的条件下,如需求解电路中某一条支路的电压、电流或功率,运用戴维南定理就比较方便。其应用步骤为:一分、二开、三零、四画、五求。

① 将电路分为两部分,并断开待求支路,且两端标以字母 a 和 b。
② 求开路电压 U_{oc} ($U_{oc} = U_{abk}$)。方法是:按照任意两点间电压的求解方法求解。
③ 将独立源置零,求等效电阻 R_0 ($R_0 = R_{ab}$)。方法是:将所有独立电压源短路、独立电流源开路、受控源保留,按照求解无源网络等效电阻的方法计算即可。
④ 画出戴维南等效电路,并接上待求支路。
⑤ 求待求量(响应)。

应用戴维南定理分析电路,通常需要画出三个电路,即求开路电压 U_{oc} 的电路,求等效内阻 R_0 的电路和"戴维南等效模型 + 待求支路"电路。同时应注意电压的极性和电流的方向。

【例 2.3.4】电路如图 2.3.10(a)所示,用戴维南定理求电阻 R_3 分别为 1Ω、3Ω 和 7Ω 时的电流 I 和消耗的功率 P。

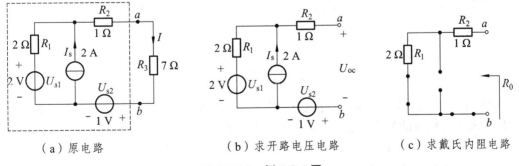

(a)原电路 (b)求开路电压电路 (c)求戴氏内阻电路

图 2.3.10 例 2.3.4 图

【解】① 将电路从 ab 端口划分为两部分,ab 左边虚框内为有源二端网络,电阻 R_3 支路为待求支路。

② 断开 ab，如图 2.3.10（b）所示。因为 ab 端口开路，通过电阻 R_2 的电流为零，电流源 I_s 的电流流过电阻 R_1、电压源 U_{s1} 构成回路，所以开路电压 U_{oc} 为

$$U_{oc} = U_{ab} = I_s R_1 + U_{s1} - U_{s2} = 2 \times 2 + 2 - 1 = 5 \text{ V}$$

③ 将电压源短路、电流源开路，如图 2.3.10（c）所示。这时电阻 R_1 与 R_2 串联，可求出戴氏内阻为

$$R_0 = R_{ab} = R_1 + R_2 = 2 + 1 = 3 \text{ Ω}$$

④ 画出戴维南等效电路，接上待求支路，如图 2.3.11 所示。则电阻 R_3 上的电流为

$$I = \frac{U_{oc}}{R_0 + R_3}$$

当 $R_3 = 1\,\Omega$ 时，$I = I_1 = 1.25 \text{ A}$，$P_{1\Omega} = I_1^2 \times 1 \approx 1.56 \text{ W}$

当 $R_3 = 3\,\Omega$ 时，$I = I_2 = \frac{5}{6} \text{ A}$，$P_{3\Omega} = I_2^2 \times 3 = \frac{25}{12} \approx 2.1 \text{ W}$

当 $R_3 = 7\,\Omega$ 时，$I = I_3 = 0.5 \text{ A}$，$P_{7\Omega} = I_3^2 \times 7 = 1.75 \text{ W}$

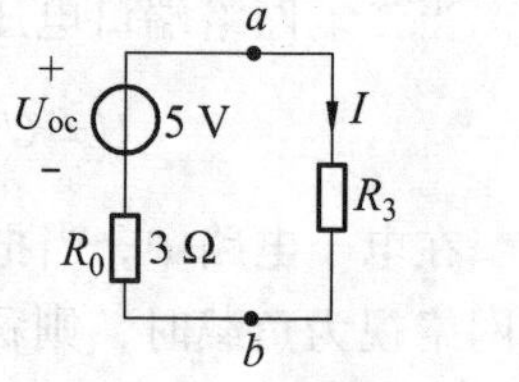

图 2.3.11　戴维南等效电路

从本例可以看出，运用戴维南定理可将一个较为复杂的电路分解为两个相对简单的电路，即端口（负载）开路电路和全部独立电源置零电路，分别计算出开路电压 U_{oc} 和戴氏内阻 R_0 两个参数后，就可得到戴维南等效电路模型了。因此，戴维南定理为化简有源二端网络提供了更为普遍的分析方法。特别是对于负载支路参数变化时，运用戴维南定理求解就更简洁有效。

【例 2.3.5】电路如图 2.3.12（a）所示，求通过电阻 R 的电流 I。

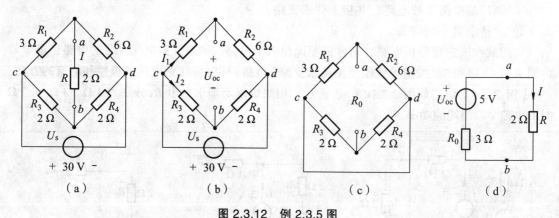

图 2.3.12　例 2.3.5 图

【分析】观察电路结构和参数，此电路包含一个电桥电路，但此电桥未达平衡状态，因此，不能用平衡电桥电路的处理方法将其转化为混联电路。

现用戴维南定理分析计算。

【解】① 将电路从 ab 端口划分为待求支路（电阻 R 支路）和有源二端网络两部分。

② 断开 ab，如图 2.3.12（b）所示。此时电路即为一个混联电路，R_1 与 R_2 串联，R_3 与 R_4 串联，两部分再并联，可计算出支路电流为

$$I_1 = \frac{U_s}{R_1+R_2} = \frac{30}{3+6} = \frac{10}{3}\text{A}, \quad I_2 = \frac{U_s}{R_3+R_4} = \frac{30}{2+2} = 7.5\text{A}$$

所以开路电压 U_{oc} 为

$$U_{oc} = I_1R_2 - I_2R_4 = (10/3)\times 6 - 7.5\times 2 = 5\text{ V}（路径为 a \to d \to b）$$

或

$$U_{oc} = -I_1R_1 + I_2R_3 = (-10/3)\times 3 + 7.5\times 2 = 5\text{ V}（路径为 a \to c \to b）$$

③ 将电压源 U_s 短路，如图 2.3.12（c）所示。这时电阻 R_1 与 R_2 并联，R_3 与 R_4 并联，两部分再串联，可求出戴氏内阻为

$$R_0 = \frac{R_1R_2}{R_1+R_2} + \frac{R_3R_4}{R_3+R_4} = \frac{3\times 6}{3+6} + \frac{2\times 2}{2+2} = 3\text{ }\Omega$$

④ 画出戴维南等效电路，接上待求支路，如图 2.3.12（d）所示，则电阻 R 上的电流为

$$I = \frac{U_{oc}}{R_0+R} = \frac{5}{3+2} = 1\text{ A}$$

由此可见，运用戴维南定理分析非平衡电桥问题比较有效。

戴维南定理的应用是比较灵活的。求开路电压时，主要运用求任意两点间电压的原则；求戴氏内阻时，主要运用混联电路求任意两点间等效电阻的原则。这两个步骤完全独立，不分先后，没有必然联系。

2.3.3.2 诺顿定理

1. 诺顿定理

诺顿定理（Norton's theorem）可表述为：一个线性有源二端网络 N，对外电路而言，可以等效为一个理想电流源 I_{sc} 和电阻 R_0 并联的形式，如图 2.3.13 所示。其中，I_{sc} 为有源二端网络在外电路短路时的电流值，称为短路电流。R_0 为线性有源网络内全部独立电源置零值时，所得无源网络在 a、b 端的等效电阻，称为诺顿等效电阻，和戴氏内阻相同，也常用 R_{ab} 表示。

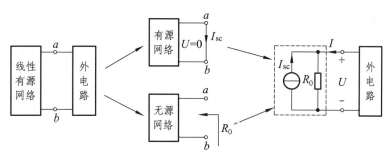

图 2.3.13 诺顿定理示意图

用诺顿定理求出的电流源 I_{sc} 与电阻 R_0 并联的电路，称为诺顿等效电路。

当二端网络端口电压 U 和电流 I 取关联参考方向时，其端口压流关系可表述为

$$I = \frac{U}{R_0} - I_{sc} \tag{2.3.3}$$

2. 诺顿定理的应用

运用诺顿定理化简有源二端网络时，也只需要在网络端口进行两次计算，分别计算出短路电流 I_0 和诺顿等效电阻 R_0，就可直接得到此有源二端网络的另一种最简等效电路模型——诺顿等效电路模型。

诺顿定理与戴维南定理在应用步骤上只有一步不同：戴维南定理需求开路电压，而诺顿定理需求短路电流。其具体应用步骤为：一分、二短、三零、四画、五求。

① 将电路分解为待求支路和有源二端网络两部分。

② 将待求支路短路。按照电路中电流的计算方法求出有源二端网络端口短路状态下的电流值 I_{sc}。

③ 令有源二端网络内所有独立电源置零，计算诺顿等效电阻（即戴氏内阻）R_0。

④ 画出诺顿等效电路，接上待求支路。

⑤ 求待求量（响应）。

【例 2.3.6】电路如图 2.3.14（a）所示，求电流 I。

【解】① 将电路从 ab 端口划分为待求支路和有源二端网络两部分。

② 将 ab 短路，如图 2.3.14（b）所示，可计算出短路电流为

$$I_{sc} = 1 + 2 = 3 \text{ A}$$

③ 将电压源 U_s 短路，电流源 I_s 开路，如图 2.3.14（c）所示。这时电阻 R_1 与 R_2 并联，可求出诺顿等效电阻为

$$R_0 = \frac{R_1 R_2}{R_1 + R_2} = \frac{3 \times 6}{3 + 6} = 2 \text{ Ω}$$

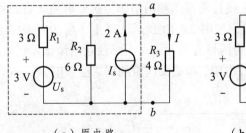（a）原电路
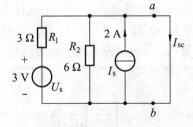（b）求短路电流电路
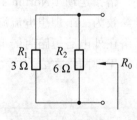（c）求戴氏内阻电路

图 2.3.14 例 2.3.6 图

④ 画出诺顿等效电路，接上待求支路，如图 2.3.15 所示。
根据分流关系，得电阻 R_3 上的电流为

$$I = \frac{R_0}{R_0 + R_3} I_{sc} = \frac{2}{2+4} \times 3 = 1 \text{A}$$

画诺顿等效电路时，应特别注意在图 2.3.14（b）所示电路中计算出的短路电流 I_{sc} 与图 2.3.14（a）所示诺顿模型中的电流源电流方向应一致。

运用戴维南定理和诺顿定理时，应注意以下几点：

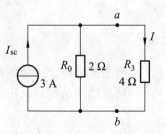

图 2.3.15 诺顿等效电路

2 线性电路的分析方法

① 戴维南定理和诺顿定理只适用于线性电路的等效化简,而外电路可以任意。
② 戴维南等效模型和诺顿等效模型都只是对外电路等效,对内不等效。
③ 当 R_0 为一常数值,戴维南等效模型和诺顿等效模型可等效互换。
④ 当 R_0 为特殊值时有:

当 $R_0 = 0$ 时,有源二端网络等效为一理想电压源;此时的有源二端网络只有戴维南等效电路,而没有诺顿等效电路。

当 $R_0 \to \infty$ 时,有源二端网络等效为一理想电流源;此时的有源二端网络只有诺顿等效电路,而没有戴维南等效电路。

2.3.4 最大功率传输定理

在分析电路系统的功率传输时,通常需要考虑两个方面的问题:一是负载所能够获得的最大功率;二是功率传输的效率。

在工程实际中,无论是各种供电的电源设备,还是产生各种波形的信号发生器,它们在向外供电时都引出两个端钮接到负载,可以将它们看成一个有源二端网络。当所接负载不同时,二端网络传输给负载的功率也就不同。那么,对于给定的有源二端网络,当负载为何值时网络传输给负载的功率最大呢?负载所能获得的最大功率又是多少呢?

实际信号传输线路可分为发送网络和接收网络两部分,如图 2.3.16(a)所示,发送网络可看作线性有源二端网络(N_S),接收网络可看作线性无源二端网络(N_0)。我们将发送网络等效成戴维南模型,将接收网络等效成一个电阻,如图 2.3.16(b)所示。

2.3.4.1 负载获得最大功率的条件

由图 2.3.16(b)可求解出电路中的电流 I 为

$$I = \frac{U_{oc}}{R_0 + R_L} \qquad (2.3.4)$$

则负载 R_L 消耗的功率为

$$P_L = I^2 R_L = \left(\frac{U_{oc}}{R_0 + R_L}\right)^2 R_L \qquad (2.3.5)$$

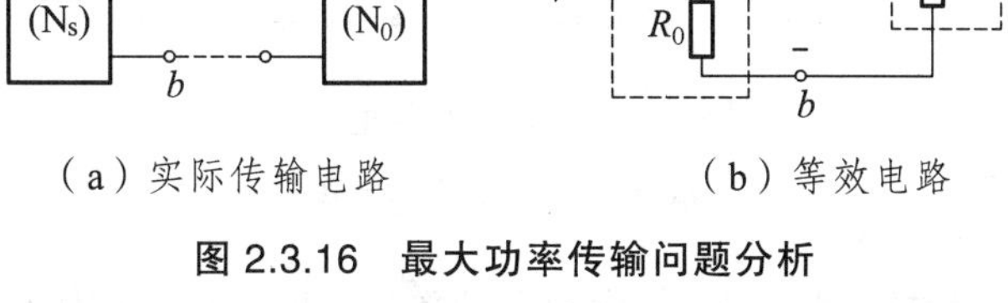

(a)实际传输电路   (b)等效电路

图 2.3.16 最大功率传输问题分析

对于给定的 U_{oc} 和 R_0,当负载 R_L 变化时,负载上的电压、电流将随着变化,那么,负载上的功率 P_L 也会跟着变化。

当 $R_L = 0$ 时，虽然 $I = I_{max}$，但由于 $R_L = 0$，由式（2.3.5）可知 $P_L = 0$。
当 $R_L \to \infty$ 时，由于 $I = 0$，所以 $P_L = 0$。
由数学知识可知：
① R_L 必有一个数值使 P_L 最大。
② 当 $R_L = R_0$ 时，$P_L = P_{Lmax}$。
所以有源二端网络传输给负载最大功率的条件是

$$R_L = R_0$$

即负载电阻 R_L 等于二端电路的戴氏等效内阻 R_0。
最大功率为

$$P_{Lmax} = U_{oc}^2 \frac{R_L}{(R_0 + R_L)^2}\bigg|_{R_L = R_0} = \frac{U_{oc}^2}{4R_0} \qquad (2.3.6)$$

因此，最大功率传输定理可表述为：对于给定的线性有源二端网络，其负载获得最大功率的条件是 $R_L = R_0$（即负载电阻 R_L 等于二端网络的戴维南等效电阻 R_0），而且最大功率为

$$P_{Lmax} = \frac{U_{oc}^2}{4R_0}$$

当 $R_L = R_0$ 时，负载获得最大功率，此时称为最大功率匹配或负载与电源匹配。

2.3.4.2 最大功率传输定理的应用

【例 2.3.7】电路如图 2.3.17（a）所示，如负载电阻 R_L 可调，求：
① $R_L = 2\ k\Omega$ 时，R_L 中的电流 I_L 与功率 P_L。
② $R_L = 8\ k\Omega$ 时，R_L 中的电压 U_L 与功率 P_L。
③ 负载电阻 R_L 为何值时可以获得最大功率，并求此最大功率值。

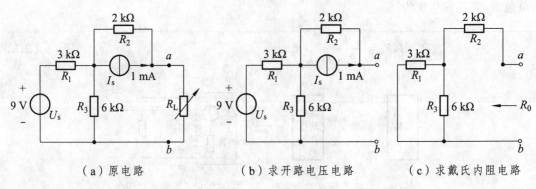

（a）原电路　　　（b）求开路电压电路　　　（c）求戴氏内阻电路

图 2.3.17　例 2.3.7 图

【解】由最大功率传输定理可知，分析最大功率传输问题应在戴维南模型中进行，因此需先运用戴维南定理将电路化简。
① 将电路从 ab 端口划分为负载电阻 R_L 和有源二端网络两部分。

② 将 ab 开路，如图 2.3.17（b）所示，计算开路电压 U_{oc}，得

$$U_{oc} = I_s R_2 + \frac{R_3}{R_1 + R_3} U_s = 1 \times 2 + \frac{6}{3+6} \times 9 = 8 \text{ V}$$

③ 计算戴氏内阻。将电压源 U_s 短路，电流源 I_s 开路，如图 2.3.17（c）所示，可得

$$R_0 = R_2 + (R_1 /\!/ R_3) = 2 + \frac{3 \times 6}{3+6} = 4 \text{ k}\Omega$$

④ 画出戴维南等效电路，接上负载，如图 2.3.18 所示。

当 $R_L = 2 \text{ k}\Omega$ 时：

$$I_L = \frac{U_{oc}}{R_0 + R_L} = \frac{8}{4+2} = \frac{4}{3} \text{ mA}$$

$$P_L = \left(\frac{4}{3} \times 10^{-3}\right)^2 \times 2 \times 10^3 = \frac{32}{9} \text{ mW}$$

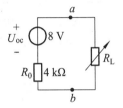

图 2.3.18 戴维南等效电路

当 $R_L = 8 \text{ k}\Omega$ 时：

$$U_L = \frac{R_L}{R_0 + R_L} \times U_{oc} = \frac{8}{4+8} \times 8 = \frac{16}{3} \text{ V}$$

$$P_L = \frac{(16/3)^2}{8 \times 10^3} = \frac{32}{9} \text{ mW}$$

根据最大功率传输定理可得：当 $R_L = R_0 = 4 \text{ k}\Omega$ 时，负载电阻 R_L 上可以获得最大功率，且最大功率为

$$P_{L\max} = \frac{U_{oc}^2}{4R_0} = \frac{8^2}{4 \times 4 \times 10^3} = 4 \text{ mW}$$

注意：对于含有受控源的线性有源网络 N_s，在应用最大功率传输定理时，如果其戴维南等效电阻 $R_0 \leqslant 0$ 时，其最大功率传输定理已不再适用。

2.3.4.3 传输效率

传输效率 η 规定为负载获得的功率 P_L 与电源提供的功率 P_s 的比值，即

$$\eta = \frac{P_L}{P_s} \times 100\% \tag{2.3.7}$$

由最大功率传输定理和传输效率的定义可知：

① 在电子电信网络中，由于是小功率传输，有用功率往往受到限制，因此需要将尽可能多的功率传输给负载，即总是尽量使电路工作在 $R_L = R_0$ 的"匹配状态"，此时，负载从给定的有源二端网络 N_s 获得最大功率。如果 R_0 是实际电源的内阻，其传输效率 $\eta = \eta_{\max} = 50\%$；如果 R_0 不是实际电源的内阻而是有源网络 N_s 的等效电阻，通常其传输效率 $\eta < 50\%$。

② 在实际的电源设备中，由于输出内阻通常都很小（$10^{-1} \sim 10^{-3} \Omega$），若工作在"匹配

状态"下,负载对电源相当于"短路",早已超过实际电源的额定电流而导致电源的烧坏。因此在实际工程和电路中,一般不用一个实际的电源与负载直接匹配。

③ 在电力电路传输系统中,传输的功率大,要求效率高,所以不允许电路工作在"匹配状态"。

④ 通信设备中实现功率匹配的电路大都属于功率用电设备,如收音机的扬声器希望从多级放大器中的前一级获得最大功率从而使发音最响,由于功率仅为几瓦,因此虽有同样大的功率消耗了,但与负载能够获得最大功率相比,这种损耗还是值得的。

最大功率传输问题还可在诺顿等效模型中分析,可得到对偶结论。

【例 2.3.8】电路如图 2.3.19(a)所示,试求:

① 当 R_L 为何值时可获得最大功率,并求此最大功率值。

② 当 $R_L = R_0$ 时,求 9 V 电压源传输给负载 R_L 的功率传输效率 $\eta = ?$

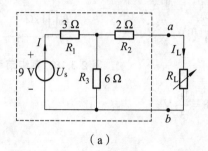 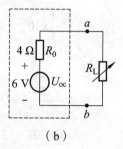

(a)　　　　　　　　　　　(b)

图 2.3.19　例 2.3.8 图

【解】先由图 2.3.19(a)求出戴维南等效电路参数。

开路电压

$$U_{oc} = \frac{R_3}{R_1 + R_3} U_s = \frac{6}{3+6} \times 9 = 6 \text{ V}$$

戴维南等效电阻

$$R_0 = 2 + (3 // 6) = 4 \text{ Ω}$$

画出戴维南等效电路并接入负载 R_L,如图 2.3.19(b)所示。

① 由最大功率传输定理可知,当

$$R_L = R_0 = 4 \text{ Ω}$$

时,负载可获得最大功率。其最大功率 P_{Lmax} 为

$$P_{Lmax} = \frac{U_{oc}^2}{4R_0} = \frac{6^2}{4 \times 4} = \frac{9}{4} \text{ W}$$

② 在图 2.3.19(a)中,当 $R_L = 4$ Ω 时,流过 9 V 电源的电流 I 为

$$I = \frac{U_s}{R_1 + [R_3 // (R_2 + R_L)]} = \frac{9}{6} = 1.5 \text{ A}$$

所以，9 V 电压源产生的功率 P_s 为

$$P_s = 9I = 13.5 \text{ W}$$

故 9 V 电压源传输给负载的功率的传输效率 η 为

$$\eta = \frac{P_{\text{Lmax}}}{P_s} \times 100\% = \frac{9/4}{27/2} \times 100\% \approx 16.7\%$$

由此例可见，虽然等效电源 U_{oc} 的功率传输效率是 50%，而真实的 9 V 电压源传输给负载的功率仅为 16.7%。

本章小结

1. 等效网络

如果一个网络的端口压流关系与另一个网络的端口压流关系完全相同，则这两个网络互为等效网络。由于这两个网络内部结构可以完全不同，因此网络内部是不等效的，它们只对端口所接的任何外电路等效。

2. 无源网络的等效及计算

（1）无源网络：不含独立电源的网络。

（2）无源网络的等效结果：一个电阻。

（3）无源网络的等效方法：

① 对于普通电路，利用电阻串、并、混联关系等效。电阻串、并联特性对比如表 2.1 所示。

表 2.1 电阻串、并联特性对比

电阻串联	电阻并联
电流处处相等：$I = I_1 = I_2 = \cdots = I_n$	电压处处相等：$U = U_1 = U_2 = \cdots = U_n$
总电压等于各分电压之和：$U = U_1 + U_2 + \cdots + U_n$	总电流等于各分电流之和：$I = I_1 + I_2 + \cdots + I_n$
总电阻：$R = R_1 + R_2 + \cdots + R_n$	总电导：$G = G_1 + G_2 + \cdots + G_n$
分压公式：$U_n = \dfrac{R_n}{R} U$	分流公式：$I_n = \dfrac{G_n}{G} I$
总功率：$P = P_1 + P_2 + \cdots + P_n$	
应用：限流、分压器、扩大电压表量程	应用：对负载并联供电、扩大电流表量程

混联电路等效方法：变方式、缩节点、设电流、走电路、化简图等。

② 对于平衡电桥电路，利用平衡电桥的特性进行等效分析，如图 2.1 所示。

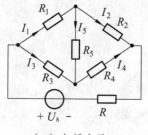 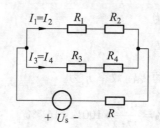 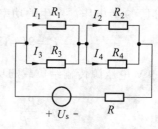

（a）电桥电路　　　　（b）等效电路（桥支路开路）　　（c）等效电路（桥支路短路）

图 2.1　电桥电路及平衡电桥等效电路

电桥平衡条件：对臂电阻乘积相等（$R_1R_4 = R_2R_3$）。

电桥平衡时，可将桥支路开路或短路，转化成普通混联电路进行分析。

③ 对于含有受控源的电路，用外加电源法等效，如图 2.2 所示。

假设无源网络端口电压、电流参考方向（一般取关联参考方向），根据 KCL，KVL 和元件 VCR 列写端口压流关系方程，将方程化简后，即得无源网络的等效电阻 $R = u/i$。

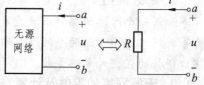

图 2.2　外加电源法

3. 有源网络的等效及计算

（1）有源网络：含有独立电源的网络。

（2）有源网络的等效结果：戴维南模型或诺顿模型。

（3）有源网络的等效方法：

① 电源互换法：利用实际电源两种模型的等效互换，从局部到端口逐步等效。

等效原则：与理想电压源并联的所有支路视为开路，与理想电流源串联的所有支路视为短路；串化电压源，并化电流源。

优点：形象、直观。

缺点：步骤比较烦琐。

一般适用于不含受控源的简单电路或局部电路的等效化简。

② 端口压流法：根据 KCL，KVL 和元件 VAR 列出有源二端网络端口的电压、电流方程，将方程化简后，对照系数，即可对应画出有源二端网络的等效电源模型，如图 2.3 所示。

优点：步骤简洁。

缺点：列写电路方程时容易出错。

一般适用于含受控源的简单电路的等效化简。

（4）有源网络的分析计算：将完整电路分解为待求支路和有源网络两部分，先将有源网络化为最简形式后，再接入外电路分析计算。

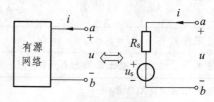

图 2.3　端口压流法

4. 常用电路定理

（1）叠加定理

① 内容：线性电路中，所有独立电源同时作用在某一支路产生的电流或电压，等于各个独立电源单独作用时在该支路产生电流或电压的代数和。

② 适用范围：线性电路中电流或电压的计算。

③ 应用步骤：第一步，确定叠加分组方案。

第二步，分解电路，画出各分电路。每个分电路仅有一个独立电源作用，其余电源置零（电压源短路，电流源开路）。

第三步，计算各分电路中的电流、电压分量。

第四步，结果求代数和。

（2）齐次定理

① 内容：线性电路中，当所有独立电源都增大或都缩小 k 倍时，则在电路中任意支路产生的电压或电流也将同样增大或缩小 k 倍。

② 适用范围：分析线性电路中响应与激励间的比例关系。

（3）置换定理

① 内容：若电路中某支路的电压 U_k 及电流 I_k 为确定值时，则无论该支路是由什么元件组成，都可以用电压值等于 U_k 的理想电压源或者电流值等于 I_k 的理想电流源去置换，置换后该电路中其余部分的电压电流均保持不变。

② 适用范围：简化处理局部线性或非线性电路，辅助其他方法求解问题。

（4）戴维南定理

① 内容：一个线性有源二端网络，对外电路而言，可以等效为一个实际电压源（理想电压源和电阻串联）的形式。其中，电压源的电压 U_0 等于此有源二端网络在端口开路时的电压值；电阻 R_0 等于当有源二端网络内全部独立电源为零值（电压源短路，电流源开路）时，所得无源网络的等效电阻。

② 适用范围：线性电路的等效。

③ 应用步骤：一分、二开、三零、四画、五求。

（5）诺顿定理

① 内容：一个线性有源二端网络，对外电路而言，可以等效为一个实际电流源（理想电流源和电阻并联）的形式。其中，电流源的电流 I_0 等于此有源二端网络在端口短路时的电流值；电阻 R_0 等于当有源二端网络内全部独立电源为零值（电压源短路、电流源开路、受控源保留）时，所得无源网络的等效电阻。

② 适用范围：线性电路的等效。

③ 应用步骤：一分、二短、三零、四画、五求。

（6）最大功率传输定理

① 内容：用实际电压源向负载电阻 R_L 供电，在 U_0，R_0 不变的条件下，只有当负载电阻 R_L 与电源内阻 R_0 相等时，负载才能获得最大功率，且其最大功率为 $P_{Lmax} = \dfrac{U_0^2}{4R_0}$。

② 适用范围：分析线性电路中负载的改变对其最大功率的影响。

③ 应用步骤：第一步，运用戴维南定理将负载以外有源网络等效成最简形式；第二步，运用最大功率传输定理得出结论，计算最大功率。

5. 线性电路的一般分析方法

网络方程法是分析电路的一般方法，即先选择一些电路变量，根据 KCL，KVL 以及元件压流关系，列写出电路变量的方程，然后根据电路方程解出电路变量，这样就可以同时得到多个电路变量的解。根据所选择的电路变量的不同，网络方程法主要分为支路电流法、网孔电流法和节点电压法，如表 2.2 所示。

表 2.2 网络方程法

方法	变量	方程	适用场合
支路电流法	b个支路电流	由 KCL 得 $n-1$ 个方程：$\sum_{k=1}^{n-1} i_k(t) = 0$ 由 KVL 得 $b-(n-1)$ 个方程：$\sum_{k=1}^{m} u_k(t) = 0$	应用较少
网孔电流法	m个网孔电流	$R_{自}I_{本网孔} - \sum R_{互}I_{邻网孔} = \sum U_s$ U_s 以电压升为正、降为负取值	网孔数较少且电流源支路较多的平面电路
节点电压法	$n-1$个节点电压	$G_{自}U_{本节点} - \sum G_{互}U_{邻节点} = \sum I_s$ I_s 以流入节点为正、流出节点为负取值	节点数较少且电压源支路较多的电路

本章重点是电阻串、并、混联电路分析，有源网络的等效方法，网孔电流法和节点电压法，叠加定理及戴维南定理的应用。

习 题 二

一、判断题

( ) 1. 两电路等效是指两电路完全相同。
( ) 2. 电阻串联，等效电阻值增大。
( ) 3. 家用电器的连接一般都采用串联方式。
( ) 4. 在串联电路中，电阻值越大，其两端的电压就越高。
( ) 5. 在并联电路中，电阻值越大，通过它的电流也越大。
( ) 6. 电桥平衡时，可将桥支路视为开路或短路。
( ) 7. 电桥平衡的条件是四条臂支路上的电阻都相等。
( ) 8. 任何无源网络均可等效为一个电阻。
( ) 9. 实际电压源模型是指一个理想电压源和一个电阻并联的形式。
( ) 10. 两个理想电压源串联，必须满足 $U_{s1} = U_{s2}$。
( ) 11. 两个理想电流源串联，必须满足 $I_{s1} = I_{s2}$。
( ) 12. 对外电路而言，实际电源的两种电路模型可以等效互换。
( ) 13. 理想电压源与理想电流源可以等效互换。
( ) 14. 任何线性有源二端网络均可等效为一个实际电压源或实际电流源模型。
( ) 15. 叠加定理可用于计算线性电路中的电压、电流、电位和功率。
( ) 16. 叠加性和齐次性是线性电路特有的性质。
( ) 17. 理想电压源与理想电流源不能等效互换，但可以相互替代。
( ) 18. 任何线性有源二端网络均可等效为戴维南模型的形式。
( ) 19. 戴维南定理可用于无源网络的等效化简。
( ) 20. 在电源不变的条件下，当负载电阻等于电源内阻时，负载获得最大功率。
( ) 21. 支路电流法、网孔电流法和节点电压法统称为网络方程法。

（　　）22. 用网络方程法分析电路的依据仍然是 KCL，KVL 和元件 VAR。
（　　）23. 一个电路对应的独立 KCL 方程数取决于电路的网孔数，独立 KVL 方程数取决于电路的节点数。
（　　）24. 用支路电流法分析电路只需要列写 KCL 方程。
（　　）25. 一个有 n 个节点、b 条支路的电路，独立 KCL 方程数为 $n-1$ 个。
（　　）26. 一个有 n 个节点、b 条支路的电路，独立 KVL 方程数为 $b-(n+1)$ 个。
（　　）27. 网孔电流法就是支路电流法。
（　　）28. 和支路电流法相比，网孔电流法的方程数目有所减少。
（　　）29. 和网孔电流法相比，节点电压法在分析步骤上更为简捷。
（　　）30. 节点电压法适合于分析节点比较少的电路。

二、填空题

1. 如果两个二端网络的端口压流关系完全相同，则这两个网络就相互_____。
2. 已知两电阻元件，$R_1 = 40\,\Omega$，$R_2 = 10\,\Omega$，它们串联后的等效电阻为_____，它们并联后的等效电阻为_____。
3. 电桥平衡的条件是_____。电桥平衡时，桥支路电流 I = _____。
4. 理想电压表的内阻为_____，理想电流表的内阻为_____。
5. 和理想电压源并联的任何元件或网络对外电路而言都可以视为_____，和理想电流源串联的任何元件或网络对外电路而言都可以视为_____。
6. 化简有源二端网络的一般方法是_____和_____。
7. 运用端口压流法化简有源二端网络时，建立电路压流关系方程的依据是_____、_____和_____。
8. 当实际电压源的内阻 $R_s = 0$ 时，可将其看作_____；当实际电流源的内阻 $R_s \to \infty$ 时，可将其看作_____。
9. 任何无源二端网络的最简等效形式是_____，任何有源二端网络的最简等效形式是_____。
10. 叠加定理的内容是：线性电路中，所有独立电源同时作用在某一支路产生的电流或电压，等于_____时在该支路产生电流或电压的_____。
11. 运用叠加定理分析线性电路时，需由各独立电源单独作用，此时其余电源应置零，理想电压源置零应将其看作_____，理想电流源置零应将其看作_____。
12. 戴维南定理的内容是：一个线性有源二端网络，对外电路而言，可以等效为一个理想电压源和电阻串联的形式，其中，电压源的电压 U_0 等于_____，串联电阻 R_0 等于_____。
13. 最大功率传输定理的内容是：在电源部分不变的条件下，当_____时，负载可获得最大功率，且最大功率值为_____。
14. 网孔电流法是以_____为变量，列写_____的_____方程求解电路的方法。
15. 网孔电流法列写方程的通式为_____。
16. 节点电压法是以_____为变量，列写_____的_____方程求解电路的方法。
17. 节点电压法列写方程的通式为_____。
18. 用节点电压法分析电路前，应为电路假设一个_____。

19. 用网孔电流法分析电路，列方程时如果遇到电流源，应增设＿＿＿＿＿＿＿＿＿＿为变量；用节点电压法分析电路，列方程时如果遇到电压源，应增设＿＿＿＿＿＿＿＿＿＿为变量。

20. 一般来说，网孔电流法适合分析＿＿＿＿＿＿＿＿＿＿＿＿的电路，节点电压法适合分析＿＿＿＿＿＿＿＿＿＿＿＿的电路。

三、单项选择题

1. 两网络等效是指对（　　）等效。
   A. 电源　　　　　　B. 负载　　　　　　C. 外电路　　　　　　D. 所有电路

2. 如习题 2.3.2 图所示电路，在 R_1，R_2，U_s 均不变，只是 R_3 增大时，电压 U_{ab} 应（　　）。
   A. 增大　　　　　　B. 减小　　　　　　C. 不变　　　　　　D. 不确定

3. 在以下电阻连接方式中，等效电阻最小的是（　　）。
   A. 两个 1 Ω 串联　　B. 2 Ω 与 18 Ω 并联
   C. 2 Ω 与 3 Ω 串联　D. 6 Ω 与 12 Ω 并联

4. 一个 220 V/40 W 的灯泡和一个 220 V/60 W 的灯泡串联在 220 V 电路中，比较两灯的亮度为（　　）。
   A. 40 W 的灯泡较亮　　　　　　　　　B. 60 W 的灯泡较亮
   C. 一样亮　　　　　　　　　　　　　D. 无法确定

5. 如习题 2.3.5 图所示电路，如要使通过电阻 R 的电流为零，则电阻 R_4 的取值应为（　　）。
   A. 3 Ω　　　　　　B. 6 Ω　　　　　　C. 12 Ω　　　　　　D. 15 Ω

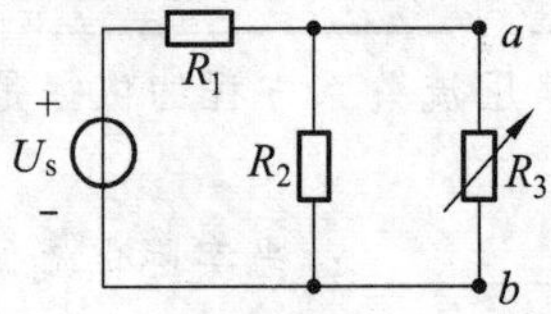

习题 2.3.2 图 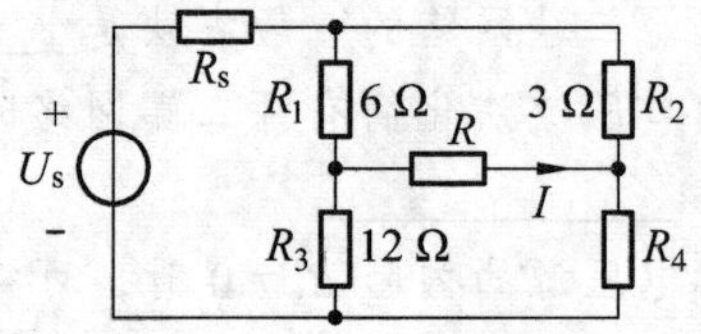　　　　　　习题 2.3.5 图

6. 要扩大电压表量程和扩大电流表量程，应选择（　　）。
   A. 串联电阻，并联电阻　　　　　　　B. 并联电阻，串联电阻
   C. 串联电阻，串联电阻　　　　　　　D. 并联电阻，并联电阻

7. 如习题 2.3.7 图所示分压器的输入电压 $U_i = 60$ V，则输出电压 U_o 的调节范围为（　　）。
   A. 20～40 V　　　　B. 40～60 V　　　　C. 0～20 V　　　　D. 0～40 V

8. 如习题 2.3.8 图所示局部电路中 a 点的电位 V_a 为（　　）。
   A. −6 V　　　　　　B. −4 V　　　　　　C. 0　　　　　　　D. 6 V

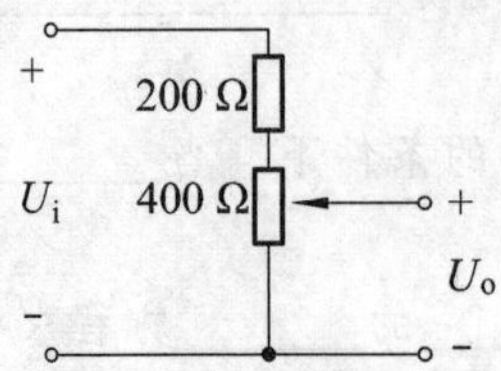

习题 2.3.7 图 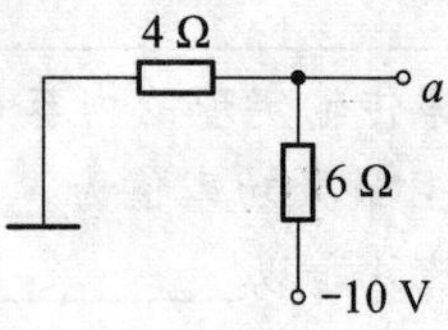　　　　　　习题 2.3.8 图

9. 习题 2.3.9 图所示电路 ab 端口电压 U 和电流 I 的关系式为（　　）。
   A. $U = U_s + IR_s$　　　　　　　　　B. $U = U_s - IR_s$

C. $U = -U_s + IR_s$ D. $U = -U_s - IR_s$

10. 习题 2.3.10 图所示电路中的电压 U 为 ( )。

   A. 20 V B. 15 V C. 10 V D. 5 V

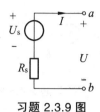

习题 2.3.9 图

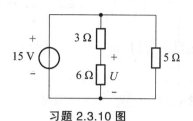

习题 2.3.10 图

11. 一个线性有源二端网络对外电路而言,可用一戴维南模型来等效,这里提及的外电路是指 ( )。

   A. 线性电路 B. 无独立源电路 C. 有源网络 D. 所有电路

12. 和戴维南定理对偶的另一个定理是 ( )。

   A. 叠加定理 B. 诺顿定理
   C. 置换定理 D. 最大功率传输定理

13. 习题 2.3.13 图示电路中有 ( ) 条支路, ( ) 个节点, ( ) 个网孔。

   A. 6, 4, 3 B. 8, 4, 6
   C. 6, 3, 7 D. 6, 4, 6

14. 最大功率传输条件是: 当电源参数 U_0, R_0 一定, 而负载 R_L 可以改变时, 当 ( ) 时, 负载 R_L 可获得最大功率。

   A. $R_L = 0$ B. $R_L = R_0$
   C. $R_L = 2R_0$ D. $R_0 = 2R_L$

15. 用网孔电流法分析电路所列的方程是依据 ( )。

   A. KCL B. KVL
   C. KCL 和 KVL D. 都不是

习题 2.3.13 图

16. 用节点电压法分析电路所列的方程是依据 ( )。

   A. KCL B. KVL C. KCL 和 KVL D. 都不是

四、分析计算题

1. 十盏 220 V/40 W 的灯泡并联在 220 V 的电源上, 求总电流和总功率。

2. 求习题 2.4.2 图所示各电路的端口等效电阻 R_{ab}。

3. 求习题 2.4.3 图所示电路中的电压 U、电流 I 及电阻 R 上消耗的功率。

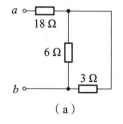

(a)

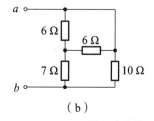

(b)

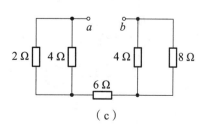

(c)

习题 2.4.2 图

4. 局部电路如习题 2.4.4 图所示，已知电阻 R_3 消耗的功率为 2 W，求电流 I 及电压 U_{ab}。

5. 求习题 2.4.5 图所示电路中的电流 I。

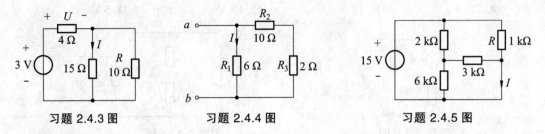

习题 2.4.3 图　　　习题 2.4.4 图　　　习题 2.4.5 图

6. 求习题 2.4.6 图所示电路中的电压源 U_s、电流源 I_s 及 R_1 和 R_2 的功率，并说明功率的性质。

7. 用电源互换法将习题 2.4.7 图所示各二端网络等效为最简形式。

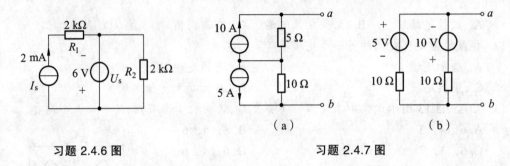

习题 2.4.6 图　　　　　　习题 2.4.7 图

8. 用端口压流法将习题 2.4.8 图所示各二端网络等效为最简形式。

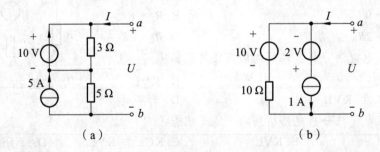

习题 2.4.8 图

9. 将习题 2.4.9 图所示二端网络等效为最简形式。

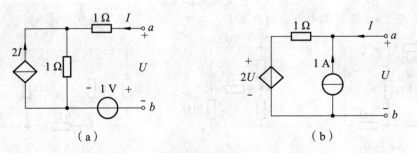

习题 2.4.9 图

10. 某实际电源,当外电路开路时两端电压为 10 V,当外电路接 $R=5\,\Omega$ 电阻时两端电压为 5 V。试画出该实际电源的戴维南等效电路模型与诺顿等效电路模型。

11. 用叠加定理求习题 2.4.11 图所示两电路中的电压 U、电流 I 及电阻 R 上消耗的功率。

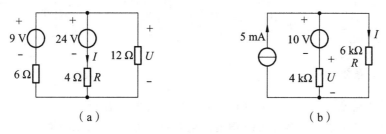

习题 2.4.11 图

12. 求习题 2.4.12 图所示电路中的电压 U_x。

13. 用戴维南定理化简习题 2.4.13 图所示各二端网络。

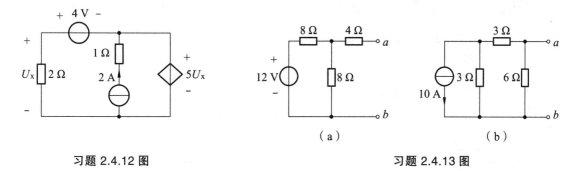

习题 2.4.12 图　　　　　　　　习题 2.4.13 图

14. 习题 2.4.14 图所示各电路中,求负载电阻 R_L 为何值时可以获得最大功率,并求此最大功率值。

15. 习题 2.4.15 图所示电路,试求:① 当 $R_L=4\,\Omega$ 时,电压 $U=$？② 改变 R_L,当 $R_L=$？时,其上可获得最大功率,并求此 P_{max}。

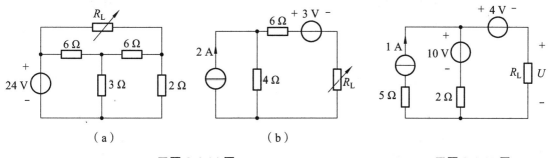

习题 2.4.14 图　　　　　　　　习题 2.4.15 图

16. 试用网孔电流法求解习题 2.4.16 图所示电路中的各支路电流。

17. 如习题 2.4.17 图所示电路,试用网孔电流法求电压 u。

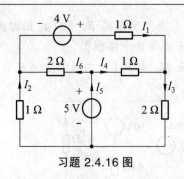

习题 2.4.16 图

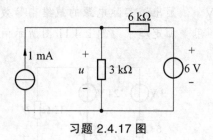

习题 2.4.17 图

18. 试用网孔电流法求习题 2.4.18 图所示电路中的电流 I_1 和 I_2。

19. 试用节点电压法求习题 2.4.19 图所示电路中的电压 U_{ac}、U_{bc} 和 U_{ab}。

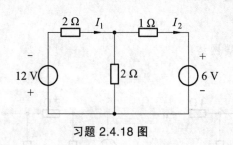

习题 2.4.18 图

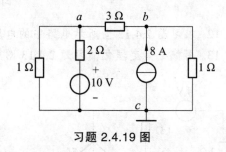

习题 2.4.19 图

20. 列出如习题 2.4.20 图所示电路的节点电压方程。

21. 分别用网孔电流法和节点电压法求习题 2.4.21 图所示电路中的电流 i_x。

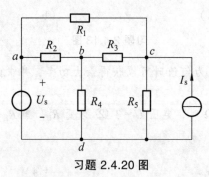

习题 2.4.20 图

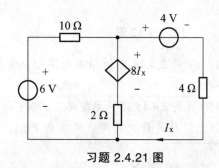

习题 2.4.21 图

3 动态电路的暂稳态分析

我们已经对直流电源作用下的线性电阻元件组成的电路进行了分析，描述其性能的是一组线性代数方程，响应与激励随时间变化的波形是"一致"的。这类电路统称为直流电阻电路，也常称为"无记忆"电路或称为"即时"电路。

但在实际电路的模型中还常包含具有"储能作用"的电容元件和电感元件。这些元件的电压、电流关系是"微分"关系，因此常称它们为"动态元件"。描述含有动态元件电路性能的方程，是以电压、电流为变量的微分或积分方程，这类电路统称为动态电路。动态电路在任一时刻的响应与激励的全部历史状态有关，在激励停止作用时仍有可能存在响应。因此动态电路是"有记忆"电路，动态元件也称为记忆元件。

3.1 动态元件

3.1.1 电容元件

在工程技术和设备中，电容器的应用十分广泛。电容器，顾名思义，就是"装电的容器"，是一种能够储存电荷或者说是储存（或释放）电场能量的器件（元件）。

3.1.1.1 电容元件的定义

两片靠得很近、相互平行且大小相同的金属板 A，B，中间填以绝缘介质 ε（如空气、云母、绝缘纸、电解质等），就构成了一个平行板电容器，如图 3.1.1（a）所示。图 3.1.1（b）是它的电路符号。

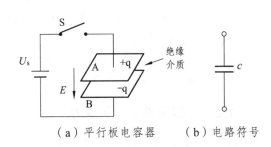

（a）平行板电容器　（b）电路符号

图 3.1.1　电容器及电路符号

当电容器两端加上电压时，在电场力的作用下，正电荷 $+q$ 就会聚集在和电源正极相连的 A 极板上，使 A 极板带上正电荷；又由于静电感应的作用，与 A 极板靠得很近的 B 极板就会带上等量的负电荷 $-q$，两极板间就会形成电场。

这时，如果把开关 S 断开，由于两极板间有绝缘介质，因而两极板上的正、负电荷无法中和，这样，电荷就保留在了两极板上，电场也就保留在了两极板之间。这种能够储存电荷、储存电场能量的元件称为电容元件。

实验证明：

① 不同的电容器，加上相同的电压，储存电荷的多少不同。

② 同一个电容器，加的电压越高，储存的电荷就越多。

③ 电容量是用来表示电容器储存电荷能力的物理量，它是电容器的一个重要参数。

④ 当极板面积（S_A）、绝缘介质材料（ε_r）、两极板间距离（d）确定后，平行板电容器的电容量也就确定了，而且

$$C = \frac{S_A \varepsilon_r \varepsilon_0}{d}$$

其中，$\varepsilon_0 = 8.85 \times 10^{-12}$ F/m 是真空的介电常数。

电容器一个极板上储存的电量 Q 与电容器两端电压 U 的比值称为电容器的电容量，用符号 C 表示。因此

$$C \overset{\text{def}}{=\!=} \frac{Q}{U} \tag{3.1.1}$$

当电量 Q 和电压 U 随时间变化时，则电容量 C 的定义还可表示成下面的形式：

$$C = \frac{q(t)}{u(t)} \tag{3.1.2}$$

当电压 u 的单位为伏特（V），电量 q 的单位为库仑（C）时，则电容量 C 的单位为法拉，符号为 F。常用的辅助单位有微法（μF）、皮法（pF），它们之间的关系是：

$$1 \text{ F} = 10^6 \text{ μF} = 10^{12} \text{ pF}$$

电容元件的特性可以用 q-u 平面上的一条曲线来表示。若该曲线为平面上过原点的一条直线，且不随时间变化，如图 3.1.2 所示，则称该电容元件为线性时不变电容元件，其电容量 C 就是一个常数。

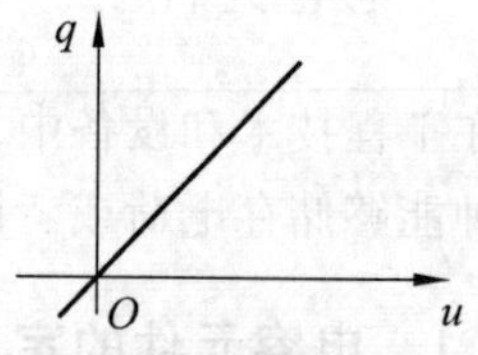

一个实际的电容器，介质不是理想的。如外加电压过高，介质处在强电场作用下，绝缘介质将可能被击穿而变为导体，在介质开始导电时常伴有声、光、热或材料被破坏等现象。

图 3.1.2 电容元件的 q-u 曲线

为了使电容器能长期安全正常工作而规定它允许承受的最大电压值，称为电容器的耐压。正确使用电容器，除了电容量要合适外，还要使电容器在电路中实际分到的电压小于电容器的耐压。

3.1.1.2 电容元件的压流关系

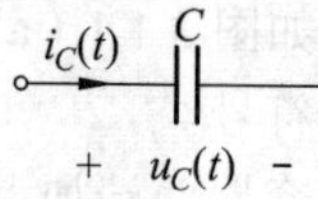

我们知道，单位时间内通过导体横截面的电量就叫电流强度。

图 3.1.3 电容元件的电路符号

设 u_C，i_C 为关联参考方向，如图 3.1.3 所示，则根据电流的定义和式（3.1.2）有

$$i_C(t) = \frac{\mathrm{d}q(t)}{\mathrm{d}t} = \frac{\mathrm{d}Cu_C(t)}{\mathrm{d}t} = C\frac{\mathrm{d}u_C(t)}{\mathrm{d}t} \tag{3.1.3}$$

式（3.1.3）表示：

① 某一时刻电容元件的电流与其两端电压在该时刻的变化率 $\frac{\mathrm{d}u_C}{\mathrm{d}t}$ 成正比，而与 u_C 的大小无关，故电容是动态元件。

② 当电容元件上加以直流电压时，由于其变化率 $\frac{\mathrm{d}u_C}{\mathrm{d}t}=0$，则电容电流 $i_C=0$，电容相当于开路。因此，电容元件具有隔断直流、通交流的作用。

③ 当电容电压 u_C 发生跃变时，即 $\frac{\mathrm{d}u_C}{\mathrm{d}t}\to\infty$，意味着 $i_C\to\infty$，显然，这在实际电路中不可能发生。故对于有限的电流值而言，电容电压 u_C 不能跃变。因为如果在 $t=t_1$ 瞬间，电容电压 $u_C(t)$ 发生跃变，例如，从 0 V 跃变为 10 V，就意味着 $\mathrm{d}t\to 0$ 时，$\frac{\mathrm{d}u_C(t)}{\mathrm{d}t}=\frac{10}{0}\to\infty$，这与电容电流为有限值的前提是矛盾的。

④ 特别地，$u_C(t)$在变化过程中，若某瞬间电容两端的电压值为零，但此时 $\frac{\mathrm{d}u_C}{\mathrm{d}t}$ 不为零，即电压在变化，则电容元件上的电流也不为零。所以，电容元件上的电压、电流瞬时值没有类似欧姆定律的关系，这与线性电阻元件是完全不同的。

由高等数学知识可得，式（3.1.3）还可写成

$$\begin{aligned}u_C(t) &= \frac{1}{C}\int_{-\infty}^{t}i(\tau)\mathrm{d}\tau = \frac{1}{C}\int_{-\infty}^{0}i(\tau)\mathrm{d}\tau + \frac{1}{C}\int_{0}^{t}i(\tau)\mathrm{d}\tau \\ &= u_C(0) + \frac{1}{C}\int_{0}^{t}i(\tau)\mathrm{d}\tau\end{aligned} \tag{3.1.4}$$

式中，$u_C(0)$ 是电容元件在 $t=0$ 时的电压值，称为电容电压的初始值。

式（3.1.4）表明：电容元件在某时刻 t 的电压 $u_C(t)$，不仅与该时刻的电流 $i(t)$ 有关，还与该时刻以前的所有电流有关。因此，电容元件是一种记忆元件，电容元件上的电压记忆了该时刻之前所有电流作用的效果。

3.1.1.3 电容元件的电场能量

当电容元件的电压、电流参考方向关联时，它吸收的功率 $p_C(t)$ 应为

$$p_C(t) = u_C(t)i_C(t) \tag{3.1.5}$$

根据式（3.1.2）和式（3.1.4），由高等数学知识可得：从 t_0 到 t 这段时间内，电容元件吸收（储存）的能量为

$$w_C = \frac{1}{2}Cu_C^2(t) - \frac{1}{2}Cu_C^2(t_0) \tag{3.1.6}$$

假设 $u_C(t_0)=0$，即电容没有初始储能，则

$$w_C(t) = \frac{1}{2}Cu_C^2(t) \qquad (3.1.7)$$

式（3.1.7）表明：某一瞬时电容元件的储能仅与电容大小及该时刻的电压值有关，而与通过电容的电流大小无关。

【例 3.1.1】如图 3.1.4（a）所示电路中，已知电源电压 $u_s(t)$ 的波形如图 3.1.4（b）所示，求 $i_C(t)$、$p_C(t)$、$w_C(t)$ 的函数关系式，并画出波形图。

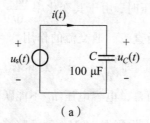

（a）

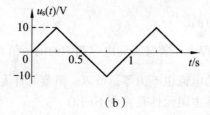

（b）

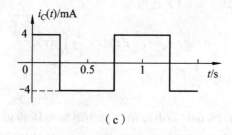

（c）

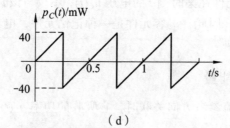

（d）

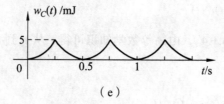

（e）

图 3.1.4　例 3.1.1 图

【解】为了方便，我们常将 $u_s(t)$ 用分段函数表示，因此所计算的各量也均分段表示。

① 当 0<t<0.25 s 时：

$$u_C(t) = u_s(t) = 40t \text{ (V)}$$

$$i_C(t) = C\frac{du_C(t)}{dt} = 100 \times 10^{-6} \times 40 = 4 \text{ mA}$$

$$p_C(t) = u_C(t) \cdot i_C(t) = 40t \times 4 \times 10^{-3} = 160t \text{ (mW)}$$

$$w_C(t) = \frac{1}{2}Cu_C^2(t) = \frac{1}{2} \times 100 \times 10^{-6} \times (40t)^2 = 80t^2 \text{ (mJ)}$$

② 当 0.25 s < t < 0.75 s 时：

$$u_C(t) = u_s(t) = 20 - 40t \text{ (V)}$$

$$i_C(t) = C\frac{du_C(t)}{dt} = 100 \times 10^{-6} \times (-40) = -4 \text{ mA}$$

$$\begin{aligned}p_C(t) &= u_C(t) \cdot i_C(t) \\ &= (20 - 40t) \times (-4) \times 10^{-3} \\ &= (160t - 80) \times 10^{-3} \text{ W} \\ &= 160t - 80 \text{ (mW)}\end{aligned}$$

$$\begin{aligned}w_C(t) &= \frac{1}{2} \times 100 \times 10^{-6} \times (20 - 40t)^2 \\ &= (80t^2 - 80t + 20) \text{ (mJ)}\end{aligned}$$

③ 当 0.75 s < t < 1.25 s 时，分析同上，此处略。

$i_C(t)$、$p_C(t)$、$w_C(t)$ 的波形分别如图 3.1.4（c）、（d）、（e）所示。

【例 3.1.2】 有一个 200 μF 的电容，当两端的电压为 5 V 时，电容储存的电能是多少？如果所储存的电能在如 1 μs 内释放完，则放电时的功率是多少？

【解】

$$w_C(t) = \frac{1}{2}Cu_C^2(t) = \frac{1}{2} \times 200 \times 10^{-6} \times 5^2 = 2.5 \text{ mJ}$$

$$P = \frac{w_C}{t} = \frac{2.5 \times 10^{-3}}{10^{-6}} = 2.5 \times 10^3 \text{ W} = 2.5 \text{ kW}$$

注意：2.5 mJ 的能量虽然不大，但如果放电时间很短，则会产生很大的放电功率，足以产生一个明亮的火花。照相用的闪光灯就是依据电容元件的这一特性。

3.1.2 电感元件

在工程技术和设备中，电感器的应用十分广泛。常用的有空心的高频线圈、有铁磁材料的高频线圈（如中周）、电源变压器、音频变压器等。实际的电感线圈通常由导线绕制而成。

3.1.2.1 电感元件的定义

图 3.1.5（a）所示为一个电感实物、（b）为将导线绕成螺旋状构成的一个电感线圈，（c）为电感线圈的电路符号。

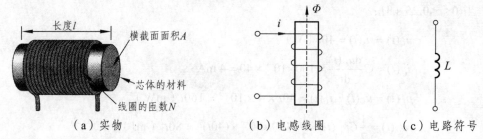

(a)实物　　　　　　　(b)电感线圈　　　　(c)电路符号

图 3.1.5　电感实物、线圈及电路符号

当有电流 i 通过线圈时，线圈周围就会产生磁通 $\varPhi$，这种由线圈自身电流在自身线圈周围产生的磁通，叫作自感磁通。

当电流通过匝数为 N 的线圈时，则 N 与 $\varPhi$ 的乘积称为磁链，符号为 $\varPsi$，即

$$\varPsi = N\varPhi \tag{3.1.8}$$

式中，$\varPsi$，$\varPhi$ 的单位都是韦伯（Wb）。

当通过线圈的电流 i 是交变电流时，在线圈周围产生的自感磁通就是交变的磁通。根据电磁感应定律，交变的磁通又会在线圈两端产生感应电压，如果线圈形成回路又会产生感应电流。这种利用电磁感应原理制作出来的能产生感应电压和感应电流的元件，称为电感元件。

实验证明：

① 不同的电感线圈，通过相同的电流，产生的自感磁链的多少不同。

② 同一个电感线圈，通过的电流越大，产生的自感磁链也越多。

③ 电感量是用来表示线圈产生自感磁链能力大小的物理量，它是电感元件的一个重要参数。

④ 当线圈横截面面积（A）、长度（l）、匝数（N）、绕制材料（即导磁率 μ）确定后，线圈的电感量也就确定了，而且

$$L = \frac{N^2 \mu A}{l} \tag{3.1.9}$$

线圈的自感磁链与产生该磁链电流的比值叫作线圈的电感量（又称自感量），简称电感，用符号 L 表示。因此

$$L = \frac{\varPsi(t)}{i(t)} \tag{3.1.10}$$

当磁链 $\varPsi$ 的单位为韦伯，电流 i 的单位为安培，则电感 L 的单位为亨利，符号为 H。常用的辅助单位有毫亨（mH）、微亨（μH），它们之间的关系是

$$1\ \text{H} = 10^3\ \text{mH}，\ 1\ \text{mH} = 10^3\ \mu\text{H}$$

电感元件的特性可以用 $\varPsi\text{-}i$ 平面上的一条曲线来确定。若该曲线为平面上过原点的一条直线，且不随时间变化，如图 3.1.6 所示，则称该电感元件为线性时不变电感元件，其电感量 L 就是一个常数。

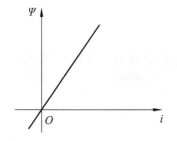
图 3.1.6 电感元件的 $\Psi\text{-}i$ 曲线

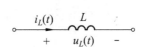
图 3.1.7 电感元件 u，i 关联参考方向

3.1.2.2 电感元件的压流关系及储能

当通过电感的电流 i_L 发生变化时，它的磁链 Ψ 也相应变化。根据电磁感应定律可知，电感元件 L 的两端将产生感应电压 u_L。若感应电压的参考方向与磁链 Ψ 的参考方向也满足右手螺旋定则，即 u_L，i_L 的参考方向关联，如图 3.1.7 所示，则

$$u_L(t) = \frac{d\Psi(t)}{dt} = \frac{dLi_L(t)}{dt} = L\frac{di_L(t)}{dt} \tag{3.1.11}$$

式（3.1.11）表明：

① 电感元件上某时刻的电压与通过它的电流的变化率 $\frac{di_L}{dt}$ 成正比，与 i_L 的大小无关，故电感是一个动态元件。

② 直流时，由于 $\frac{di_L}{dt} = 0$，则 $u_L = 0$，故电感对直流电源相当于短路。或者说，电感有通直流、阻交流的作用。

③ 当电感电流 i_L 发生跃变时，即 $\frac{di_L}{dt} \to \infty$，意味着 $u_L \to \infty$。显然，这在实际电路中不可能发生。故对于有限的电压值而言，电感电流 i_L 不能跃变。因为如果在 $t = 0$ 这一瞬间 $i_L(t)$ 发生跃变，例如从 0 A 跃变为 10 A，就意味着 $dt \to 0$ 时，$\frac{di_L(t)}{dt} = \frac{10}{0} \to \infty$，这与电感电压为有限值的前提相矛盾。

和电容元件类似，由式（3.1.11）可得到电感电流的函数关系式为

$$\begin{aligned} i_L(t) &= \frac{1}{L}\int_{-\infty}^{t} u(\tau)d\tau = \frac{1}{L}\int_{-\infty}^{0} u(\tau)d\tau + \frac{1}{L}\int_{0}^{t} u(\tau)d\tau \\ &= i_L(0) + \frac{1}{L}\int_{0}^{t} u(\tau)d\tau \end{aligned} \tag{3.1.12}$$

式中，$i_L(0)$ 是电感在 $t = 0$ 时的电流，称为电感电流的初始值。因此电感元件也是一个记忆元件，流经它的电流有记忆电压的作用。

当电感元件的电压、电流参考方向关联时，它吸收的瞬时功率的表达式为

$$p_L(t) = u_L(t)i_L(t) \tag{3.1.13}$$

由高等数学知识可得，从 t_0 到 t 这段时间内，电感元件吸收的能量为

$$w_L = \frac{1}{2}Li_L^2(t) - \frac{1}{2}Li_L^2(t_0) \quad (3.1.14)$$

式（3.1.14）表明：电感元件在这段时间内吸收的能量为两时刻电感储能之差。当 $w_L(t)>0$ 时，表示电感吸收能量，反之则表示释放能量。

如设 $i_L(t_0) = 0$，即电感原先没有初始储能，则

$$w_L(t) = \frac{1}{2}Li_L^2(t) \quad (3.1.15)$$

式（3.1.15）表明：某一瞬间电感元件的储能仅与电感量大小及该时刻的电流有关，而与电感两端电压的大小无关。

【例 3.1.3】图 3.1.8 所示电路中，已知 $i(t) = 5t$ A（$t \geq 0$），求 $t \geq 0$ 时的电压 $u(t)$。

【解】假设各元件参考方向压流关联，则

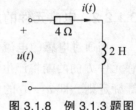

图 3.1.8　例 3.1.3 题图

$$u_{4\Omega}(t) = 4i(t) = 4 \times 5t = 20t \text{ V}$$

$$u_{2H}(t) = L\frac{\mathrm{d}i(t)}{\mathrm{d}t} = 2 \times 5 = 10 \text{ V}$$

所以

$$u(t) = u_{4\Omega}(t) + u_{2H}(t) = 20t + 10 \text{ V} \quad (t \geq 0)$$

3.1.2.3　电容元件与电感元件的连接

在实际工作中，常会遇到单个电容器的电容量或电感线圈的电感量不能满足电路要求的情况，需将几个电容器或几个电感线圈适当地连接起来，组成电容器组或电感线圈组。电容器或电感线圈的连接形式与电阻相同，可采用串联、并联、混联方式。

1. 多个电容器的串联和并联

图 3.1.9 所示是多个电容器的串联和并联。经理论推导，其端口的等效电容量是：

$$\frac{1}{C_{\text{串联}}} = \frac{1}{C_1} + \frac{1}{C_2} + \cdots + \frac{1}{C_n} \quad (3.1.16)$$

$$C_{\text{并联}} = C_1 + C_2 + \cdots + C_n \quad (3.1.17)$$

电容器串联和并联的等效电容器的计算方式和电阻串、并联等效电阻的计算方式正好相反。

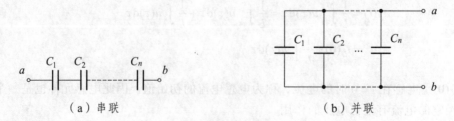

图 3.1.9　电容元件的连接

2. 多个电感线圈的串联和并联

图 3.1.10 所示是多个电感的串联和并联。经理论推导，其端口的等效电感量是：

$$L_{串联} = L_1 + L_2 + \cdots + L_n \quad (3.1.18)$$

$$\frac{1}{L_{并联}} = \frac{1}{L_1} + \frac{1}{L_2} + \cdots + \frac{1}{L_n} \quad (3.1.19)$$

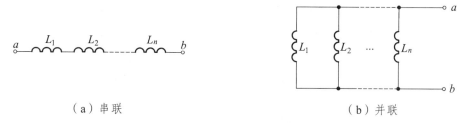

（a）串联　　　　　　　　　　（b）并联

图 3.1.10　电感元件的连接

电感线圈串联和并联的等效电感的计算方式和电阻串、并联等效电阻的计算方式相同。电容器和电感线圈还可混联使用，以获得合适的电容量及耐压、电感量及额定电流。

注意：电容器的连接使用中，要注意电容器的耐压问题；电感线圈的连接使用中，要注意电感线圈的额定电流问题。

3.2　过渡过程及初始条件

3.2.1　动态电路与过渡过程

在电路分析中，我们把含有动态元件的电路称为动态电路。

观察图 3.2.1 所示电路，可知：

① 当开关 S 接 1 位时，假设电容 C 上没有初始储能，即电容 C 上没有电压，这是一个稳定状态。

② 当开关 S 从1位→2位后，电源 U_s 通过 R_1 对电容充电，使电容上的电压 $u_C(t)$ 逐渐升高。

③ 当电容电压达到电源电压，即 $u_C(t) = U_s$ 时，充电结束，电容上的电压不再发生变化，电路达到了一个新的稳定状态。

$u_C(t)$ 的变化过程如图 3.2.2 所示。

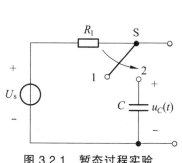
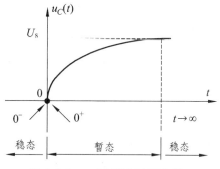

图 3.2.1　暂态过程实验　　　　图 3.2.2　$u_C(t)$ 暂态过程曲线

在电路中,电路由一种稳定状态过渡到另一种稳定状态所经历的一段时间称为过渡过程,也称为暂态过程,简称暂态。

我们把电路中开关 S 的突然接通或断开,也包含电路的连接方式或电路元件参数的突然改变而引起过渡过程统称为换路。设 $t=0$ 时换路,则

① 换路前瞬间,常用 $t=0^-$ 表示。这时电路中的电压、电流分别用 $u(0^-)$ 和 $i(0^-)$ 表示。这一瞬间电路一般是处于某一稳定状态,也即出现暂态前的稳定状态。

② 换路后瞬间,常用 $t=0^+$ 表示。这一瞬间是暂态的起始时刻,这时电路中的电压、电流分别用 $u(0^+)$ 和 $i(0^+)$ 表示,也称为暂态电压、电流的起始值(或初始值)。

③ 过渡过程的电压、电流分别用 $u(t)$ 和 $i(t)$ 表示,说明它们是随时间变化的函数。

④ 新的稳定状态是电路经历了过渡过程后达到的新稳定状态。从理论上讲,应在 $t \to \infty$ 时才能到达新稳态,因此这时的电压、电流分别用 $u(\infty)$ 和 $i(\infty)$ 表示,也叫作趋向值,它是暂态过程的归宿。图 3.2.2 展示了暂态过程中各时刻与电路状态的关系。

由此可见:在动态电路中如果发生换路就会出现过渡过程。

换路是产生过渡过程的外因,电路中有动态元件才是内因。电感线圈储存的磁场能量和电容元件储存的电场能量,在建立或改变时,需经历一段时间,这才是形成暂态的实质。

3.2.2 换路定律

由式(3.1.3)可得电容元件的一个重要性质:如果在任何时刻通过电容的电流为有限值,则电容两端电压不可能发生跃变,而只能是连续变化的。这一重要性质常称为电容元件的换路定律。

同理,由式(3.1.11)可得电感元件的一个重要性质:在任何时刻,当电感元件两端的电压为有限值时,则电感电流不可能发生跃变。这一重要性质常称为电感元件的换路定律。

通常认为换路是即刻完成的,设某电路在 $t=0$ 时换路,则有

$$\left. \begin{array}{l} u_C(0^+) = u_C(0^-) \\ i_L(0^+) = i_L(0^-) \end{array} \right\} \tag{3.2.1}$$

式(3.2.1)称为换路定律。

不论电容元件还是电感元件,换路定律的实质是能量不能突变。

3.2.3 初始值的计算

分析动态电路仍以基尔霍夫定律及元件的 VCR 两类约束关系为依据。由于电容、电感的 VCR 是微分形式,因此所建立的电路方程必定是一个微分方程。

由高等数学的理论可知,用经典解法解微分方程时,必须根据给定的初始值来确定解答中的积分常数,因此初始值的求解至关重要。

初始值就是电路变量在换路后瞬间对应的值,也称为 0^+ 值。

我们知道,换路后瞬间是暂态的起点,由于电感电流及电容电压符合换路定律,它们在换路瞬间不会跃变,因此换路前的电感电流 $i_L(0^-)$ 及电容电压 $u_C(0^-)$ 就决定了电路的初始状态。

求动态电路初始值的方法为:

① 画出 0^- 时刻的等效电路，计算出动态元件中的 $u_C(0^-)$ 或 $i_L(0^-)$。
② 根据换路定律得出 $u_C(0^+)$ 或 $i_L(0^+)$。
③ 画出 0^+ 时刻的等效电路。方法是：用电压值为 $u_C(0^+)$ 的电压源代替电容元件，用电流值为 $i_L(0^+)$ 的电流源代替电感元件。
④ 求出待求的 0^+ 值。

【例 3.2.1】电路如图 3.2.3（a）所示，已知 $t<0$ 时电路稳定，$t=0$ 时开关 S 由 1 转接到 2，求电路中 u_R，u_C，i 的初始值（0^+ 值）。

【解】① 图（a）中动态元件是电容 C，所以先求 $u_C(0^-)$。由于开关 S 接 1 位，电路处于直流稳态，电容 C 相当于开路，所以

$$u_C(0^-) = -U_{s1}$$

② 根据换路定律，得

$$u_C(0^+) = u_C(0^-)$$

③ 运用置换定理，将换路后 $t=0^+$ 时刻的电容元件用一个恒压源替代，恒压源的大小、方向与 $u_C(0^+)$ 相同。并且此时的开关处于动作后的状态，画出换路后瞬间的 $t=0^+$ 时刻等效电路，如图 3.2.3（b）所示。其中

$$u_C(0^+) = u_C(0^-) = -U_{s1}$$

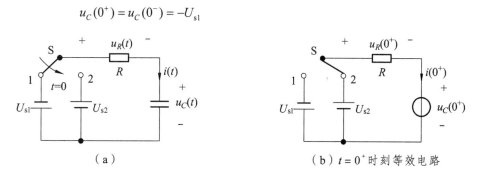

（a）　　　　　　　　　　　　　　（b）$t=0^+$ 时刻等效电路

图 3.2.3　例 3.2.1 图

④ 在 $t=0^+$ 时刻等效电路中求各待求量的初始值。
从 0^+ 等效电路图中易得

$$u_R(0^+) = U_{s2} - u_C(0^+) = U_{s2} - (-U_{s1}) = U_{s2} + U_{s1}$$

$$i(0^+) = \frac{u_R(0^+)}{R} = \frac{U_{s2} + U_{s1}}{R}$$

同理，在 $t=0^-$ 电路中（即换路前的稳态电路中），易得

$$u_R(0^-) = 0, \quad i(0^-) = 0$$

显然

$$u_R(0^+) \neq u_R(0^-), \quad i(0^+) \neq i(0^-)$$

可见，在本电路中只有电容两端电压在换路瞬间（$t=0$时刻）不会跃变，而其他电压、电流（含电容电流和电感电压）在换路瞬间可能会发生跃变。

可以假想，如果 $u_C(0^-)=0$，则 $u_C(0^+)=u_C(0^-)=0$，这就表明在 $t=0^+$ 时刻，电容元件相当于短路状态，此时电流 $i(0^+)$ 的值最大。这是因为电容没有初始储能而造成在换路后瞬间的充电电流最大。

【例 3.2.2】电路如图 3.2.4（a）所示，已知 $t<t_1$ 时电路稳定，$t=t_1$ 时开关 S 闭合，求电感电压、电流的初始值 $u_L(t_1^+)$ 和 $i_L(t_1^+)$。

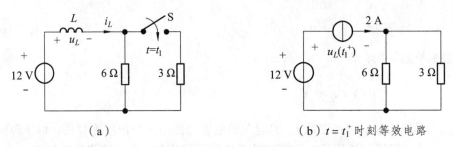

图 3.2.4　例 3.2.2 图

【解】根据上例求解初始值的步骤求解。

第一步，由于该电路中的动态元件是电感，故先计算 $i_L(t_1^-)$。又已知在 $t<t_1$ 时电路稳定，故电感 L 相当于短路，所以

$$i_L(t_1^-) = \frac{12}{6} = 2\,\text{A}$$

第二步，根据换路定律可知

$$i_L(t_1^+) = i_L(t_1^-) = 2\,\text{A}$$

用恒流源 $i_L(t_1^+)=2\,\text{A}$ 替代电感 L，作 $t=t_1^+$ 时刻等效电路图，如图 3.2.4（b）所示。

第三步，求初始值 $u_L(t_1^+)$ 和 $i_L(t_1^+)$。

$i_L(t_1^+)$ 的值由换路定律已经得到

$$i_L(t_1^+) = 2\,\text{A}$$

$$u_L(t_1^+) = 12 - \frac{6\times 3}{6+3}\times 2 = 8\,\text{V}$$

从以上分析可知，在一般电路中，由于电容电压 u_C 和电感电流 i_L 以外的变量在换路瞬间都有可能发生改变，因此，计算电路变量初始值的关键是确定 $u_C(0^-)$ 或 $i_L(0^-)$，然后根据换路定律确定 $u_C(0^+)$ 或 $i_L(0^+)$，从而画出 $t=0^+$ 时刻的等效电路进行计算。

一般将 u_C 和 i_L 称为电路的状态变量。

3.3 一阶电路的三要素法

分析动态电路，仍以基尔霍夫定律和元件的 VCR 两类约束为依据，但建立起来的方程是微分方程。通过对一阶动态电路的分析求解，人们总结出了求解一阶动态电路的"三要素法"。

3.3.1 动态电路方程的建立

对于只含有（或等效为）一个动态元件的电路，称为一阶动态电路。

3.3.1.1 RC 电路

由电阻 R 和电容 C 组成的电路，称为 RC 电路，如图 3.3.1（a）所示。

对于一阶动态电路，总可以利用戴维南定理或诺顿定理，将动态元件以外的电路等效为一个实际电压源（或实际电流源）的形式，如图 3.3.1（b）所示，

我们先定性分析一下这个电路中电容上的电压、电流在开关 S 接通后的变化过程。

在图 3.3.1（b）所示电路中，电流

$$i(t) = \frac{U_0 - u_C(t)}{R_0}$$

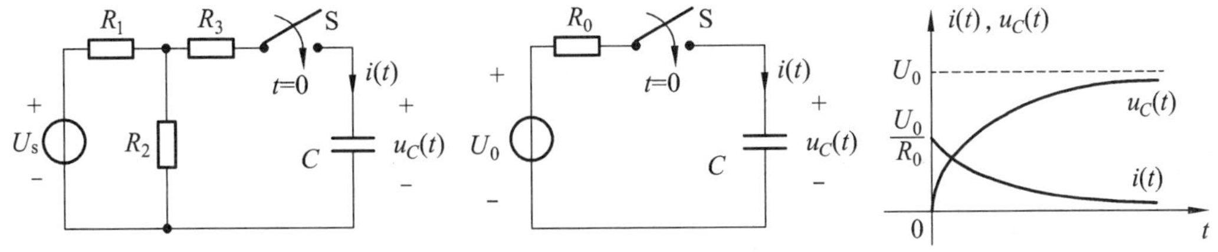

图 3.3.1 一阶 RC 电路

设 $u_C(0) = 0$，则在开关 S 刚接通时，充电电流为最大，$i(0^+) = U_0/R_0$。随着不断地充电，电容两端的电压 $u_C(t)$ 不断上升，充电电流就越来越小。到 $u_C(t) = U_0$ 时，$i(t) = 0$，此时电路达到稳定工作状态，电容相当于开路，起断直流的作用，其电压、电流的变化情况如图 3.3.1（c）所示。

分析：

① 列写回路的 KVL 方程，得

$$R_0 i(t) + u_C(t) = U_0$$

② 将 $i(t) = C\dfrac{du_C(t)}{dt}$ 代入上式可得

$$R_0 C \frac{du_C(t)}{dt} + u_C(t) = U_0 \quad (t \geqslant 0) \tag{3.3.1}$$

如令 $\tau = R_0 C$，称为时间常数，则式（3.3.1）可改写为

$$\frac{\mathrm{d}u_C(t)}{\mathrm{d}t} + \frac{1}{\tau}u_C(t) = \frac{1}{\tau}U_0 \quad (t \geq 0) \tag{3.3.2}$$

这是一个一阶、常系数、线性、非齐次的微分方程。

3.3.1.2 RL 电路

若电路中含有的一个动态元件是电感，也可先将电感元件以外的电路等效为一个实际电流源的形式，如图 3.3.2 所示。根据对偶性，同样可列出以 $i_L(t)$ 为变量的微分方程为

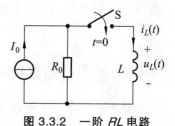

图 3.3.2 一阶 RL 电路

$$\frac{\mathrm{d}i_L(t)}{\mathrm{d}t} + \frac{1}{\tau}i_L(t) = \frac{1}{\tau}I_0 \quad (t \geq 0) \tag{3.3.3}$$

式中

$$\tau = \frac{L}{R_0}$$

这也是一个一阶、常系数、线性、非齐次的微分方程。

在电源是直流的条件下，方程的右端为常数，因此一阶电路的微分方程都可以写成以下的一般形式：

$$\frac{\mathrm{d}x(t)}{\mathrm{d}t} + \frac{1}{\tau}x(t) = F \quad (t \geq 0) \tag{3.3.4}$$

式（3.3.4）中 $x(t)$ 代表一阶电路中任一支路的电压、电流。

3.3.2 三要素法的通用公式

根据高等数学知识可得：微分方程式（3.3.2）和式（3.3.4）解的一般式为

$$x(t) = x(\infty) + [x(0^+) - x(\infty)|_{t=0^+}]\mathrm{e}^{-\frac{t}{\tau}} \quad (t \geq 0) \tag{3.3.5}$$

若是直流电源，其趋向值 $x(\infty)$ 与时间无关，即 $x(\infty)|_{t=0^+} = x(\infty)$，则式（3.3.5）可改写为

$$x(t) = x(\infty) + [x(0^+) - x(\infty)]\mathrm{e}^{-\frac{t}{\tau}} \quad (t \geq 0) \tag{3.3.6}$$

可以证明：一阶电路中任意一个变量的解都遵循式（3.3.6）的形式，因此，式（3.3.6）称为一阶电路在直流电源作用下，响应的通用公式。

由式（3.3.6）可得：

在一阶电路中，分析由换路引起的响应只需求出三个要素：① 初始值 $x(0^+)$；② 趋向值 $x(\infty)$；③ 时间常数 τ。

这种在一阶电路中，先求三个要素，然后带入通用公式（3.3.6）分析暂态问题的方法称为"三要素法"。

如果换路的时间为 t_1，则式（3.3.6）可改为下面的形式：

$$x(t) = x(\infty) + [x(t_1^+) - x(\infty)]e^{-\frac{t-t_1}{\tau}} \qquad (t \geq t_1) \tag{3.3.7}$$

由于 $x(t)$ 可以是电路中任一处的电压或电流，因此三要素法得以广泛应用，但要注意它的应用条件：

① 只含有一个储能元件或者可以等效为一个储能元件的电路。

② 响应 $x(t)$ 一定要有稳态值，或有稳态可趋，这对直流或正弦交流都是适用的。

在一阶动态电路的分析中，根据电路中动态元件的"初始储能"和"换路后的外激励"情况，常把一阶动态电路的响应分为零输入响应、零状态响应和全响应，如表 3.3.1 所示。

表 3.3.1

响应类型	动态元件的"初始储能"	换路后的"外激励"
全响应 $x(t)$	有	有
零输入响应 $x_{zi}(t)$	有	无
零状态响应 $x_{zs}(t)$	无	有

零输入响应是指换路后，无外加激励，仅由动态元件的初始储能产生的响应。

零状态响应是指换路前，动态元件无初始储能，仅由换路后外加激励产生的响应。

全响应是指换路前动态元件有初始储能且换路后还有外加激励共同产生的响应。

3.3.3 三要素的意义和计算

应用三要素法的关键是要正确求出三个要素，下面就这三个要素的意义及计算方法进行具体分析。

1. 初始值

在含有动态元件的实际电路中，各变量的初始值是由电路的初始状态（即电容电压与电感电流的初始值）决定的。因此，计算电路中各量初始值的关键是先求出电容元件电压与电感元件电流的初始值。

2. 时间常数

时间常数 τ 是反映一阶电路中响应的暂态过程时间长短的物理量。从式（3.3.6）可以看出，τ 值越大，式中 $[x(0^+) - x(\infty)]e^{-t/\tau}$ 这一暂态项的衰减越缓慢，暂态过程就越长。

指数函数 $e^{-t/\tau}$ 随时间 t 下降的情况，经具体计算可列出表 3.3.2，它的曲线如图 3.3.3 所示。

从表格和曲线可以看出如下规律：

① 时间常数 τ 反映了函数 $e^{-t/\tau}$ 衰减的快慢，也反映了电路中暂态过程进行的快慢。

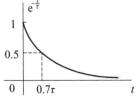

图 3.3.3 函数 $e^{-t/\tau}$ 的曲线

② 暂态项每经过 0.7τ 的时间，就下降为原来值的一半，因此 0.7τ 的时间称为半衰期。

表 3.3.2　$e^{-t/\tau}$ 随时间 t 变化的规律

时间 t	0	0.7τ	τ	1.4τ	2τ	2.3τ	3τ	4.6τ	6τ
$e^{-t/\tau}$	1	0.497	0.368	0.247	0.135	0.1	0.05	0.01	0.002 5

③ 当 $t=4.6\tau$ 时，$e^{-t/\tau}\approx 0.01$，即暂态项大约已剩下 1%，可以认为暂态过程已基本结束。因此可以说，换路以后经过 4.6τ 的时间，暂态过程基本结束，电路达到新的稳态，所以 4.6τ 称为暂态持续期。

在工程上，通常将暂态持续期定为 3τ，此时 $e^{-t/\tau}\approx 0.05$，即暂态下降为原来的 5% 以下，就认为电路已达到新的稳态。

利用以上规律，就能比较方便地定性画出 $x(t)$ 随时间变化的曲线图。

对于 RC 电路：

$$\tau = R_0 C \tag{3.3.8}$$

对于 RL 电路：

$$\tau = \frac{L}{R_0} \tag{3.3.9}$$

式中，R_0 为换路后从动态元件两端看过去的戴维南等效电阻。

在运用式（3.3.8）和式（3.3.9）时，各量均采用基本单位，即电容量 C 的单位为 F，电感量 L 的单位为 H，等效电阻 R_0 的单位为 Ω，则时间常数 τ 的单位为 s（秒）。

【例 3.3.1】如图 3.3.4（a）所示电路中，求开关 S 接通后电路的时间常数 τ。

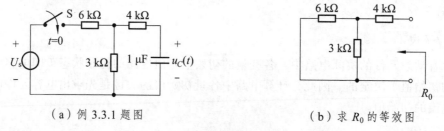

（a）例 3.3.1 题图　　　　（b）求 R_0 的等效图

图 3.3.4　例 3.3.1 图

【解】这是一个含有电容元件的动态电路，故应用 $\tau = R_0 C$ 来计算电路的时间常数。

先求 R_0。断开电容 C 以后，令 $U_s = 0$（即电压源 U_s 短路），得到求 R_0 的等效电路，如图 3.3.4（b）所示。故

$$R_0 = 4 + \frac{6\times 3}{6+3} = 6\ \text{k}\Omega$$

所以

$$\tau = R_0 C = 6\times 10^3 \times 10^{-6} = 6\times 10^{-3}\ \text{s} = 6\ \text{ms}$$

3. 趋向值

趋向值 $x(\infty)$ 是暂态的终结值，是电路变量 $x(t)$ 在换路后达到新稳定状态时的数值。在电

路处于直流稳态时,电容元件相当于开路,电感元件相当于短路,$x(\infty)$就可应用电阻电路的分析方法计算。具体计算将在三要素法的应用中分析。

3.3.4 三要素法的应用

用三要素法求解一阶电路暂态响应的关键是求出初始值 $x(0^+)$、时间常数 τ 和趋向值 $x(\infty)$ 这三个要素。

【例 3.3.2】如图 3.3.5 所示电路,开关 S 在 1 位时电路已达稳态。$t=0$ 时开关 S 接 2,试求 $t \geqslant 0$ 时 $u_C(t)$ 和 $i(t)$ 的表达式,并画出它们的波形图。

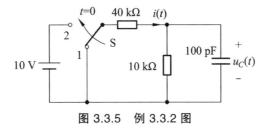

图 3.3.5　例 3.3.2 图

【解】① 求初始值 $u_C(0^+)$,$i(0^+)$。

电路是一阶 RC 电路,故先求出 $u_C(0^-)$。当开关 S 接 1 时,无电源且电路稳定,故 $u_C(0^-)=0$。在 $t=0^+$ 时刻,根据换路定律,$u_C(0^+)=u_C(0^-)=0$。用恒压源 $u_C(0^+)=0$ 替代电容元件 C(注意此时电容元件相当于短路),开关 S 已接 2 位,画出 $t=0^+$ 时刻等效图,如图 3.3.6(a)所示,所以

$$i(0^+)=\frac{10}{40}=0.25 \text{ mA}$$

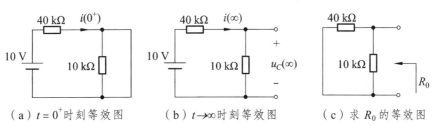

(a) $t=0^+$ 时刻等效图　　(b) $t \to \infty$ 时刻等效图　　(c) 求 R_0 的等效图

图 3.3.6　例 3.3.2 的等效电路

② 求趋向值 $u_C(\infty)$,$i(\infty)$。

换路后电路达到新稳态时,电容元件相当于开路(如果是电感元件,则电感元件相当于短路),$t \to \infty$ 时刻等效图如图 3.3.6(b)所示,所以

$$i(\infty)=\frac{10}{R_1+R_2}=\frac{10}{40+10}=0.2 \text{ mA}$$

$$u_C(\infty)=\frac{R_2}{R_1+R_2}\times 10=\frac{10}{40+10}\times 10=2 \text{ V}$$

③ 求时间常数 τ。

求 R_0 时，电路中所有的电源置零，等效电路如图 3.3.6（c）所示，所以

$$R_0 = \frac{R_1 R_2}{R_1 + R_2} = \frac{40 \times 10}{40 + 10} = 8 \text{ k}\Omega$$

因此，时间常数

$$\tau = R_0 C = 8 \times 10^3 \times 100 \times 10^{-12} = 8 \times 10^{-7} \text{ s} = 0.8 \text{ μs}$$

④ 将三个要素的值代入三要素法通用公式（3.3.6），得

$$u_C(t) = u_C(\infty) + [u_C(0^+) - u_C(\infty)] e^{-\frac{t}{\tau}}$$
$$= 2 + [0 - 2] e^{-\frac{t}{\tau}} = 2 - 2e^{-\frac{t}{\tau}} \text{ V} \quad (t \geq 0)$$

$$i(t) = 0.2 + [0.25 - 0.2] e^{-\frac{t}{\tau}} = 0.2 + 0.05 e^{-\frac{t}{\tau}} \text{ mA} \quad (t \geq 0)$$

式中，时间常数 $\tau = 0.8$ μs。

从 $u_C(t)$ 的表达式可以看出，由于电容元件原来没有储能，因此当开关 S 从 1 转接到 2 时，有一个对电容逐渐充电的过程，但经历的时间很短，不到 1 μs 即可稳定。

⑤ 画波形图。

画 $u_C(t)$，$i(t)$ 的波形是以时间 t 为横坐标，瞬时值为纵坐标，描出各时刻 t 对应的瞬时值再连线而成。最基本的方法是根据函数式逐点画出。

我们要求的是定性画出曲线，即根据暂态的初始值和趋向值，按时间常数的规律、特点来画，方法是：

第一步，在纵轴上定出 $x(0^+)$ 和 $x(\infty)$ 的值。

第二步，过 $x(\infty)$ 画一条平行于时间轴的虚线。

第三步，从初始值出发，按半衰期规律画 $x(\infty)$ 的渐进线，即每经过 0.7τ，波形就下降一半（从初始值到趋向值的一半）。

按此方法画出 $u_C(t)$，$i(t)$ 的波形曲线，如图 3.3.7 所示。

从三要素公式（3.3.6）可以看出，动态电路的暂态过程是随时间按指数函数规律变化的过程。表达式由两项构成，第一项 $x(\infty)$ 与时间 t 无关，是暂态过程结束，

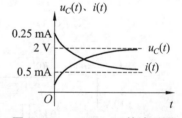

图 3.3.7　$u_C(t)$、$i(t)$ 的波形图

电路达到新稳态之后的值，因此也称为稳态分量。第二项 $[x(0^+) - x(\infty)] e^{-t/\tau}$ 是时间 t 的函数，并且是按指数规律衰减的，$t=0$ 时此项最大，随着时间的延续此项逐渐减小，$t \to \infty$ 时此项为零。所以第二项只在暂态过程中才存在，暂态结束就为零了，称为暂态分量。因此，动态电路的状态有暂态和稳态之分，动态电路的解也可分为暂态分量和稳态分量两部分。

【例 3.3.3】如图 3.3.8 所示电路中，$t<0$ 时电路已稳定，$t=0$ 时开关 S 闭合，求：

① $t \geq 0$ 时的电流 $i_L(t)$，并画出 $i_L(t)$ 的波形。

② 计算 $i_L(t)$ 过时间轴的时间 t_1。

【解】① 由于 $t<0$ 时电路已稳定，电感相当于短路，$t=0^-$ 时刻的等效图如图 3.3.9（a）所示，所以

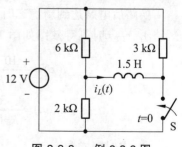

图 3.3.8　例 3.3.3 图

$$i_L(0^-) = -\frac{12}{6//3+2} \times \frac{6}{6+3} = -2 \text{ mA}$$

根据换路定律，有

$$i_L(0^+) = i_L(0^-) = -2 \text{ mA}$$

开关闭合一段时间电路达到新稳态时，电感相当于短路，开关 S 闭合后，2 kΩ 电阻被短路，$t \to \infty$ 等效图如图 3.3.9（b）所示，根据电路可计算出

$$i_L(\infty) = \frac{12}{6} = 2 \text{ mA}$$

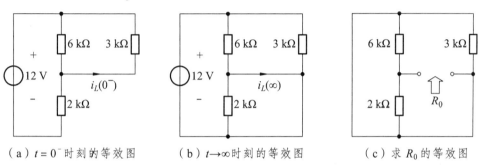

（a）$t = 0^-$ 时刻的等效图　　（b）$t \to \infty$ 时刻的等效图　　（c）求 R_0 的等效图

图 3.3.9　求例 3.3.3 时的各等效电路

计算时间常数 τ 时，先将电压源短路，得到如图 3.3.9（c）所示的等效电路，则

$$R_0 = 2//6 = \frac{2 \times 6}{2+6} = 1.5 \text{ kΩ}$$

$$\tau = \frac{L}{R_0} = \frac{1.5}{1.5 \times 10^3} = 1 \times 10^{-3} \text{ s} = 1 \text{ ms}$$

$$i_L(t) = 2 - 4\text{e}^{-1000t} \text{ mA} \quad (t \geq 0)$$

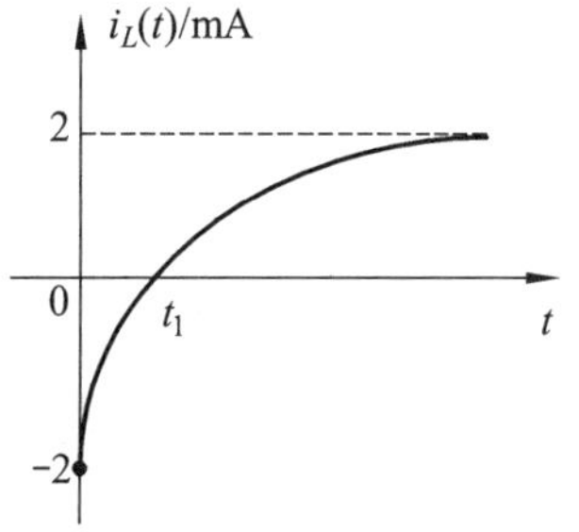

画出 $i_L(t)$ 的波形图如图 3.3.10 所示。

② 从波形图可以看出，由于 $i_L(0^+) = -2 \text{ mA}$，$i_L(\infty) = 2 \text{ mA}$，当 $i_L(t)$ 过时间轴时，$i_L(t) = 0$，正好是半衰期的时间，所以

$$t_1 = 0.7\tau = 0.7 \text{ ms}$$

图 3.3.10　$i_L(t)$ 的波形图

通过上面的例题可以看出：运用三要素法的关键是正确求出待求量的三个要素，先分别画出各时刻[$(0^-),(0^+),(\infty)$]的等效电路以及计算时间常数 τ 时所需的求 R_0 的等效电路，再运用前面学习的电阻电路分析方法求出三个要素，最后代入三要素通用公式，暂态过程中的 $u(t)$，$i(t)$ 即不难求出。

本章小结

1. 动态元件

（1）元件特性：如表 3.1 所示。

表 3.1　动态元件

名称	电路符号	作用	特性	压流关系	换路定律
电容元件	(电容符号，标注 i, C, u, $+$, $-$)	储存或释放电场能量 $w_C(t)=\frac{1}{2}Cu_C^2(t)$	q-u 线性关系图	$i_C(t)=C\dfrac{\mathrm{d}u_C(t)}{\mathrm{d}t}$	i_C 为有限值时：$u_C(0^+)=u_C(0^-)$
电感元件	(电感符号，标注 i, L, u, $+$, $-$)	储存或释放磁场能量 $w_L(t)=\frac{1}{2}Li_L^2(t)$	Ψ-i 线性关系图	$u_L(t)=L\dfrac{\mathrm{d}i_L(t)}{\mathrm{d}t}$	u_L 为有限值时：$i_L(0^+)=i_L(0^-)$

（2）元件的串联和并联：

电容串联时：$\dfrac{1}{C_{串联}}=\dfrac{1}{C_1}+\dfrac{1}{C_2}+\cdots+\dfrac{1}{C_n}$

电容并联时：$C_{并联}=C_1+C_2+\cdots+C_n$

电感串联时：$L_{串联}=L_1+L_2+\cdots+L_n$

电感并联时：$\dfrac{1}{L_{并联}}=\dfrac{1}{L_1}+\dfrac{1}{L_2}+\cdots+\dfrac{1}{L_n}$

2．一阶动态电路分析

（1）分析依据：KCL，KVL 和元件 VCR。

（2）分析方法：三要素法。

求出待求量的三个要素——初始值 $x(0^+)$、趋向值 $x(\infty)$ 和时间常数 τ，代入三要素公式

$$x(t)=x(\infty)+[x(0^+)-x(\infty)]\mathrm{e}^{-\frac{t}{\tau}} \quad (t\geqslant 0)$$

即可得到一阶电路中任意变量的解。

① 初始值计算：

在 $t<0$ 的电路中 计算 $u_C(0^-)$ 和 $i_L(0^-)$ $\Rightarrow$ 在 $t=0^+$ 时刻 计算 $u_C(0^+)$ 和 $i_L(0^+)$ $\Rightarrow$ 在 $t=0^+$ 等效电路中 计算 $u(0^+)$ 和 $i(0^+)$

（C—开路　L—短路）　根据换路定律　（C—用电压源替换　L—用电流源替换）

② 趋向值计算：

在 $t\to\infty$ 的电路（电容开路，电感短路，开关处于换路后状态）中，运用电阻电路分析方法计算 $u(\infty)$ 和 $i(\infty)$。

③ 时间常数 τ：

τ 的大小反映了响应变化的快慢，τ 越大，变化越慢；τ 越小，变化越快。

RC 电路中：$\tau=R_0C$

RL 电路中：$\tau=\dfrac{L}{R_0}$

其中，R_0 为从动态元件两端看进去的戴维南等效电阻。

本章重点是动态元件特性、压流关系以及一阶动态电路的三要素分析法,还要注意对动态电路暂态过程物理含义的理解。

习 题 三

一、判断题

( ) 1. 动态元件是指电容元件和电感元件。
( ) 2. 电容器一个极板上储存的电荷越多,则该电容器的电容量越大。
( ) 3. 通过电感元件的电流越大,则该电感元件两端的电压就越大。
( ) 4. 电容器正常工作时,加在电容器两端的电压要小于它的耐压。
( ) 5. 串联的电感越多,等效电感量越大。
( ) 6. 所有的电容器都有正、负极性之分。
( ) 7. 若加在电容元件两端电压的变化率越大,则通过此电容的电流就越大。
( ) 8. 电阻、电感和电容都是二端元件,它们都具有相同的伏安关系。
( ) 9. 当电容元件两端的电压为零时,则通过此电容的电流就为零。
( ) 10. 如果通过电感元件的电流为零,则此电感元件两端的电压不一定为零。
( ) 11. 求解一阶电路的三要素公式为 $x(t) = x(\infty) + [x(0^+) - x(\infty)]e^{-t/\tau}$。
( ) 12. 电容元件的电容量越大,充电时间越短。
( ) 13. 动态电路的时间常数 τ 越大,暂态过程持续时间越长。
( ) 14. 直流动态电路中,若电容元件可看作开路,此时一定是 $t \to \infty$ 时刻。
( ) 15. 若动态电路在 $t = 0$ 时换路,则暂态过程的起点为 $t = 0^+$ 时刻。

二、填空题

1. 实际电容器上一般会标出_____和_____这两个主要参数。
2. 电容元件具有通_____,阻_____的特性;电感元件具有通_____,阻_____的特性。
3. 电容元件和电感元件都是储能元件,电容元件能储存_____能量,所储存的能量与_____和_____有关;电感元件能储存_____能量,所储存的能量与_____和_____有关。
4. 电容元件和电感元件都具有记忆功能,电感元件的_____具有记忆_____的作用,电容元件的_____具有记忆_____的作用。
5. 一般情况下,动态电路在换路瞬间,电容元件两端的_____不会跃变,通过电感元件的_____不会跃变。
6. 产生暂态过程的内因是电路中含有_____元件,外因是_____。
7. 在直流稳态电路中,电容可看作_____,电感可看作_____。
8. 分析动态电路的暂态过程可用三要素法,其中的三要素是指_____、_____和_____。

三、单项选择题

1. 电容元件的电容量是由( )决定的。
   A. 电容电压   B. 电容电流
   C. 电荷的多少   D. 结构和材料

2. 动态电路暂态过程中，满足连续性的两个量是（　　）。

 A. u_C 和 u_L　　B. i_C 和 i_L　　C. u_C 和 i_L　　D. i_C 和 u_L

3. 关于电容元件和电感元件的压流关系，u，i 关联时，下列关系式正确的是（　　）。

 A. $i_C = C\dfrac{du_C(t)}{dt}$　　B. $i_L = L\dfrac{du_L(t)}{dt}$　　C. $u_C = Ci_C$　　D. $u_L = Li_L$

4. 两只电容元件 C_1 和 C_2 串联，其中 $C_1 > C_2$，将其接在电压为 U 的电压源上，则两电容元件上的电压 U_1 和 U_2 之间的关系是（　　）。

 A. $U_1 > U_2$　　B. $U_1 = U_2$　　C. $U_1 < U_2$　　D. 无法确定

5. 某元件的特性可由习题 3.3.5 图所示曲线来表示，则该元件是（　　）。

 A. 电阻元件　　　　B. 电感元件

 C. 电容元件　　　　D. 无法确定

6. 当电流 $i = 2$ A 的电流通过电感线圈时，产生的磁链是 10 mWb，则此电感元件的电感量 $L =$（　　）。

 A. 5 mH　　B. 10 mH　　C. 20 mH　　D. 5 H

7. 习题 3.3.7 图所示两电路的端口等效电容量 C_{ab} 分别为（　　）。

 A. 18 F，11 μF　　B. 4 F，1 μF　　C. 18 F，1 μF　　D. 4 F，11 μF

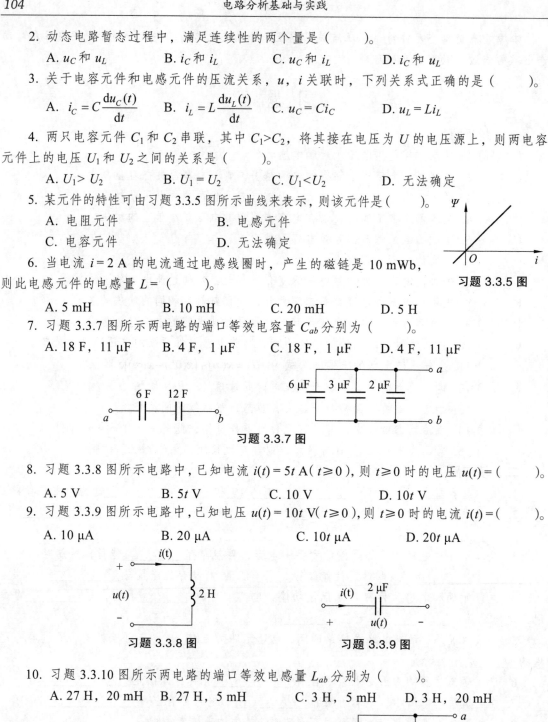

习题 3.3.5 图

习题 3.3.7 图

8. 习题 3.3.8 图所示电路中，已知电流 $i(t) = 5t$ A（$t \geq 0$），则 $t \geq 0$ 时的电压 $u(t) =$（　　）。

 A. 5 V　　B. $5t$ V　　C. 10 V　　D. $10t$ V

9. 习题 3.3.9 图所示电路中，已知电压 $u(t) = 10t$ V（$t \geq 0$），则 $t \geq 0$ 时的电流 $i(t) =$（　　）。

 A. 10 μA　　B. 20 μA　　C. $10t$ μA　　D. $20t$ μA

习题 3.3.8 图　　习题 3.3.9 图

10. 习题 3.3.10 图所示两电路的端口等效电感量 L_{ab} 分别为（　　）。

 A. 27 H，20 mH　　B. 27 H，5 mH　　C. 3 H，5 mH　　D. 3 H，20 mH

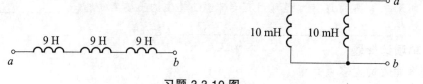

习题 3.3.10 图

11. 关于动态电路的时间常数，以下公式不正确的是（　　）。

A. RC 电路：$\tau = R_0 C$ B. RL 电路：$\tau = \dfrac{L}{R_0}$

C. RC 电路：$\tau = G_0 C$ D. RL 电路：$\tau = G_0 L$

12. 直流动态电路中，若电感元件可看作开路，此时一定是（   ）时刻。
    A. $t < 0$ B. $t > 0$ C. $t = 0^+$ D. $t \to \infty$

四、分析计算题

1. 波形如习题 3.4.1 图所示的电压分别加在 $R = 1\,\Omega$ 的电阻元件和 $C = 1\,\mathrm{F}$ 的电容元件上，试分别求通过它们的电流（设压流关联），并画出波形图。

2. 习题 3.4.2 图（a）所示电路，电流源 $i_s(t)$ 的波形如图（b）所示，设电容元件初始电压 $u_C(0) = 0$，试求电容电压 $u_C(t)$ 及 $t = 1\,\mathrm{s}$ 时电容元件储存的能量。

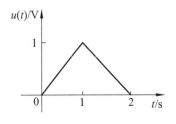

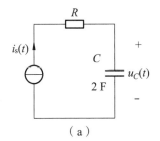

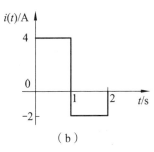

习题 3.4.1 图   习题 3.4.2 图

3. 求习题 3.4.3 图所示两电路的等效电容量 C_{ab}。

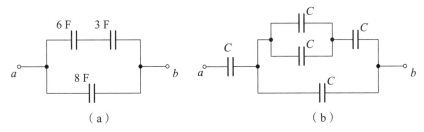

习题 3.4.3 图

4. 求习题 3.4.4 如图所示两电路的等效电感量 L_{ab}。

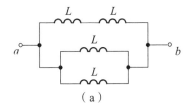

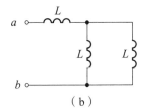

习题 3.4.4 图

5. 习题 3.4.5 图所示局部电路中，已知电容电压 $u_C(t) = 5t\,\mathrm{V}$，求端口电流 $i(t)$。

6. 习题 3.4.6 图所示局部电路中，已知电感电流 $i_L(t) = 3t^2\,\mathrm{A}$，求端口电流 $i(t)$。

7. 习题 3.4.7 图所示电路，设 $t<0$ 时电路稳定，$t = 0$ 时换路（开关动作），分别求出各图中所标电压、电流的 0^+ 值、趋向值及各电路的时间常数 τ。

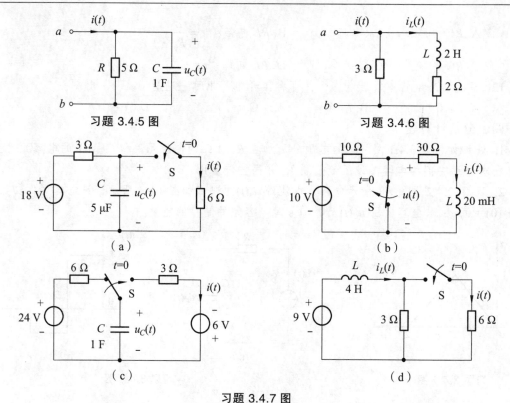

习题 3.4.5 图   习题 3.4.6 图

(a)   (b)   (c)   (d)

习题 3.4.7 图

8. 习题 3.4.8 图所示电路，在换路前已处于稳定状态，求开关 S 断开后的电容电压 $u_C(t)$。

9. 习题 3.4.9 图所示电路，设开关 S 断开前电路已处于稳态，$t=0$ 时开关 S 断开，求 $t \geq 0$ 时的电压 $u_C(t)$ 和电流 $i(t)$，并画出它们的波形图。

10. 习题 3.4.10 图所示电路，已知开关 S 闭合前电路已处于稳态，开关 S 在 $t=t_1$ 时闭合，求 $t \geq t_1$ 时的电流 $i(t)$ 和电压 $u(t)$，并画出它们的波形图。

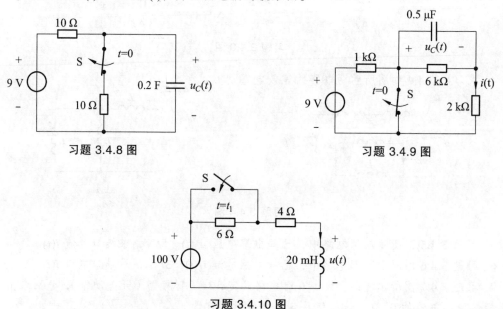

习题 3.4.8 图   习题 3.4.9 图

习题 3.4.10 图

4 正弦稳态电路分析

在实际应用中,交流电比直流电应用更广泛。所谓交流电是指大小和方向均随时间按一定规律变化的电压或电流,称为交变的电压或交变的电流,简称交流电。

交流电中应用最广泛的是正弦交流电,即大小和方向均随时间按正弦规律变化的电压或电流。而正弦电压、正弦电流统称为正弦量或正弦信号。

正弦波形是最常用的信号波形之一,而且一般周期性变化的其他波形往往可以分解为许许多多的正弦波形的叠加,从而使正弦波形成为电力和电子工程中传递能量和信息的主要形式。许多设备都工作在正弦稳态,特别是在电力系统中,大量的问题都是依靠正弦稳态分析的方法来解决的。而常用的信号发生器输出的往往也是正弦信号,语音广播系统、电视广播技术和无线电通信系统中所用的"高频载波"也是正弦波。

4.1 正弦交流电的基本概念

4.1.1 正弦量的时域表示

正弦量既可以用正弦函数 sin 表示,也可以用余弦函数 cos 表示。本书一律采用余弦函数 cos 表示正弦量。

正弦电压、正弦电流的大小和方向都随时间按正弦规律变化,其在任一时刻的值称为瞬时值,其函数表达式为

$$u(t) = U_m\cos(\omega t + \varphi_u) \quad (4.1.1)$$
$$i(t) = I_m\cos(\omega t + \varphi_i) \quad (4.1.2)$$

根据正弦交流电的函数表达式,可以画出正弦交流电的波形图,如图 4.1.1 所示。图中横坐标为时间 t 或电角度 ωt,纵坐标为电压或电流的瞬时值。

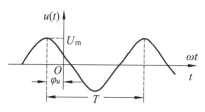

图 4.1.1 正弦交流电的波形图

4.1.2 正弦信号的三要素

4.1.2.1 振幅 U_m（最大值）

振幅反映正弦交流电瞬时值能够达到的最大数值，所以又称作最大值。即当 $\cos(\omega t + \varphi) = 1$ 时，$i_{\max} = I_m$，$u_{\max} = U_m$。

振幅用大写字母加下标 m 表示，如 I_m，U_m 分别表示正弦交流电流、电压的振幅值。

瞬时值用小写字母表示，如 i，u 分别表示正弦交流电在任一时刻的电流、电压的数值。

4.1.2.2 周期 T、频率 f 和角频率 ω

周期 T、频率 f 和角频率 ω 都是反映正弦交流电变化快慢的物理量。

正弦交流电随时间变化是周期性的。某一瞬时值经过一个循环后变化到同样的瞬时值叫作变化一周，在一周中交流电变化的角度为 360° 或 2π 弧度。

交流电变化一周所需要的时间，称作交流电的周期，用 T 表示，单位为秒。

交流电每秒钟内重复变化的周期数，称作频率，用 f 表示，即

$$f = \frac{1}{T} \tag{4.1.3}$$

频率的基本单位是赫兹，简称赫，用符号 Hz 表示。常用的频率单位有千赫（kHz）、兆赫（MHz）、吉赫（GHz）等，它们的换算关系是：

$$1\text{ GHz} = 10^3\text{ MHz},\ 1\text{ MHz} = 10^3\text{ kHz},\ 1\text{ kHz} = 10^3\text{ Hz}$$

我国工业、农业和日常生活中的电能为正弦交流电压源，其频率为 50 Hz，习惯上称为工频。

$\omega t + \varphi$ 反映了正弦量变化的进程，称为相位角或相位，单位为弧度（rad）或度（°）。

ω 是相位随时间变化的速率，即

$$\omega = \frac{\mathrm{d}}{\mathrm{d}t}(\omega t + \varphi)$$

ω 是交流电每秒钟所经历的角度，称作交流电的角频率或角速度，单位为弧度/秒（rad/s）。

由于正弦交流电变化一周所经历的电角度为 2π 弧度，而每秒钟变化的周期数为 f，则交流电每秒钟所经历的电角度为

$$\omega = 2\pi f \quad \text{或} \quad \omega = \frac{2\pi}{T} \tag{4.1.4}$$

交流电波在一个周期内所传播的距离，称作波长，用符号 λ 表示，单位为米。

电波传播的速度与光速相同，即 $c = 3\times 10^8$ m/s。

若交流电的周期为 T，则其波长为

$$\lambda = cT = \frac{c}{f}$$

显然，正弦交流电的频率越高（或角频率越大），波长越短，交流电变化越快。

【例 4.1.1】已知我国市电频率为 50 Hz，求它的周期、角频率和波长。

【解】根据频率和周期、角频率及波长的关系，可求得

周期 $\quad T = \dfrac{1}{f} = \dfrac{1}{50} = 0.02 \text{ s}$

角频率 $\quad \omega = 2\pi f = 2 \times 3.14 \times 50 = 314 \text{ rad/s}$

波长 $\quad \lambda = \dfrac{c}{f} = \dfrac{3 \times 10^8}{50} = 6 \times 10^6 \text{ m}$

4.1.2.3 相位和初相

正弦交流电的角度（$\omega t + \varphi$）称作相位。它是反映正弦交流电变化状态的物理量，单位为弧度（rad）或度（°）。

在起始时刻（$t = 0$ 时），初始相角决定了初始时刻交流电数值的大小，称为初相角，简称为初相，用符号 φ 表示。

相位是正弦交流电在某一瞬间的电角度，而初相则是正弦交流电在起始时刻的电角度，因此，初相也叫作 $t = 0$ 时的相位。

4.1.3 同频正弦交流电的相位差

任意两个同频率正弦交流电的相位之差，称作相位差，用符号 θ 表示。即

$$\theta = (\omega t + \varphi_1) - (\omega t + \varphi_2) = \varphi_1 - \varphi_2 \qquad (4.1.5)$$

则这两个交流电的相位差就是它们的初相之差。

电路中常用"超前""滞后""同相""反相""正交"等来表明两个同频正弦量的相位比较的结果。

① 如果 $\theta = \varphi_1 - \varphi_2 > 0$，则称 u_1 超前 u_2，或称 u_2 滞后 u_1。也就是说，在同一周期内，u_1 先于 u_2 达到最大值或零值，如图 4.1.2（a）中的 u_1 与 u_2。

② 如果 $\theta = \varphi_1 - \varphi_2 = 0$，即 $\varphi_1 = \varphi_2$，则称这两个交流电同相，如图 4.1.2（b）中的 i_1 与 i_2。

③ 如果 $\theta = \varphi_1 - \varphi_2 = \pm 180°$，则称这两个交流电反相，如图 4.1.2（c）中的 i_1 与 i_2。

④ 如果 $\theta = \varphi_1 - \varphi_2 = \pm 90°$，则称这两个交流电正交，如图 4.1.2（d）中的 u_1 与 u_2。

【例 4.1.2】两正弦电压 $u_1 = 100\cos(100\pi t + 60°)$ V，$u_2 = 50\cos(100\pi t - 20°)$ V。求：
① 两电压的振幅、频率、周期、相位和初相；
② 两电压的相位差。

【解】① 振幅：

$$U_{1m} = 100 \text{ V}, \quad U_{2m} = 50 \text{ V}$$

频率： $\quad f = \dfrac{\omega}{2\pi} = \dfrac{100\pi}{2\pi} = 50 \text{ Hz}$

周期： $\quad T = \dfrac{1}{f} = \dfrac{1}{50} = 0.02 \text{ s}$

相位： $\quad \alpha_1 = 100\pi t + 60°, \quad \alpha_2 = 100\pi t - 20°$

初相： $\quad \varphi_1 = 60°, \quad \varphi_2 = -20°$

② 相位差：

$$\theta = \varphi_1 - \varphi_2 = 60° - (-20°) = 80°$$

即 u_1 超前 u_2 80°，或 u_2 滞后 u_1 80°。

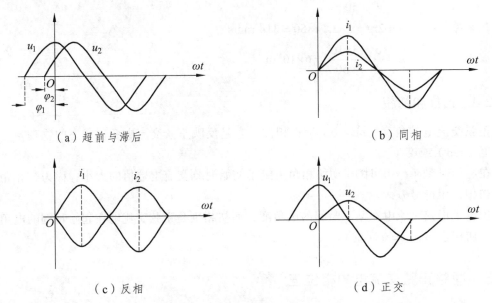

图 4.1.2　正弦交流电的相位关系

4.1.4　正弦交流电的有效值和平均值

4.1.4.1　有效值

周期电压、电流的瞬时值是随时间变化的。为了简明地衡量正弦信号的大小，在实际应用中常使用有效值。交流电有效值的定义为：一个直流电流 I 与一个交流电流 i 分别通过阻值相等的电阻 R，如图 4.1.3 所示，在相同时间内，若电阻 R 上所产生的热量相等，即

$$RI^2T = \int_0^T i^2 R \mathrm{d}t$$

则

$$I = \sqrt{\frac{1}{T}\int_0^T i^2 \mathrm{d}t}$$

图 4.1.3

该直流电的数值 I 即称为交流电的有效值。有效值用大写字母来表示，电流、电压的有效值分别用符号 I，U 表示。

理论和实践均可证明，有效值与最大值的关系为

$$I = \frac{I_\mathrm{m}}{\sqrt{2}} = 0.707 I_\mathrm{m} \quad \text{或} \quad I_\mathrm{m} = \sqrt{2}I \tag{4.1.6}$$

$$U = \frac{U_\mathrm{m}}{\sqrt{2}} = 0.707 U_\mathrm{m} \quad \text{或} \quad U_\mathrm{m} = \sqrt{2}U \tag{4.1.7}$$

在实际应用中，如不加以特别说明，一般指有效值。如通常使用的 220 V 照明电压、380 V 动力电压、10 A 电动机、电器铭牌所标电流和电压以及电流表、电压表所测数据等均指有效值。但是，各种器件和电气设备的耐压值应按最大值考虑。

4.1.4.2 平均值

正弦交流电在一个周期内的平均值,称为正弦交流电的平均值,用符号 I_{av}、U_{av} 表示。由于正弦交流电的瞬时值在正半周期和负半周期内变化规律完全相同,只是方向相反,所以在整个周期内的平均值为零。

4.2 正弦交流电的相量表示法

正弦交流电的函数式以及与之相对应的波形图都能完整地表示一个正弦交流电,它们都可以反映正弦交流电的三要素。但用这两种表示方法去计算交流电路是十分烦琐的。为了简化正弦交流电路的计算,通常采用相量来表示正弦交流电。

4.2.1 正弦交流电与旋转矢量的关系

① 在平面直角坐标系内作一矢量 **OA**,如图 4.2.1(a)所示,使其长度等于正弦交流电压的振幅 U_m。

② 使 **OA** 与正 x 轴的夹角等于正弦交流电的初相 φ_u。

③ 若矢量 **OA** 以角速度 ω 绕原点 O 沿逆时针方向旋转,经 t_1 秒后,旋转至 **OA'** 位置,这时矢量 **OA** 与正 x 轴的夹角为($\omega t_1 + \varphi_u$),它在 x 轴上的投影

$$OP_1 = U_m \cos(\omega t_1 + \varphi_u)$$

④ 若矢量 **OA** 绕原点 O 沿逆时针方向继续旋转,经 t_2 秒后,旋转至 **OA″** 位置,这时矢量 **OA** 与正 x 轴的夹角为($\omega t_2 + \varphi_u$),它在 x 轴上的投影

$$OP_2 = U_m \cos(\omega t_2 + \varphi_u)$$

⑤ 若矢量 **OA** 以原点为中心沿逆时针方向不断旋转,并把旋转矢量每一瞬间在 x 轴上的投影展开,以横坐标表示时间,以纵坐标表示正弦交流电压的瞬时值,则可得到一条正弦曲线,如图 4.2.1(b)所示。可见,旋转矢量和正弦交流电之间有确定的对应关系。

由此可见,矢量 **OA** 任一时刻在 x 轴上的投影就是正弦交流电压在任一时刻的瞬时值。

结论:一个正弦交流电压 $u(t) = U_m\cos(\omega t + \varphi_u)$,对应于一个在直角坐标平面内的旋转矢量,这一矢量的长度等于正弦交流电压的振幅 U_m,矢量在 $t = 0$ 时刻与正 x 轴的夹角等于正弦交流电压的初相角 φ_u,矢量沿逆时针方向旋转的角速度等于正弦交流电压的角频率 ω,矢量任一时刻在

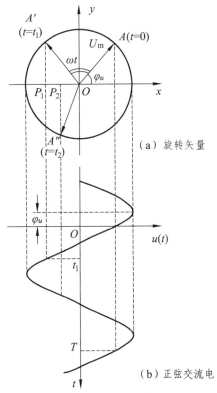

图 4.2.1 旋转矢量与正弦交流电

x 轴上的投影 $U_m\cos(\omega t + \varphi_u)$ 就正好等于正弦交流电压的瞬时值。

4.2.2 正弦交流电的相量表示法

4.2.2.1 相量图

对于频率相同的各旋转矢量,由于它们逆时针旋转的角速度 ω 相等,因此在任一时刻它们之间的相位关系始终保持不变。

由于同频率正弦交流电的加减运算和微积分运算的结果仍是同频率正弦交流电,所以 ω 这个要素可以不用表示出来,而只用 $t = 0$ 时刻的静止矢量表示同频率正弦交流电的振幅和初相两个要素。

我们把这种能表示出正弦交流电振幅和初相两个要素的静止矢量称为相量,在直角坐标平面内画出的静止矢量图,称为相量图。

又由于有效值和振幅值仅在数量上相差 $\sqrt{2}$ 倍,因此同一个正弦量用相量表示时,其长度既可以表示振幅,又可以表示有效值。振幅相量的符号为 $\dot{I}_m$,$\dot{U}_m$,有效值相量的符号为 $\dot{I}$,$\dot{U}$。

注意:为了将相量和一般复数相区别,在字符符号上加一小圆点(·)。

【**例 4.2.1**】已知两正弦交流电流的函数式为 $i_1 = 10\cos(\omega t + 30°)$ A,$i_2 = 20\cos(\omega t - 45°)$ A,试画出其相量图,并确定它们的相位关系。

【**解**】先建立平面直角坐标系,再将 i_1 对应的 $I_{1m} = 10$ A,$\varphi_{i1} = 30°$ 和 i_2 对应的 $I_{2m} = 20$ A,$\varphi_{i2} = -45°$ 用矢量按比例画出来,再标上相量符号即可,如图 4.2.2 所示。

从相量图上可以直观地看出,$\dot{I}_{1m}$ 在 $\dot{I}_{2m}$ 的逆时针方向 75°位置,说明 i_1 超前 i_2 75°。

【**例 4.2.2**】已知频率同为 ω 的正弦交流电的相量图如图 4.2.3 所示,试写出其函数式。

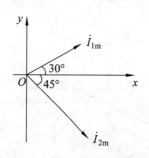

图 4.2.2 例 4.2.1 的相量图

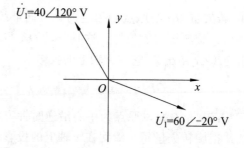

图 4.2.3 例 4.2.2 图

【**解**】根据已知各相量的有效值和初相角,可直接写出其函数式:

$$u_1 = 40\sqrt{2}\cos(\omega t + 120°) \text{ V}, \quad u_2 = 60\sqrt{2}\cos(\omega t - 20°) \text{ V}$$

4.2.2.2 复数式

相量图可以形象、直观地表示正弦交流电,并能快速判断彼此的相位关系,但要对正弦量进行精确计算,则要运用复数式。

在数学中,复数有四种表示形式。即

$$Z = a + jb \quad \text{(代数式)}$$
$$= A(\cos\varphi + j\sin\varphi) \quad \text{(三角式)}$$
$$= Ae^{j\varphi} \quad \text{(指数式,利用欧拉公式 } e^{j\varphi} = \cos\varphi + j\sin\varphi\text{)}$$
$$= A\underline{/\varphi} \quad \text{(极坐标式)}$$

其中,a 称为复数的实部;b 称为复数的虚部;j 为虚数单位,$j^2 = -1$;$A = \sqrt{a^2 + b^2}$ 称为复数的模,$\varphi = \arctan\dfrac{b}{a}$ 称为复数的幅角。

平面矢量可以用复数表示,如果将一个正弦电压 $u = U_m\cos(\omega t + \varphi_u)$ 对应的相量 $\dot{U}_m$ 放在复平面内,且使相量 $\dot{U}_m$ 的起点与复平面的 O 点重合,如图 4.2.4(a)所示,有时为了简练、醒目,常省去坐标轴,如图 4.2.4(b)所示,此时相量 $\dot{U}_m$ 的顶点坐标就对应一个复数 $a + jb$。

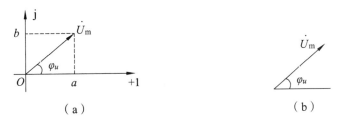

图 4.2.4 复平面中的相量图

$a = U_m\cos\varphi_u$ 是相量 $\dot{U}_m$ 在实轴上的投影,$b = U_m\sin\varphi_u$ 是相量 $\dot{U}_m$ 在虚轴上的投影。复数的模就是相量 $\dot{U}_m$ 的长度,即正弦电压的振幅 $U_m = \sqrt{a^2 + b^2}$。复数的幅角就是相量 $\dot{U}_m$ 与正实轴的夹角,即正弦电压的初相 $\varphi_u = \arctan\dfrac{b}{a}$。

可见,复数与正弦交流电也有确定的对应关系,即复数的模等于正弦交流电的振幅,复数的幅角等于正弦交流电的初相角。

正弦电压 $u = U_m\cos(\omega t + \varphi_u)$ 对应的复数式为

$$\dot{U}_m = U_{mx} + jU_{my}$$
$$= U_m(\cos\varphi_u + j\sin\varphi_u)$$
$$= U_m e^{j\varphi_u}$$
$$= U_m\underline{/\varphi_u}$$

上述四种形式的表达式虽然不同,但实质是一样的。通常情况下,交流电作加减运算时多采用代数式,而作乘除运算时多采用极坐标式;而三角式主要起代数式和极坐标式之间的桥梁作用。

注意:复数可以表示正弦交流电,但其本身并不是正弦交流电。交流电是随时间不断变化的,而复数是将正弦交流电表示成复值常数,因此,函数式和相量式在数学表达式上只是对应关系,绝不能直接相等。在这里,复数仅仅是用来计算交流电的一种工具。

【例 4.2.3】① 已知正弦交流电流 $i = 6\cos(\omega t + 30°)$ A,试写出其复数表达式。
② 某正弦交流电压的相量表达式为 $\dot{U} = -3 + j4$ V,试写出其函数式。

【解】① 根据函数式中的振幅和初相,可直接写出其复数式为

$$\dot{I}_\mathrm{m} = I_\mathrm{m} \underline{/\varphi_i} = 6\underline{/30°} \text{ A （极坐标式）}$$
$$= I_\mathrm{m}\cos\varphi_i + jI_\mathrm{m}\sin\varphi_i$$
$$= 6\times\cos30° + j6\times\sin30°$$
$$= 6\times\frac{\sqrt{3}}{2} + j6\times\frac{1}{2}$$
$$= 3\sqrt{3} + j3 \text{ A （代数式）}$$

② 由于已知的是有效值相量表达式，故其模为此正弦电压的有效值。

$$U = \sqrt{3^2 + 4^2} = 5 \text{ V}$$
$$\varphi_u = \arctan\frac{4}{-3} = 180° - 53° = 127°$$

它的函数式为

$$u(t) = 5\sqrt{2}\cos(\omega t + 127°) \text{ V}$$

一个正弦交流电可以用函数式、波形图、相量图和复数式表示。其中，函数式、波形图可以表示出正弦交流电的三个要素；而相量图和复数式只能表示出正弦交流电的振幅（或有效值）、初相两个要素，角频率 ω 这个要素没表示出来，因此，它们只适用于同频率正弦交流电。

【例 4.2.4】已知两同频正弦电流 $i_1 = 3\sqrt{2}\cos(\omega t - 60°)$ A，$i_2 = 4\sqrt{2}\cos(\omega t + 30°)$ A，求它们的合成电流 $i = i_1 + i_2$。

【解】方法 1：用函数式相加，$i = i_1 + i_2$（略去）。

方法 2：用波形图相加（略去）。

方法 3：用相量相加。

$$i_1 = 3\sqrt{2}\cos(\omega t - 60°) \text{ A} \Rightarrow \dot{I}_1 = 3\underline{/-60°} \text{ A}$$
$$i_2 = 4\sqrt{2}\cos(\omega t + 30°) \text{ A} \Rightarrow \dot{I}_2 = 4\underline{/30°} \text{ A}$$

在同一坐标系中按比例画出两电流的相量，再用平行四边形法则，得到合成电流的相量，如图 4.2.5 所示。从相量图中可以看出，由于两电流的相位差为 90°，因此 i_1，i_2 和 i 这三个电流的大小正好构成直角三角形关系，则

$$I = \sqrt{I_1^2 + I_2^2} = \sqrt{3^2 + 4^2} = 5 \text{ A}$$
$$\varphi = \arctan\frac{I_1}{I_2} = \arctan\frac{3}{4} = 36.9°$$

而
$$\varphi_i = -(\varphi - \varphi_2) = -6.9°$$

合成电流 $i = i_1 + i_2$ 对应的相量关系式为

$$\dot{I} = \dot{I}_1 + \dot{I}_2 = 3\underline{/-60°} + 4\underline{/30°}$$
$$= 1.5 - j2.6 + 3.5 + j2 = 5 - j0.6$$
$$= 5\underline{/-6.9°} \text{ A}$$

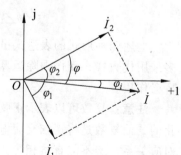

图 4.2.5 例 4.2.4 的相量图

从相量式中可看出合成电流的有效值为 5 A，初相为 – 6.9°，这与用函数式相加的结果是完全相同的。

用相量法进行正弦交流电加减运算的步骤归纳为：

① 首先将各正弦交流电用相量表示，即 $i_1 \to \dot{I}_1$（或 $\dot{I}_{1m}$），$i_2 \to \dot{I}_2$（或 $\dot{I}_{2m}$）。

② 由正弦交流电的瞬时值关系式，得出对应相量关系式，即

$$i = i_1 \pm i_2 \Rightarrow \dot{I} = \dot{I}_1 \pm \dot{I}_2 \text{（或 } \dot{I}_m = \dot{I}_{1m} \pm \dot{I}_{2m}\text{）}$$

或画出相量图。

③ 根据相量关系式，在相量图上按"平行四边形法则"进行相量运算。

④ 再根据运算所得待求量的相量式，写出此正弦交流电的函数式，即 $\dot{I}$（或 $\dot{I}_m$）$\Rightarrow i(t)$

当然，利用相量也可以进行乘除运算和微积分运算。

可见，相量是一种工具，借助它可以简化正弦交流电的计算。

4.3 电路定律的相量形式

我们知道，分析电阻电路的根本依据是基尔霍夫定律和欧姆定律，分析正弦交流电路的根本依据就是基尔霍夫定律和欧姆定律的相量形式。

4.3.1 基尔霍夫定律的相量形式

4.3.1.1 KCL 的相量形式

我们已知，在任一瞬时，对于电路中的任一节点，有

$$\sum_{k=1}^{n} i_k = 0$$

若 i_k（$k = 1, 2, 3, \cdots, n$）是同频率的正弦交流电流，则有

$$\sum_{k=1}^{n} \dot{I}_k = 0 \qquad (4.3.1)$$

式（4.3.1）称为 KCL 的相量形式，它表明：若汇集于电路中任一节点的电流是同频率的正弦交流电流，则这些电流的相量代数和恒为零。

4.3.1.2 KVL 的相量形式

我们已知，在任一瞬时，对于电路中的任一回路，有

$$\sum_{k=1}^{n} u_k = 0$$

若 u_k（$k = 1, 2, 3, \cdots, n$）是同频率的正弦交流电压，则有

$$\sum_{k=1}^{n} \dot{U}_k = 0 \qquad (4.3.2)$$

式（4.3.2）称为 KVL 的相量形式，它表明：若电路中任一回路所包含的各段电压是同频率的正弦交流电压，则这些电压的相量代数和恒为零。

式（4.3.1）和式（4.3.2）中的正负号，由电流、电压的参考方向决定，与电阻电路中的规定相同。

值得注意的是：$\dot{I}_k$，$\dot{U}_k$ 都包含模和幅角两部分，由于正弦电流或电压间存在着相位关系，因此它们的模值间不存在简单的代数关系。也就是说，通常情况下，电流的有效值之间不满足 KCL，电压的有效值之间不满足 KVL。

4.3.2　欧姆定律的相量形式

在电阻电路中，电阻元件上的电压与电流之间遵循欧姆定律，即当电压 U 与电流 I 的参考方向关联时，如图 4.3.1（a）所示，有 $U = IR$。

图 4.3.1　电阻元件与复阻抗的压流关系

（a）电阻元件　　　　（b）复阻抗

在正弦交流电路中，某段电路的电压相量与电流相量的比值，称为这段电路的复阻抗，用符号 Z 表示。如图 4.3.1（b）所示，当压流关联时，复阻抗的表达式为

$$Z \xlongequal{\text{def}} \frac{\dot{U}}{\dot{I}} \qquad (4.3.3)$$

式（4.3.3）也称为广义欧姆定律或欧姆定律的相量形式。

欧姆定律的另两种相量形式为

$$\dot{U} = Z\dot{I} \quad \text{或} \quad \dot{I} = \frac{\dot{U}}{Z}$$

其中，复阻抗

$$Z = \frac{\dot{U}}{\dot{I}} = \frac{U\underline{/\varphi_u}}{I\underline{/\varphi_i}} = \frac{U}{I}\underline{/\varphi_u - \varphi_i} = z\underline{/\theta_z} \qquad (4.3.4)$$

式（4.3.4）说明了复阻抗的两个重要概念：

第一，复阻抗的模是电压与电流有效值或振幅的比值，符号为 z 或 $|Z|$，即

$$z = \frac{U}{I} = \frac{U_m}{I_m} \qquad (4.3.5)$$

它反映了这段电路对正弦交流电流的阻碍作用，单位为欧姆。

第二，复阻抗的幅角是这段电路电压与电流的相位差，符号为 θ_z，即

$$\theta_z = \varphi_u - \varphi_i \tag{4.3.6}$$

因此,复阻抗不仅反映了正弦交流电压与电流间的数量关系,也反映了电压、电流间的相位关系,所以在电路分析中应用十分广泛。

复阻抗的倒数称为复导纳,它是某段电路的电流相量与电压相量的比值,符号为 Y,其表达式为

$$Y = \frac{1}{Z} = \frac{\dot{I}}{\dot{U}} = \frac{I\angle\varphi_i}{U\angle\varphi_u} = \frac{I}{U}\angle\varphi_i - \varphi_u = y\angle\theta_y \tag{4.3.7}$$

复导纳的模是电流与电压有效值或振幅的比值,符号为 y 或 $|Y|$,单位为西门子(S)。复导纳的幅角是电流与电压的相位差,与复阻抗的幅角相差一个负号。

根据基尔霍夫定律的相量形式和欧姆定律的相量形式,就可以利用相量关系对正弦交流电路进行分析了。只是电路中的所有电压、电流不再是时域形式,而是相量形式。

4.4 正弦交流电路分析

直流电路中的电压、电流不随时间变化,分析时只需考虑其量值关系,而正弦交流电路中的电压、电流都要随时间变化,在分析时,不仅要考虑它们的量值关系,同时还要考虑相位关系。因此,正弦交流电路的分析比直流电路的分析要复杂一些。

本书对正弦交流电路进行分析讨论的前提是:

① 假定组成电路的各元件(如电阻、电容、电感)都是线性元件。

② 各元件上的电压、电流都是同频正弦量而且电路处于稳定状态,即可直接用复数或相量进行计算。

4.4.1 纯电阻电路

日常生活中,我们接触到的白炽灯泡、电炉、电烙铁、电热毯、电熨斗等都是由电阻材料制成的,这类以电阻起决定作用,而电感、电容的影响可忽略的交流电路,称为纯电阻电路。

4.4.1.1 压流关系

对于电阻元件而言,在任何瞬间,电压和电流之间满足欧姆定律。在图 4.4.1 所示电路中,设

$$i_R(t) = I_{Rm}\cos(\omega t + \varphi_i)$$

则
$$\begin{aligned}
u_R(t) &= Ri_R(t) \\
&= RI_{Rm}\cos(\omega t + \varphi_i) \\
&= U_{Rm}\cos(\omega t + \varphi_u)
\end{aligned}$$

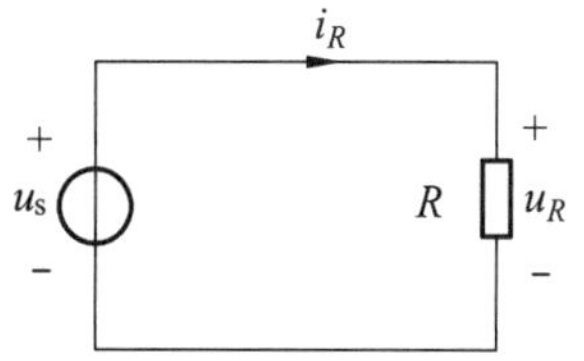

图 4.4.1 纯电阻电路

对照参数可得

$$\begin{cases} U_{Rm} = RI_{Rm} \\ \varphi_u = \varphi_i \end{cases}$$

由于有效值和振幅值之间只是相差 $\sqrt{2}$ 倍的关系，因此，在纯电阻电路中，电压与电流的有效值、振幅值和瞬时值都符合欧姆定律，即

$$R = \frac{U_R}{I_R} = \frac{U_{Rm}}{I_{Rm}} = \frac{u_R}{i_R} \tag{4.4.1}$$

比较电压和电流的函数式可知，电阻两端的电压与电流频率相同，在电压、电流参考方向关联时，电压与电流是同相的。

电阻元件电压、电流的波形图和相量图如图 4.4.2 所示。

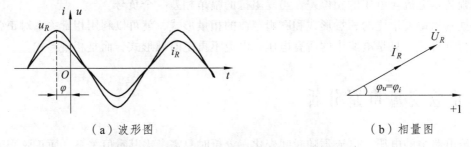

（a）波形图　　　　　　　　　　　（b）相量图

图 4.4.2　电阻元件电压电流的波形图与相量图

如果将电阻元件的电压、电流关系用相量式表示，即为

$$\dot{U}_R = R\dot{I}_R \tag{4.4.2}$$

此式即为欧姆定律的相量形式，它综合反映了电阻元件上电压、电流的量值关系和相位关系。

对于电阻元件而言，复阻抗

$$Z_R = \frac{\dot{U}}{\dot{I}} = R$$

4.4.1.2　功　率

根据电流的热效应可知，当电流通过电阻，电阻必将发热，把电能转变成热能，也就是说，电阻总要消耗功率。由于电流是随时间变化的，所以电阻消耗的功率也是随时间变化的。

1. 瞬时功率 p

任一瞬时的功率称为瞬时功率。在电压、电流参考方向关联时，瞬时功率的计算式为

$$p_R \stackrel{\text{def}}{=\!=} u_R i_R$$

假设电阻元件电压、电流的初相都为零，则有

$$\begin{aligned}
p_R &= u_R i_R \\
&= U_{Rm} \cos \omega t \cdot I_{Rm} \cos \omega t \\
&= U_{Rm} I_{Rm} \cos^2 \omega t \\
&= 2 U_R I_R \left[\frac{1}{2}(1 + \cos 2\omega t) \right] \\
&= U_R I_R + U_R I_R \cos 2\omega t
\end{aligned}$$

上式说明，瞬时功率包含两部分，一部分是不随时间改变的恒定分量 $U_R I_R$，另一部分是振幅为 $U_R I_R$、频率为电压或电流频率两倍的交变分量 $U_R I_R \cos 2\omega t$。瞬时功率的波形如图 4.4.3 所示。

2. 平均功率 P

由于瞬时功率是随时间变化的，不便于计算，通常电路消耗的功率是用平均值来衡量的。

交流电在一个周期内瞬时功率的平均值，称为平均功率。它表示在一个周期内电路平均消耗的功率，符号为大写字母 P。

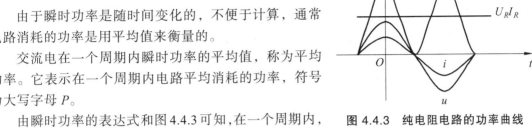

图 4.4.3　纯电阻电路的功率曲线

由瞬时功率的表达式和图 4.4.3 可知，在一个周期内，交变分量 $U_R I_R \cos 2\omega t$ 的平均值等于零，故电路的平均功率就等于不随时间变化的恒定分量 $U_R I_R$。从曲线上看，$U_R I_R$ 就是瞬时功率曲线的平均高度，瞬时功率最大值的一半，即

$$P = \frac{1}{2} P_m = \frac{1}{2} U_{Rm} I_{Rm} = \frac{1}{2} \sqrt{2} U_R \times \sqrt{2} I_R = U_R I_R$$

当电压、电流都用有效值表示时，则平均功率的计算式和直流电路的功率计算式相同，即

$$P = U_R I_R = I_R^2 R = \frac{U_R^2}{R}$$

通常所说的负载消耗的功率指的就是平均功率，如 40 W 灯泡、20 kW 电动机都是指平均功率。平均功率也称为有功功率，习惯上简称为功率。一般电气设备铭牌上的功率值均为平均功率。

【例 4.4.1】一把 220 V/500 W 的电熨斗，接在市电电源 $u = 220\sqrt{2} \cos 314t$ V 上，求通过电阻丝的电流有效值和瞬时值表达式，并计算电阻丝的热态电阻，画出相量图。

【解】电熨斗可看作纯电阻元件，现工作电压在其额定电压下，其功率也应达到额定功率值，由 $P_R = I_R U_R$ 得电阻丝电流有效值为

$$I_R = \frac{P_R}{U_R} = \frac{500}{220} \approx 2.3 \text{ A}$$

又因电阻元件压流同相，$\varphi_u = 0$，所以

$$\varphi_i = \varphi_u = 0$$

电流瞬时值表达式为

$$i_R = 2.3\sqrt{2} \cos 314t \text{ A}$$

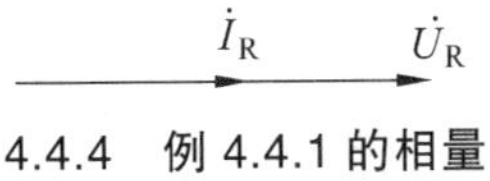

电阻丝热态电阻为

$$R = \frac{U_R}{I_R} = \frac{220}{2.3} \approx 95.7 \text{ Ω}$$

相量图如图 4.4.4 所示。

图 4.4.4　例 4.4.1 的相量图

4.4.2 纯电感电路

当一个线圈的损耗电阻和分布电容与电感量相比可以忽略不计时,我们把这种线圈接于正弦交流电源上的电路,称为纯电感电路。

4.4.2.1 压流关系

对电感元件而言,在任何瞬间,电流和电压之间的关系为

$$u_L = L\frac{\mathrm{d}i_L}{\mathrm{d}t} \tag{4.4.3}$$

在图 4.4.5 所示电路中,设

$$i_L(t) = I_{Lm}\cos(\omega t + \varphi_i)$$

则

$$\begin{aligned}
u_L &= L\frac{\mathrm{d}i_L}{\mathrm{d}t} \\
&= -\omega L I_{Lm}\sin(\omega t + \varphi_i) \\
&= \omega L I_{Lm}\cos(\omega t + \varphi_i + 90°) \\
&= U_{Lm}\cos(\omega t + \varphi_u)
\end{aligned}$$

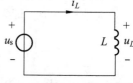

图 4.4.5 纯电感电路

对照参数可得

$$\left.\begin{aligned} U_{Lm} &= \omega L I_{Lm} \\ \varphi_u &= \varphi_i + 90° \end{aligned}\right\} \tag{4.4.4}$$

式(4.4.4)说明:在正弦交流电路中,电感元件上电压与电流的频率相同,它们的量值(有效值和振幅值)之间是通过 ωL 联系的,而在电压、电流参考方向关联时,电压超前电流 90°。

电感元件上电压、电流的波形图和相量图如图 4.4.6 所示。

如果将电感元件的电压、电流关系用相量式表示,即为

$$\dot{U}_L = \mathrm{j}\omega L \dot{I}_L \tag{4.4.5}$$

此式即为欧姆定律的相量形式,它综合反映了电感元件上电压、电流的量值关系和相位关系。

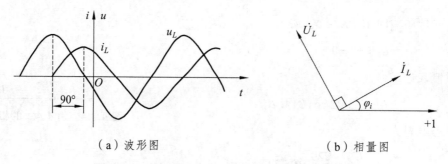

(a) 波形图　　　　(b) 相量图

图 4.4.6 电感元件电压电流的波形图与相量图

对于电感元件而言,复阻抗

$$Z_L = \frac{\dot{U}}{\dot{I}} = j\omega L$$

4.4.2.2 感抗 X_L

与电阻元件相似,在正弦交流电路中,电感元件对电流也有阻碍作用,因此式(4.4.4)也可写成如下欧姆定律的形式:

$$X_L = \frac{U_{Lm}}{I_{Lm}} = \frac{U_L}{I_L} = \omega L = 2\pi f L \tag{4.4.6}$$

式中的 X_L 称为电感元件的感抗,它是在正弦条件下,电感元件电压、电流有效值(或最大值)的比值,具有和电阻相同的单位——欧姆。

式(4.4.6)称为纯电感电路的欧姆定律,也就是说,电感元件电压、电流的有效值、最大值都是满足欧姆定律的,但电压、电流的瞬时值之间不存在欧姆定律。

由式(4.4.6)可知:

① 感抗 X_L 与电感量 L、角频率 ω 成正比。

② 对于直流电流,因 $f=0$,则感抗 $X_L=0$,即电感元件对直流电无阻碍作用,所以纯电感线圈对直流电相当于短路。

③ 随着频率的升高,感抗也逐渐增大,因此电感线圈对交流电具有阻碍作用;当 $f\to\infty$ 时,感抗 $X_L\to\infty$,这时的电感线圈就相当于开路了。感抗 X_L 随频率 f 变化的曲线如图 4.4.7 所示。电感线圈这种"通直流,阻交流;通低频,阻高频"的特性广泛用于电工和电子技术中。

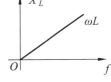

图 4.4.7 感抗随 ω 变化的曲线

④ 感抗 X_L 反映了电感元件对交流电流的阻碍作用,在这方面与电阻 R 相似。但它们又有本质区别:电阻在阻碍电流时要消耗功率,而感抗只表示线圈所产生的自感电压要阻碍交变电流的变化,呈现出阻碍作用,但不消耗功率。感抗只在交流电路中才有意义。

⑤ 感抗的倒数称为感纳,用符号 B_L 表示,即

$$B_L = \frac{1}{X_L} = \frac{1}{\omega L} = \frac{1}{2\pi f L} = \frac{I_L}{U_L}$$

感纳的单位与电导的单位相同,都为西门子(S)。

4.4.2.3 功 率

1. 瞬时功率 p

根据功率的定义,在压流关联时,纯电感电路的瞬时功率等于电流瞬时值与电压瞬时值的乘积,设

$$u_L = U_{Lm}\cos\omega t,\quad i_L = I_{Lm}\cos(\omega t - 90°)$$

则

$$\begin{aligned}p_L &= u_L i_L \\ &= U_{Lm}\cos\omega t \times I_{Lm}\cos(\omega t - 90°) \\ &= U_L I_L(\cos 90° + \sin 2\omega t) \\ &= U_L I_L \sin 2\omega t\end{aligned} \tag{4.4.7}$$

从式（4.4.7）可以看出，瞬时功率仍按正弦规律变化，不同的是它的变化频率提高到电源频率的两倍，振幅为 $U_L I_L$。其波形如图 4.4.8 所示。

2. 平均功率 P

从功率曲线可以看出：

① 在 $0 \sim \dfrac{T}{2}$ 时间内，外加电压 u_L 与电流 i_L 同方向，故瞬时功率为正值，表明在这段时间内，线圈从电源获得（吸取）能量，并将其转化为磁场能量储存起来。

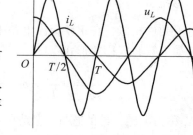

图 4.4.8 纯电感电路的功率曲线

② 在 $\dfrac{T}{2} \sim T$ 时间内，电压 u_L 与电流 i_L 反方向，故瞬时功率为负值，表明在这段时间内，线圈将以往储存的磁场能量又转化成电能返送给电源（释放出来）。

③ 可见，纯电感电路只存在着电能与磁场能的不断转换而没有能量消耗，因此，平均功率（也称有功功率）为零。

3. 无功功率 Q_L

为了度量电感线圈与电源之间进行能量交换的大小，把电感元件瞬时功率的最大值称为无功功率。无功功率在数值上等于线圈两端的电压有效值 U_L 与电流有效值 I_L 的乘积，用符号 Q 表示，即

$$Q_L = U_L I_L$$

或

$$Q_L = I_L^2 X_L = \dfrac{U_L^2}{X_L}$$

无功功率 Q 的单位是乏尔，符号为 var。

【例 4.4.2】有一电阻可以忽略的电感线圈，电感量 $L = 0.5$ H，将它接到电压 $u = 220\sqrt{2} \cos(314t + 30°)$ V 的交流电源上，求线圈的感抗、线圈电流有效值及瞬时值、线圈的无功功率，并画出相量图。

【解】由交流电压的表达式可知

$$U_m = 220\sqrt{2} \text{ V}, \quad U = 220 \text{ V}, \quad \omega = 314 \text{ rad/s}, \quad \varphi_u = 30°, \quad \dot{U} = 220\underline{/30°} \text{ V}$$

线圈复阻抗为

$$Z_L = j\omega L = j2\pi f L = j314 \times 0.5 = j157 \text{ Ω}$$

根据欧姆定律相量形式，得到线圈电流有效值相量为

$$\dot{I} = \dfrac{\dot{U}}{Z_L} = \dfrac{220\underline{/30°}}{j157} = \dfrac{220\underline{/30°}}{157\underline{/90°}}$$

$$\approx 1.4\underline{/-60°} \text{ A}$$

则电流瞬时值表达式为

$$i_L(t) = 1.4\sqrt{2}\cos(314t - 60°) \text{ A}$$

线圈的无功功率为

$$Q_L = U_L I_L = 220 \times 1.4 = 308 \text{ var}$$

相量图如图 4.4.9 所示。

4.4.3 纯电容电路

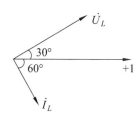

图 4.4.9 例 4.4.2 的相量图

我们知道，直流电是不能通过电容器的，但是，在电容器两端加上正弦交流电源后，极板上的电压就会不断变化，引起极板电量不断变化。极板电量增加，是电源对电容器充电；极板电量减少，是电容器对电源放电。由于电容器不断充放电，在接有电容器的电路中就有持续变化的电流，因而可视为电容器能让交流电通过。

在电容器的漏电电阻和分布电感与电容量相比可以忽略不计时，我们把这种电容接于正弦交流电源上的电路，称为纯电容电路。

4.4.3.1 压流关系

对电容元件而言，在任何瞬间，电流和电压之间的关系为

$$i_C = C\frac{du_C}{dt} \tag{4.4.8}$$

在图 4.4.10 所示电路中，设

$$u_C(t) = U_{Cm}\cos(\omega t + \varphi_u)$$

则

$$\begin{aligned} i_C &= C\frac{du_C}{dt} \\ &= -\omega C U_{Cm}\sin(\omega t + \varphi_u) \\ &= \omega C U_{Cm}\cos(\omega t + \varphi_u + 90°) \\ &= I_{Cm}\cos(\omega t + \varphi_i) \end{aligned}$$

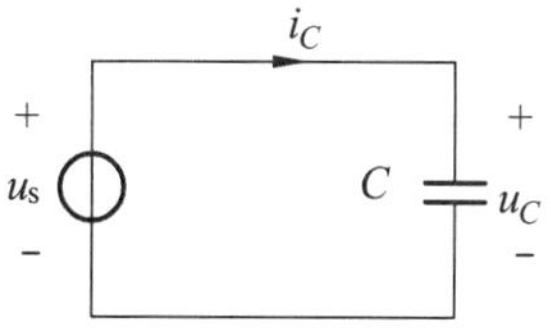

图 4.4.10 纯电容电路

对照参数可得

$$\left.\begin{aligned} U_{Cm} &= \frac{1}{\omega C}I_{Cm} \\ \varphi_i &= \varphi_u + 90° \end{aligned}\right\} \tag{4.4.9}$$

式（4.4.9）说明，在正弦交流电路中，电容元件上电压与电流的频率相同，它们的量值之间是通过 $1/\omega C$ 联系的，而在电压、电流参考方向关联时，电流超前电压 90°。

电容元件上电压、电流的波形图和相量图如图 4.4.11 所示。

如果将电容元件的电压、电流关系用相量式表示，即为

$$\dot{U}_C = \frac{1}{j\omega C}\dot{I}_C \tag{4.4.10}$$

式（4.4.10）即为欧姆定律的相量形式，它反映了电容元件上电压、电流的量值关系和相位关系。

对于电容元件而言，复阻抗

$$Z_C = \frac{\dot{U}}{\dot{I}} = \frac{1}{j\omega C}$$

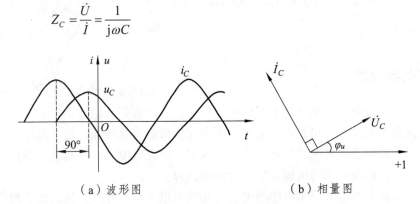

(a) 波形图　　　　　　(b) 相量图

图 4.4.11　电容元件电压电流的波形图与相量图

4.4.3.2　容抗 X_C

在正弦交流电路中，电容元件对电流也有阻碍作用，因此式（4.4.9）也可写成如下欧姆定律的形式

$$X_C = \frac{U_{Cm}}{I_{Cm}} = \frac{U_C}{I_C} = \frac{1}{\omega C} = \frac{1}{2\pi f C} \tag{4.4.11}$$

式中的 X_C 称为电容元件的容抗，它是在正弦条件下，电容元件电压、电流有效值（或最大值）的比值，具有和电阻及感抗相同的单位——欧姆。

式（4.4.11）称为纯电容电路的欧姆定律，也就是说，电容元件电压电流的有效值、最大值都是满足欧姆定律的，但电压、电流的瞬时值之间不存在欧姆定律。

由式（4.4.11）可知：

① 容抗 X_C 与电容量 C、角频率 ω 成反比。

② 对于直流电流，因 $f = 0$，则容抗 $X_C \to \infty$，即电容元件对直流电的阻碍作用无穷大，所以纯电容器对直流电相当于开路。

③ 随着频率的升高，容抗逐渐减小，因此电容器对交流电的阻碍作用反而减小；当 $f \to \infty$ 时，容抗 $X_C \to 0$，这时的电容器相当于短路。

④ 容抗 X_C 随角频率 ω 变化的曲线如图 4.4.12 所示。电容这种"断直流，通交流；阻低频，通高频"的特性广泛用于耦合和滤波电路中。

⑤ 容抗的倒数称为容纳，用符号 B_C 表示，即

$$B_C = \frac{1}{X_C} = \omega C = 2\pi f C = \frac{I_C}{U_C}$$

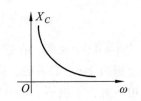

图 4.4.12　容抗随 ω 变化的曲线

容纳的单位与电导及感纳的单位相同，都为西门子（S）。

4.4.3.3 功率

1. 瞬时功率 p

根据功率的定义，在压流关联时，纯电容电路的瞬时功率等于电流瞬时值与电压瞬时值的乘积。设 $i_C = I_{Cm}\cos\omega t$，$u_C = U_{Cm}\cos(\omega t - 90°)$，则

$$p_C = u_C i_C = U_{Cm}\cos(\omega t - 90°) \times I_{Cm}\cos\omega t$$
$$= U_C I_C (\cos 90° + \sin 2\omega t)$$
$$= U_C I_C \sin 2\omega t \qquad (4.4.12)$$

从式（4.4.12）可以看出，瞬时功率仍按正弦规律变化，不同的是它的变化频率提高到电源频率的两倍，振幅为 $U_C I_C$。其波形如图 4.4.13 所示。

2. 平均功率 P

从功率曲线可以看出，与电感元件类似，电容元件的瞬时功率也是正、负半周完全对称的，它的平均功率也为零。这说明理想的电容元件没有能量消耗，只存在着电能与电场能的不断转换。

3. 无功功率 Q_C

与电感元件一样，为了度量电容元件与电源之间进行能量交换的大小，人们把电容瞬时功率最大值的负值定义为电容 C 的无功功率，即

$$Q_C = -U_C I_C$$

或

$$Q_C = -I_C^2 X_C = -\frac{U_C^2}{X_C}$$

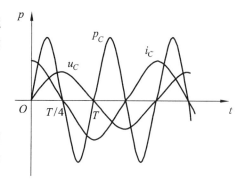

图 4.4.13 纯电容电路的功率曲线

【例 4.4.3】 某电容器电容量 $C = 100\ \mu F$，接于 $u = 220\sqrt{2}\cos(314t - 45°)$ V 的交流电源上，求电容器的容抗、电流有效值及瞬时值、线圈的无功功率，并画出相量图。

【解】 由交流电压的表达式可知

$$U_m = 220\sqrt{2}\ V，\ U = 220\ V，\ \omega = 314\ \text{rad/s}$$
$$\varphi_u = -45°，\ \dot{U} = 220\underline{/-45°}\ V$$

电容元件复阻抗

$$Z_C = \frac{1}{j\omega C} = \frac{1}{j314 \times 100 \times 10^{-6}} = -j31.85\ \Omega$$

根据欧姆定律相量形式，得到电流有效值相量为

$$\dot{I} = \frac{\dot{U}}{Z_C} = \frac{220\underline{/-45°}}{-j31.85} = \frac{220\underline{/-45°}}{31.85\underline{/-90°}} \approx 7\underline{/45°}\ A$$

对应电容电流瞬时值表达式为

$$i_C = 7\sqrt{2}\cos(314t+45°)\ \text{A}$$

线圈的无功功率

$$Q_C = -U_C I_C = -220\times 7 = -1\,540\ \text{var}$$

相量图如图 4.4.14 所示。

4.4.4 RLC 串联电路

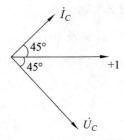

图 4.4.14 例 4.4.3 的相量图

由电阻、电感、电容串联组成的电路,叫作 RLC 串联电路。

对于电容和电感元件而言,在时域内,电压、电流关系均为微分关系,在这种电路图中,电压、电流用瞬时值符号,元件用各自参数表示,称为时域电路模型,如图 4.4.15 (a) 所示。

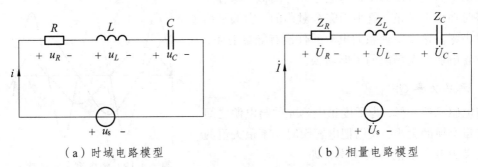

(a) 时域电路模型 (b) 相量电路模型

图 4.4.15 电阻、电感、电容串联电路

在图 4.4.15 (a) 所示时域电路模型中,根据 KVL 及元件 VCR 可得

$$\begin{aligned}u_s &= u_R + u_L + u_C \\ &= iR + L\frac{\mathrm{d}i}{\mathrm{d}t} + u_C \\ &= RC\frac{\mathrm{d}u_C}{\mathrm{d}t} + LC\frac{\mathrm{d}^2 u_C}{\mathrm{d}t^2} + u_C\end{aligned}$$

上式是一个以 u_C 为变量的二阶微分方程,求解比较复杂。

在正弦稳态条件下,当电压、电流用相量表示,元件用复阻抗(或复导纳)表示时,电压、电流间均满足基尔霍夫定律和欧姆定律的相量关系式,这时的电路模型称为相量电路模型(或频域电路模型),如图 4.4.15 (b) 所示。

在图 4.4.15 (b) 所示相量电路模型中,根据 KVL 及 VCR 相量形式可得

$$\begin{aligned}\dot{U}_s &= \dot{U}_R + \dot{U}_L + \dot{U}_C \\ &= R\dot{I} + jX_L\dot{I} - jX_X\dot{I} \\ &= \dot{I}[R + j(X_L - X_X)]\end{aligned}$$

上式是一个普通的复数代数方程,求解方法比微分方程简单得多。

相量分析法:以相量表示正弦交流电,运用电路的相量模型进行相量分析计算的方法。

它是分析正弦交流电路的基本方法。

下面我们在图 4.4.15（b）所示的相量模型中用相量法对电路进行分析。

4.4.4.1 电路特性

1. 电流关系

根据 KCL 的相量形式，电路中电流相量处处相等，即

$$\dot{I} = \frac{\dot{U}_R}{Z_R} = \frac{\dot{U}_L}{Z_L} = \frac{\dot{U}_C}{Z_C} = \frac{\dot{U}}{Z} \tag{4.4.13}$$

2. 电压关系

根据 KVL 的相量形式，电路的总电压相量等于各分电压相量之和，即

$$\dot{U} = \dot{U}_R + \dot{U}_L + \dot{U}_C \tag{4.4.14}$$

3. 阻抗关系

将式（4.4.14）两边同时除以电流 $\dot{I}$，得总阻抗为

$$Z = Z_R + Z_L + Z_C = R + j\omega L + \frac{1}{j\omega C} \tag{4.4.15}$$

说明在串联正弦电路中，总复阻抗等于各元件复阻抗之和。

4.4.4.2 复阻抗的等效电路模型

我们知道，当某段电路电压与电流参考方向关联时，复阻抗为

$$Z = \frac{\dot{U}}{\dot{I}} = \frac{U\angle\varphi_u}{I\angle\varphi_i} = \frac{U}{I}\angle\varphi_u - \varphi_i = z\angle\theta_z$$

复阻抗的模是电压与电流有效值或振幅的比值，即

$$z = \frac{U}{I} = \frac{U_m}{I_m}$$

复阻抗的幅角是这段电路电压与电流的相位差，即

$$\theta = \varphi_u - \varphi_i$$

由式（4.4.15）又可得到复阻抗的代数式为

$$Z = R + j\omega L + \frac{1}{j\omega C} = R + j(X_L - X_C) = R + jX \tag{4.4.16}$$

式（4.4.16）反映了复阻抗实部与虚部的重要物理概念：

第一，复阻抗的实部 R 表示串联电路中的等效电阻 R。

第二，复阻抗的虚部 X 表示串联电路中的等效电抗 $X = X_L - X_C$。

复阻抗的模与 R，X 的关系是

$$z = \sqrt{R^2 + X^2} = \frac{U}{I} \qquad (4.4.17)$$

即复阻抗的模 z 与 R，X 三者之间满足直角三角形勾股定理关系。

复阻抗的幅角 θ_z 与 R，X 的关系是

$$\theta_z = \arctan\frac{X}{R} = \arctan\frac{X_L - X_C}{R} = \varphi_u - \varphi_i \qquad (4.4.18)$$

① 当 $X_L > X_C$ 时，$X > 0$，$\theta_z > 0$，表示总电压 U 超前总电流 I 一个角度，此时感抗的效应大于容抗，电路呈感性。

② 当 $X_L < X_C$ 时，$X < 0$，$\theta_z < 0$，表示总电压 U 滞后总电流 I 一个角度，此时容抗的效应大于感抗，电路呈容性。

③ 当 $X_L = X_C$ 时，$X = 0$，$\theta_z = 0$，说明总电压 U 与总电流 I 同相，此时感抗的效应与容抗的效应相互抵消，电路呈阻性。

因此在 RLC 串联电路中，总电压与总电流的相位差 θ_z 角的取值范围为 $-90° \sim +90°$。

反过来，如果已知一段电路的复阻抗 $Z = R + jX$，那么这段电路就可以等效为一个电阻 R 和一个电抗 X 串联的电路模型。如果 $X > 0$，则等效为一个电阻和一个感抗串联；如果 $X < 0$，则等效为一个电阻和一个容抗串联。

4.4.4.3 相量图

在分析较简单的正弦交流电路时，先定性画出电路中各电压、电流的相量图，便于找到各电压或各电流之间的模值关系。

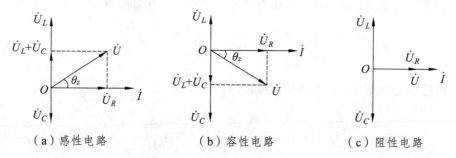

（a）感性电路　　　（b）容性电路　　　（c）阻性电路

图 4.4.16　RLC 串联电路相量图

对于 RLC 串联电路，画相量图的基本步骤是：

① 以电流为基准相量，即设电流的初相为零，画出电流相量（若已知电流的初相，则按初相值的大小值画出）。

② 根据各元件不同的压流相位关系，按量值比例画出各分电压相量。

③ 将各分电压相量合成为总电压相量。

图 4.4.16 所示为三种不同情况下 RLC 串联电路的相量图。

从相量图可以看出，$\dot{U}_L$ 与 $\dot{U}_C$ 总是反相，它们的大小决定了总电压超前或是滞后于总电流。因此，前面我们通过复阻抗的虚部或幅角判断出的电路性质，也可由这两个电压的大小来决定。显然：① 若 $U_L > U_C$，电路呈感性；② 若 $U_L < U_C$，电路呈感性；③ 若 $U_L = U_C$，电路呈阻性。

由串联电路的相量图 4.4.16 可以看出，电路的总电压与各元件上分电压构成一个直角三角形，称为电压三角形。总电压 U 为三角形的斜边，两个直角边分别为电阻两端电压 U_R 和电感与电容两端电压的差值 $U_L - U_C$，如图 4.4.17（a）所示。

（a）电压三角形　　　　　（b）阻抗三角形

图 4.4.17　电压三角形与阻抗三角形

在电压三角形中，根据勾股定理可以得出总电压与各元件上电压的量值关系。即

$$U^2 = U_R^2 + (U_L - U_C)^2$$

或

$$U = \sqrt{U_R^2 + (U_L - U_C)^2} \tag{4.4.19}$$

$$\theta_z = \arctan \frac{U_L - U_C}{U_R}$$

可见，总电压的有效值与各分电压的有效值之间不满足 KVL，而是遵循勾股定理的关系。若将式（4.4.19）中各量的有效值均换成振幅值，该关系仍然成立。

将图 4.4.17（a）所示电压三角形每边同除以电流 I，即得到一个与电压三角形相似的阻抗三角形，如图 4.4.17（b）所示。阻抗三角形的斜边为总阻抗模值 $|z|$，两个直角边分别为电阻 R 和电抗 X。z 与 R 边的夹角叫阻抗角，用 θ_z 表示，它就是电压与电流的相位差。

根据阻抗三角形也可得到以下关系式：

$$\left.\begin{array}{l} z = \sqrt{R^2 + (X_L - X_C)^2} = \sqrt{R^2 + X^2} \\ \theta_z = \arctan \dfrac{X_L - X_C}{R} \\ R = z \cos \theta_z \\ X = z \sin \theta_z \end{array}\right\} \tag{4.4.20}$$

这与前面分析复阻抗的模、幅角与实部、虚部关系时的公式是完全相同的。

根据以上分析，可以归纳出分析正弦交流电路的两套方法：

① 相量法：建立电路的相量模型，根据电路的相量特性计算出电压、电流的相量，再对应得出它们的瞬时值表达式。

② 相量图法：先定性画出电路的相量图，根据相量图计算电压间或电流间的模值关系以及相对的相位关系。

在具体运用时，要根据已知条件和待求变量选择合适的分析方法，常常将两种方法结合运用。

【例 4.4.4】已知如图 4.4.18（a），（b）所示电路，分别求两电路的复阻抗和阻抗模值，并判定电路的性质。

【解】对于图 4.4.18（a）所示电路，先求各元件的复阻抗：

$$Z_R = R = 6\ \Omega,$$
$$Z_L = j\omega L = j10^3 \times 8 \times 10^{-3} = j8\ \Omega$$

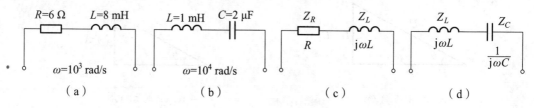

图 4.4.18　例 4.4.4 图

画出其对应的相量模型，如图 4.4.18（c）所示。

复阻抗　　$Z = Z_R + Z_L = 6 + j8\ \Omega$

阻抗模　　$z = \sqrt{R^2 + X_L^2} = \sqrt{6^2 + 8^2} = 10\ \Omega$

复阻抗虚部大于零，电路呈感性。

对于图（b）所示电路，先求各元件的复阻抗：

$$Z_L = j\omega L = j10\ \Omega$$
$$Z_C = \frac{1}{j\omega C} = -j50\ \Omega$$

画出其对应的相量模型，如图 4.4.18（d）所示。

复阻抗　　$Z = Z_L + Z_C = j10 - j50 = -j40\ \Omega$

阻抗模　　$z = 40\ \Omega$

复阻抗为负纯虚数，电路呈容性。

在串联的正弦交流电路中，有可能出现总阻抗模值小于感抗或容抗的情况。

【例 4.4.5】在图 4.4.19（a）所示的 RLC 串联电路中，已知电源电压 $u = 220\sqrt{2}\cos(314t - 30°)$ V，电阻 $R = 30\ \Omega$，电感量 $L = 445$ mH，电容量 $C = 32\ \mu F$。求电路的总阻抗、总电流及各分电压的瞬时值表达式，判断电压电流的相位关系，并说明电路的性质。

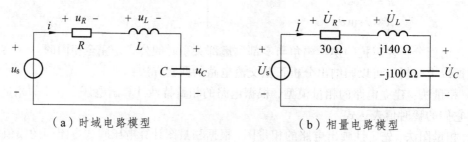

（a）时域电路模型　　　　　　　　　（b）相量电路模型

图 4.4.19　例 4.4.5 题图

【解】题目要求计算电流及各电压的时域表达式，即需求出振幅与初相，因此运用相量法比较方便。

第一步：建立相量电路模型，如图 4.4.19（b）所示。

$$\dot{U}_s = 220\underline{/-30°}\ \text{V}$$

$$Z_R = R = 30\ \Omega$$

$$Z_L = j\omega L = j314 \times 445 \times 10^{-3} = j140\ \Omega$$

$$Z_C = \frac{1}{j\omega C} = \frac{1}{j314 \times 32 \times 10^{-6}} = -j100\ \Omega$$

第二步：根据已知条件进行相量运算。

$$Z = Z_R + Z_L + Z_C = 30 + j140 - j100 = 30 + j40 = 50\underline{/53°}\ \Omega$$

$$\dot{I} = \frac{\dot{U}_s}{Z} = \frac{220\underline{/-30°}}{50\underline{/53°}} = 4.4\underline{/-83°}\ \text{A}$$

$$\dot{U}_R = \dot{I}Z_R = 4.4\underline{/-83°} \times 30 = 132\underline{/-83°}\ \text{V}$$

$$\dot{U}_L = \dot{I}Z_L = 4.4\underline{/-83°} \times j140 = 616\underline{/7°}\ \text{V}$$

$$\dot{U}_C = \dot{I}Z_C = 4.4\underline{/-83°} \times (-j100) = 440\underline{/-170°}\ \text{V}$$

第三步：根据已求出的各相量，写出其对应的函数式。

$$i(t) = 4.4\sqrt{2}\cos(314t - 83°)\ \text{A}$$

$$u_R(t) = 132\sqrt{2}\cos(314t - 83°)\ \text{V}$$

$$u_L(t) = 616\sqrt{2}\cos(314t + 7°)\ \text{V}$$

$$u_C(t) = 440\sqrt{2}\cos(314t - 173°)\ \text{V}$$

因为

$$\varphi_u(=-30°) > \varphi_i(=-83°)$$

$$\theta_z = \varphi_u - \varphi_i = 53°$$

所以总电压超前总电流 53°。

由 $X_L > X_C$，$U_L > U_C$ 或 $\theta_z > 0$ 均可说明电路呈感性（见图 4.4.20）。

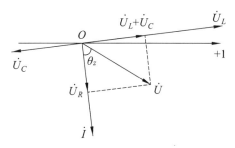

图 4.4.20　例 4.4.5 的相量图

4.4.5　RLC 并联电路

由电阻、电感、电容并联组成的电路，叫作 RLC 并联电路，如图 4.4.21（a）所示。和串联电路相同，我们在图 4.4.21（b）所示的相量模型中对电路进行分析。

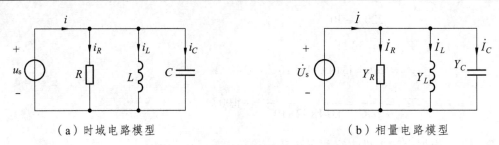

(a)时域电路模型　　　　　　　　（b)相量电路模型

图 4.4.21　电阻、电感、电容并联电路

4.4.5.1 电路特性

1. 电压关系

根据 KVL 的相量形式，电路中电压相量处处相等，即

$$\dot{U} = \dot{I}_R Z_R = \dot{I}_L Z_L = \dot{I}_C Z_C \tag{4.4.21}$$

2. 电流关系

根据 KCL 的相量形式，电路的总电流相量等于各分电流相量之和，即

$$\dot{I} = \dot{I}_R + \dot{I}_L + \dot{I}_C \tag{4.4.22}$$

3. 阻抗关系

将式（4.4.22）两边同时除以电压 $\dot{U}$，得总导纳为

$$Y = Y_R + Y_L + Y_C = \frac{1}{R} + \frac{1}{j\omega L} + j\omega C \tag{4.4.23}$$

即

$$\frac{1}{Z} = \frac{1}{Z_R} + \frac{1}{Z_L} + \frac{1}{Z_C} = \frac{1}{R} + \frac{1}{j\omega L} + j\omega C \tag{4.4.24}$$

说明在并联正弦电路中，总复导纳等于各元件复导纳之和，或总复阻抗的倒数是各支路复阻抗的倒数之和。

4. 分流关系

$$\left.\begin{array}{l} \dot{I}_R = \dfrac{Y_R}{Y} \dot{I} \\ \dot{I}_L = \dfrac{Y_L}{Y} \dot{I} \\ \dot{I}_C = \dfrac{Y_C}{Y} \dot{I} \end{array}\right\} \tag{4.4.25}$$

以上结论同样可以推广到任意多个复阻抗并联的电路中。

4.4.5.2 复导纳的等效电路模型

复阻抗与复导纳是倒数关系。当某段电路电压与电流参考方向关联时，复导纳为

$$Y = \frac{\dot{I}}{\dot{U}} = \frac{I\underline{/\varphi_i}}{U\underline{/\varphi_u}} = \frac{I}{U}\underline{/\varphi_i - \varphi_u} = y\underline{/\theta_y}$$

复导纳的模是电流与电压有效值或振幅的比值，即

$$y = \frac{I}{U} = \frac{I_m}{U_m}$$

复导纳的幅角是这段电路电流与电压的相位差，即

$$\theta = \varphi_i - \varphi_u$$

由式（4.4.23）又可得到复导纳的代数式为

$$Y = \frac{1}{R} + \frac{1}{j\omega L} + j\omega C = G + j(B_C - B_L) = G + jB \tag{4.4.26}$$

式（4.4.26）反映了复导纳实部与虚部的重要物理概念：
第一，复导纳的实部 G 表示并联电路中的等效电导 G。
第二，复导纳的虚部 B 表示并联电路中的等效电纳 $B = B_C - B_L$。
复导纳的模与 G、B 的关系是

$$y = \sqrt{G^2 + B^2} = \frac{I}{U} \tag{4.4.27}$$

即复导纳的模 y 与 G，B 三者之间满足直角三角形勾股定理关系。
复导纳的幅角 θ_y 与 G，B 的关系是

$$\theta_y = \arctan\frac{B}{G} = \arctan\frac{B_C - B_L}{G} = \varphi_i - \varphi_u \tag{4.4.28}$$

① 当 $B_C > B_L$ 时，$B > 0$，$\theta_y > 0$，表示总电流超前总电压一个角度，电路呈容性。
② 当 $B_C < B_L$ 时，$B < 0$，$\theta_y < 0$，表示总电流滞后总电压一个角度，电路呈感性。
③ 当 $B_L = B_C$ 时，$B = 0$，$\theta_y = 0$，表示总电压与总电流同相，电路呈阻性。
在 RLC 并联电路中，总电压与总电流的相位差 θ_y 角的取值范围也为 $-90° \sim +90°$。
反过来，如果已知一段电路的复导纳 $Y = G + jB$，那么这段电路就可以等效为一个电导 G 和一个电纳 B 并联的电路模型。如果 $B > 0$，则等效为一个电阻和一个电容并联；如果 $B < 0$，则等效为一个电阻和一个电感并联。

4.4.5.3 相量图

RLC 并联电路也可用相量图法进行分析，且并联电路的电压相同，画相量图时就应以电压为基准相量。

图 4.4.22 所示为三种不同情况下 RLC 并联电路的相量图。

从相量图可以看出，$\dot{I}_L$ 与 $\dot{I}_C$ 总是反相，它们的大小决定了总电流 I 是超前或是滞后于总电压 U，如图 4.4.22 所示。

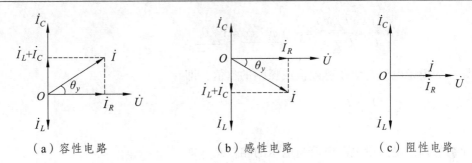

(a) 容性电路　　　　　　(b) 感性电路　　　　　　(c) 阻性电路

图 4.4.22　RLC 并联电路相量图

显然：并联电路的相量图中存在一个电流直角三角形和一个导纳直角三角形，如图 4.4.23 所示。在电流三角形中，根据勾股定理可以得出总电流与各元件上电流的量值关系，即

$$I^2 = I_R^2 + (I_C - I_L)^2$$

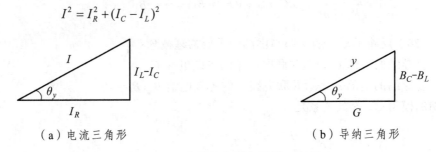

(a) 电流三角形　　　　　　　　　　(b) 导纳三角形

图 4.4.23　电流三角形与导纳三角形

或

$$\left. \begin{array}{l} I = \sqrt{I_R^2 + (I_C - I_L)^2} \\ \theta_y = \arctan \dfrac{I_C - I_L}{I_R} \end{array} \right\} \quad (4.4.29)$$

可见，总电流的有效值与各分电流的有效值之间不满足 KCL，而是遵循勾股定理的关系。在已知电流有效值 I 和相位差 θ_y 时，也可由直角三角形关系得到

$$\left. \begin{array}{l} I_R = I\cos\theta_y \\ I_C - I_L = I\sin\theta_y \end{array} \right\} \quad (4.4.30)$$

根据导纳三角形也可得到以下关系式：

$$\left. \begin{array}{l} y = \sqrt{\left(\dfrac{1}{R}\right)^2 + \left(\dfrac{1}{X_C} - \dfrac{1}{X_L}\right)^2} = \sqrt{G^2 + B^2} \\ \theta_y = \arctan \dfrac{B}{G} \\ G = y\cos\theta_y \\ B = y\sin\theta_y \end{array} \right\} \quad (4.4.31)$$

这与前面分析复导纳的模、幅角与实部、虚部关系时的公式是完全相同的。

【例 4.4.6】在 RLC 并联电路中，已知电源电压 $u = 120\sqrt{2}\cos(314t + 20°)$ V，电阻 $R = 6\ \Omega$，$X_L = 4\ \Omega$，$X_C = 8\ \Omega$，求电路的总复阻抗、总电流及各分电流的瞬时值，并画出电路的相量图。

【解】电源电压相量为

$$\dot{U} = 120\underline{/20°}\text{ V}$$

总复导纳　　$Y = \dfrac{1}{R} + \dfrac{1}{jX_L} + jX_C = \dfrac{1}{6} + \dfrac{1}{j4} + j\dfrac{1}{8} = \dfrac{1}{6} - j\dfrac{1}{8} = 0.21\underline{/-37°}\text{ S}$

总复阻抗　　$Z = \dfrac{1}{Y} = \dfrac{1}{0.21\underline{/-37°}} = 4.8\underline{/37°}\text{ }\Omega$

总电流相量为　　$\dot{I} = \dot{U}Y = 120\underline{/20°} \times 0.21\underline{/-37°} = 25\underline{/-17°}\text{ A}$

各分电流相量为

$$\dot{I}_R = \dot{U}Y_R = 20\underline{/20°}\text{ A}$$
$$\dot{I}_L = \dot{U}Y_L = 30\underline{/-70°}\text{ A}$$
$$\dot{I}_C = \dot{U}Y_C = 15\underline{/110°}\text{ A}$$

对应得出瞬时值表达式：

$$i(t) = 25\sqrt{2}\cos(314t - 17°)\text{ A}$$
$$i_R(t) = 20\sqrt{2}\cos(314t + 20°)\text{ A}$$
$$i_L(t) = 30\sqrt{2}\cos(314t - 70°)\text{ A}$$
$$i_C(t) = 25\sqrt{2}\cos(314t + 110°)\text{ A}$$

相量图如图 4.4.24 所示。

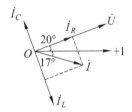

图 4.4.24　例 4.4.6 的相量图

4.4.6　RLC 混联电路

由电阻 R、电感 L、电容 C 经串联和并联组成的电路，叫作阻抗混联电路。

4.4.6.1　相量分析法

混联电路中，如已知各元件参数及某一支路的电压或电流，求其他支路的电压或电流时，一般都用相量分析法计算，具体步骤与串、并联电路相同。

【例 4.4.7】正弦交流电路如图 4.4.25（a）所示，已知电源电压 $u_s(t) = 100\sqrt{2}\cos 10^6 t$ V，电阻 $R_1 = 1\,750\text{ }\Omega$，$R_2 = 10\text{ }\Omega$，电感 $L_1 = 6.25\text{ mH}$，$L_2 = 0.25\text{ mH}$，$C = 4 \times 10^3$ pF，求总复阻抗和总电流的瞬时值表达式，并判断电路的性质。

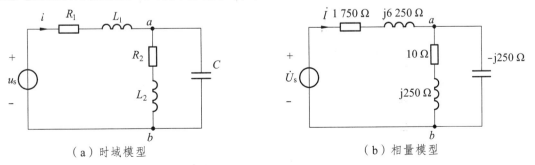

图 4.4.25　例 4.4.7 题图

【解】建立电路的相量模型，如图 4.4.25（b）所示，其中

$$\dot{U}_s = 100\underline{/0°}\ \text{V}$$

各元件复阻抗为

$$Z_{R1} = R_1 = 1\,750\ \Omega,\quad Z_{R2} = R_2 = 10\ \Omega$$
$$Z_{L1} = j\omega L_1 = j10^6 \times 6.25 \times 10^{-3} = j6\,250\ \Omega$$
$$Z_{L2} = j\omega L_2 = j10^6 \times 0.25 \times 10^{-3} = j250\ \Omega$$
$$Z_C = \frac{1}{j\omega C} = \frac{1}{j10^6 \times 4 \times 10^3 \times 10^{-12}} = -j250\ \Omega$$

复阻抗

$$Z_{ab} = \frac{(R_2 + jX_{L2})(-jX_C)}{R_2 + jX_{L2} - jX_C} = \frac{(10 + j250)(-j250)}{10 + j250 - j250} = 6\,250 - j250\ \Omega$$

总复阻抗

$$Z = (R_1 + jX_{L1}) + Z_{ab}$$
$$= 1\,750 + j6\,250 + 6\,250 - j\,250$$
$$= 8\,000 + j6\,000\ \Omega = 10\underline{/37°}\ \text{k}\Omega$$

总电流相量

$$\dot{I} = \frac{\dot{U}}{Z} = \frac{100\underline{/0°}}{10\underline{/37°}} = 10\underline{/-37°}\ \text{mA}$$

总电流有效值　　$I = 10$ mA

初相　　　　　　$\varphi_i = -37°$

总电流瞬时值表达式为

$$i(t) = 10\sqrt{2}\cos(10^6 t - 37°)\ \text{mA}$$

因为　　　　　　$\theta_z = \varphi_u - \varphi_i = 0 - (-37°) = 37°$

所以电压超前电流 37°，电路呈感性。

4.4.6.2　相量图分析法

在 RLC 混联电路中，采用相量图法进行分析的一般步骤如下：

① 先看清电路中各元件的串、并联关系和压流关系。

② 画相量图的原则是从局部电路着手，选好基准相量。若是先串后并，常以串联支路的电流为基准相量；若是先并后串，常以并联支路的电压为基准相量。

③ 根据各元件各自的压流相位关系，从局部到端口，把各电压、电流表示在相量图上，利用三角形关系进行计算。

【例 4.4.8】画出如图 4.4.26（a）所示电路的相量图，要求电路呈感性。

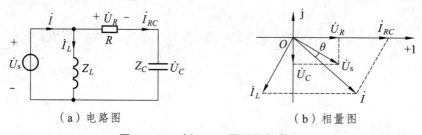

图 4.4.26　例 4.4.8 题图和相量图

【解】此电路有三个电压,即 $\dot{U}_s$,$\dot{U}_R$ 和 $\dot{U}_C$,而且有

$$\dot{U}_s = \dot{U}_L = \dot{U}_R + \dot{U}_C$$

有三个电流,即 $\dot{I}$,$\dot{I}_L$ 和 $\dot{I}_{RC}$,而且有

$$\dot{I} = \dot{I}_L + \dot{I}_{RC}$$

因电路的整体结构是先串后并,故以 $\dot{I}_{RC}$ 为基准相量,$\dot{U}_R$ 与 $\dot{I}_{RC}$ 同相,$\dot{U}_C$ 滞后 $\dot{I}_{RC}$ 90°。因没有具体数值,故画相量时长度可以任意,$\dot{U}_R$,$\dot{U}_C$ 的相量和为 $\dot{U}_s$,也就是电感两端的电压 $\dot{U}_L$。

根据 $\dot{I}_L$ 滞后电压 $\dot{U}_L$(即 $\dot{U}_s$)90°画出 $\dot{I}_L$,最后合成总电流 $\dot{I}$,如图 4.4.26(b)所示。

为满足题目要求,使电路呈感性,在画电流 $\dot{I}_L$ 时应注意长度,使总电流滞后总电压一个角度 θ。

4.5 谐振电路

4.5.1 谐振现象

我们知道:一个含有电容元件和电感元件的正弦交流电路,会发生电场能量与磁场能量的相互转换,电路中也有频率相同的电压和电流,这时的电流和电压是在正弦交流电源的作用下产生的,其频率由电源频率决定,这种电路称为强迫振荡电路。

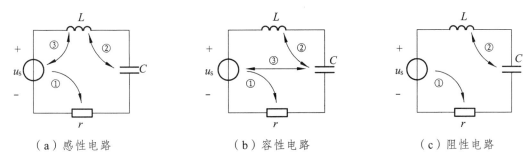

(a)感性电路　　　　　　(b)容性电路　　　　　　(c)阻性电路

图 4.5.1　强迫振荡电路中的能量关系

在强迫振荡电路中,电源频率一旦改变,电路中的容抗、感抗都会随之改变,电容元件和电感元件间的能量交换情况也会随之改变。

当电感元件储存的磁场能量大于电容元件储存的电场能量时,电感除与电容交换能量外,剩余的部分与电源交换,此时电路呈感性,如图 4.5.1(a)所示。

当电容元件储存的电场能量大于电感元件储存的磁场能量时,电容除与电感交换能量外,剩余的部分与电源交换,此时电路呈容性,如图 4.5.1(b)所示。

当电源的某一频率使得电感储存的磁场能量等于电容储存的电场能量时,电感与电容发生完全的能量交换,电源只补充电阻消耗的电能,此时电路呈阻性,如图 4.5.1(c)所示。

强迫振荡电路出现电阻性的状态,称为谐振状态。

因此，一个含有 L，C 元件的正弦电路，不论串联、并联或混联，只要电路的总电压与总电流同相，总电路呈阻性，则此电路就发生谐振。

谐振是在特定条件下出现在电路中的一种特定现象。在无线电通信工程中，人们广泛利用这种现象及相关特性来实现某些技术要求，但在电力系统中却往往尽量设法限制它的出现，以免造成设备损坏和人员伤害。因此，掌握谐振原理和特性，有利于我们对这一现象加以利用，或加以防范。

4.5.2 标准串联谐振电路

实际电感线圈、电容器与电压源串联组成的电路，称为串联谐振电路。由于电路是串联的，电路的损耗常用串联电阻来等效，其时域模型和相量模型如图 4.5.2 所示。

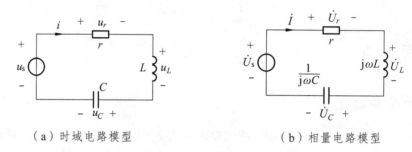

（a）时域电路模型　　　　　　　　（b）相量电路模型

图 4.5.2　串联谐振电路

设电压源电压 $u_s(t) = U_{sm}\cos\omega t$，则电路的总阻抗为

$$Z = r + j\left(\omega L - \frac{1}{\omega C}\right) \tag{4.5.1}$$

4.5.2.1 谐振条件

从谐振的定义可知，当电路呈阻性时，电路发生谐振，因此复阻抗的虚部应为零，即

$$\omega L - \frac{1}{\omega C} = 0 \quad 或 \quad \omega L = \frac{1}{\omega C} \tag{4.5.2}$$

此时

$$\omega = \frac{1}{\sqrt{LC}} \xlongequal{\text{def}} \omega_0 \quad 或 \quad f = \frac{1}{2\pi\sqrt{LC}} = f_0 \tag{4.5.3}$$

式（4.5.2）和式（4.5.3）说明，在 r，L，C 串联电路中，当容抗与感抗相等时，电路发生谐振。此时，电源角频率就等于电路的固有角频率。

在 ω，L，C 这三个参数中，改变其中一个，就可以改变电路的谐振状态。这种改变 ω，L 或 C，使电路出现谐振的过程，称为调谐。通信设备中，经常利用调谐原理来选择信号。一般收音机的输入电路，就是电台频率与输入电路的电感量 L 固定不变，改变电容量 C 以改变电路的固有频率使电路达到谐振状态，此电路中的电容器也称为"调谐电容"。

4.5.2.2 谐振特性

我们研究谐振时的电路特性，主要从阻抗、电流、电压和功率几方面进行讨论。

1. 总阻抗

一般情况下，电路的总阻抗

$$Z = r + j\left(\omega L - \frac{1}{\omega C}\right)$$

电路达到谐振时，复阻抗的虚部为零，$X_{L0} = X_{C0}$，谐振时的阻抗用 Z_0 表示，故

$$Z_0 = z_{0\min} = r \tag{4.5.4}$$

式（4.5.4）说明，出现串联谐振时，电容元件和电感元件的总阻抗为零，L，C 串联部分对外电路而言可视为短路，与不谐振时相比，总阻抗最小，且电路呈阻性。

2. 电路中的电流

电路发生谐振时，总阻抗最小，则电路中电流一定最大；电路呈阻性，则电路中的电流一定与电源电压同相。谐振时的电流用 $\dot{I}_0$ 表示，则

$$\dot{I}_0 = \frac{\dot{U}_s}{Z_0} = \frac{\dot{U}_s}{r} \tag{4.5.5}$$

3. 各元件的电压

串联谐振电路在谐振时的相量图如图 4.5.3 所示。

谐振时，因总阻抗 $Z_0 = r$，L 和 C 串联部分视为短路，故电源电压全部加在电阻元件上，使电阻电压达到最大，即

$$\dot{U}_{r0} = r\dot{I}_0 = \dot{U}_s \tag{4.5.6}$$

又因 $X_{L0} = X_{C0}$，电路中电流相同，为 $\dot{I}_0$，故电容电压与电感电压大小相等，相位相差 180°即

$$\dot{U}_{L0} = j\omega_0 L \dot{I}_0 = j\rho \dot{I}_0$$

$$\dot{U}_{C0} = \frac{1}{j\omega_0 C} \dot{I}_0 = -j\rho \dot{I}_0$$

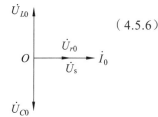

图 4.5.3　串联谐振电路相量图

如只考虑有效值关系，则有

$$U_{L0} = U_{C0} = \rho I_0 = \rho \times \frac{U_s}{R} = Q_0 U_s \tag{4.5.7}$$

式中，$\rho = \omega_0 L = \frac{1}{\omega_0 C} = \sqrt{\frac{L}{C}}$，称为串联谐振电路的波阻抗；$Q_0 = \frac{\rho}{r}$ 为串联谐振电路的品质因数。（注意：品质因数与无功功率的符号相同，注意区分，不要混淆。）

式（4.5.7）说明：当 r，L，C 电路发生串联谐振时，电容元件和电感元件两端电压的有效值相等，都等于电源电压有效值的 Q_0 倍。这是一个非常重要的特性，由于通信设备中应用

的高频电路一般品质因数都比较高,有时电容和电感两端的电压可以是电源电压的几十倍,因此串联谐振也叫作电压谐振。

通信系统中,谐振电路中的电源一般不作为提供电能的器件,而是作为需要传输或处理的信号源。由于传输的信号比较微弱,利用串联谐振电路的电压谐振特性,就可以使需要选择的信号获得较高的电压,并起到选频的作用,因此应用十分广泛。但在电力传输系统中,线圈两端的电压本来就比较高,若出现谐振,电压会更高,常会使线圈的绝缘层被击穿而造成事故,因此常常要避免谐振现象的发生。

4. 功率

因谐振时,电路呈电阻性,$\cos\varphi=1$,总的无功功率为零(因电容的无功功率与电感的无功功率相等),故电路消耗的功率与总功率相等,就是损耗电阻上的功率,即

$$P = S = U_s I_0 = I_0^2 r \tag{4.5.8}$$

串联谐振电路常用于收音机的调谐回路,如图 4.5.4 所示。收音机天线接收到空间各个电台的电磁波,通过耦合电感在 L_2C 串联电路中感应出多个频率的信号电压 u_1,u_2,u_3……

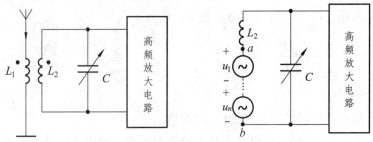

图 4.5.4 收音机的调谐原理示意图

当调节可变电容器使该电路固有频率与某一电台信号频率(如 u_1 的频率 f_1)一致时,电路对频率 f_1 的电台信号谐振,电容器两端获得 Q 倍的电压。Qu_1 送至后面的高频放大器,其他频率的信号由于不满足谐振条件而被调谐回路抑制掉。若重新调整可变电容 C 的电容量,又可与另外的电台信号发生谐振而选出该电台。即收音机的调谐回路可以通过不断改变电容器 C 的电容量,先后选出我们需要的电台信号。

4.5.3 标准并联谐振电路

与串联谐振电路对偶的并联谐振电路如图 4.5.5 所示。图中 L,C 并联,电路的损耗用并联电阻 R 等效,信号源为理想电流源。

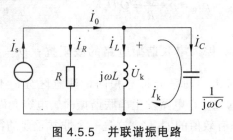

图 4.5.5 并联谐振电路

设电流源电流 $i_s(t) = I_{sm}\cos \omega t$，则电路的总导纳为

$$Y = \frac{1}{R} + j\left(\omega C - \frac{1}{\omega L}\right) = G + jB$$

4.5.3.1 谐振条件

当电路呈阻性时，电路发生谐振，因此导纳的虚部应为零，即

$$\omega C - \frac{1}{\omega L} = 0 \quad \text{或} \quad \omega C = \frac{1}{\omega L} \quad (4.5.9)$$

此时

$$\omega = \frac{1}{\sqrt{LC}} = \omega_0 \quad \text{或} \quad f = \frac{1}{2\pi\sqrt{LC}} = f_0 \quad (4.5.10)$$

以上两式说明，并联谐振电路的谐振条件和串联谐振电路相同，只要电路中容抗与感抗相等，电路就发生谐振。此时，电源角频率就等于电路的固有角频率。

并联谐振电路的调谐方法和串联谐振电路相同，在 ω，L，C 这三个参数中，改变其中一个，就可以改变电路的谐振状态，因此并联谐振电路也可用来选择信号的频率。

4.5.3.2 谐振特性

1. 总导纳

和串联电路对偶，并联谐振电路达到谐振时，复导纳的虚部为零，$B_{L0} = B_{C0}$，谐振时的导纳用 Y_0 表示，故

$$Y_0 = y_0 = \frac{1}{R} = G \quad \text{或} \quad Z_0 = R \quad (4.5.11)$$

式（4.5.11）说明，出现并联谐振时，电容元件和电感元件的总导纳为零，总阻抗为无穷大，L，C 并联部分对外电路而言可视为开路；与不谐振时相比，总导纳最小，总阻抗最大，且电路呈阻性。

2. 电路中的电压

电路发生谐振时，总阻抗最大，而电路中总电流恒定，所以总电压一定最大；电路呈阻性，则电路总电压一定与电源电流同相。谐振时电路中的电压用 $\dot{U}_{k0}$ 表示，则

$$\dot{U}_{k0} = \dot{I}_s Z_0 = \dot{I}_s R \quad (4.5.12)$$

3. 各元件的电流

并联谐振电路在谐振时的相量图如图 4.5.6 所示。

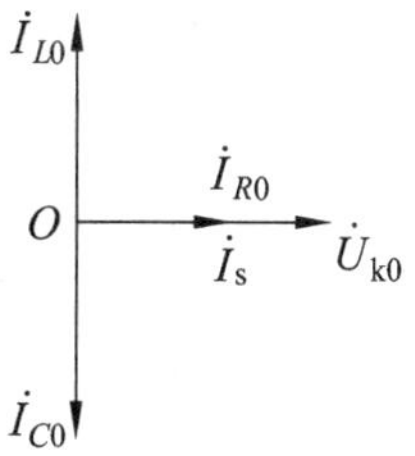

谐振时，因总阻抗 $Z_0 = R$，L 和 C 并联部分视为开路，故电源电流全部流过电阻元件，使电阻上的电流达到最大，即

$$\dot{I}_{R0} = \frac{\dot{U}_{k0}}{R} = \dot{I}_s \quad (4.5.13)$$

又因 $B_{L0} = B_{C0}$，电路中电压相同，为 $\dot{U}_{k0}$，故电容电流与

图 4.5.6 并联谐振电路相量图

电感电流大小相等，相位相差 180°，即

$$\dot{I}_{L0} = \frac{\dot{U}_{k0}}{j\omega_0 L} = -j\frac{\dot{U}_{k0}}{\rho}$$

$$\dot{I}_{C0} = \frac{\dot{U}_{k0}}{\frac{1}{j\omega_0 C}} = j\frac{\dot{U}_{k0}}{\rho}$$

如只考虑有效值关系，则有

$$I_{L0} = I_{C0} = \frac{U_{k0}}{\rho} = \frac{I_s R}{\rho} = Q_0 I_s \qquad (4.5.14)$$

式中，Q_0 为并联谐振电路的品质因数，$Q_0 = \frac{R}{\rho}$。

式（4.5.14）说明：当 R，L，C 电路发生并联谐振时，电容元件和电感元件上的电流有效值相等，都等于电源电流有效值的 Q_0 倍，因此并联谐振也叫作电流谐振。

在如图 4.5.5 所示的并联谐振电路中，谐振时，电容支路与电感支路的电流大小相等，相位相反，两电流的相量和 $\dot{I}_0$ 等于零，但在 LC 回路内形成一个较大的环流，因此常称 LC 并联的回路为槽路，I_L 和 I_C 也称为槽路电流 I_k，槽路两端的电压 U_k 也称为槽路电压。

4. 功　率

因谐振时电路呈阻性，所以与串联谐振电路相同，并联谐振电路消耗的功率与总功率相等，也是损耗电阻上的功率，即

$$P = S = U_{k0} I_s = I_s^2 R = \frac{U_{k0}^2}{R} \qquad (4.5.15)$$

4.5.3.3　实际并联谐振电路

实际的并联谐振电路是将一个电容器和一个电感线圈并联，接在一个信号电流源上，电容器和电感线圈都有损耗，而电容器的损耗和电感线圈相比小很多，可以忽略不计，电感线圈的损耗一般用串联电阻 r 表示，因此就构成如图 4.5.7 所示的实际并联谐振电路。

分析此电路的方法，仍是根据阻抗的概念，将与电感 L 串联的损耗电阻 r 等效成并联电阻 R，这样就成为如图 4.4.5 所示的标准并联谐振电路了。

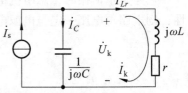

图 4.5.7　实际并联谐振电路

通过数学推导可知：在高 Q 条件下，r 与 L 串联的结构转化成 R 与 L 并联的结构后，电感量 L 不变，因此电路的固有频率不变，谐振条件也不变。实际中应用的谐振电路大多满足高 Q 条件，而谐振电路的 Q 值又近似等于电感线圈的 Q_L 值，因此，rL 串联结构与 RL 并联结构的 Q 值也不会改变。而且并联电阻 R 与串联电阻 r 的转换关系为

$$Q_0 = Q_L = \frac{R}{\rho} = \frac{\rho}{r}, \quad 即\ R = \frac{\rho^2}{r} \qquad (4.5.16)$$

这就是我们分析实际并联谐振电路的切入点。

【例 4.5.1】在图 4.5.7 所示的电路中，已知信号源电流 $i_s(t) = 10\sqrt{2}\cos 10^7 t$ μA，电感量 $L = 100$ μH，电感线圈品质因数 $Q_L = 100$。

① 电容量 C 为多大时电路发生谐振？

② 求谐振时槽路的总阻抗、槽路电流、槽路两端电压以及槽路消耗的功率。

③ 如元件参数不变，信号电流源大小不变但频率升高时，电路性质如何？槽路阻抗和槽路电压如何改变？如要对此频率升高的信号谐振，应如何调节电容量 C？

【解】首先将图 4.5.7 所示实际并谐电路转化成图 4.5.5 所示的标准并谐电路。

由于电路满足高 Q 条件（$Q = 100$），转换前后电感量 L 不变，又因电路 Q 值不变，故

$$Q_0 = Q_L = \frac{R}{\rho} = \frac{\rho}{r} = 100$$

而波阻抗 $\rho = \omega_0 L = 10^7 \times 100 \times 10^{-6} = 1$ kΩ

所以 $R = Q_0 \rho = 100 \times 10^3 = 100$ kΩ

① 根据式（4.5.10）可得

$$C = \frac{1}{\omega_0^2 L} = \frac{1}{(10^7)^2 \times 100 \times 10^{-6}} = 100 \text{ pF}$$

② 谐振时槽路总阻抗

$$Z_0 = R = 100 \text{ kΩ}$$

槽路电流

$$I_{k0} = I_{L0} = I_{C0} = Q_0 I_s = 100 \times 10 \text{ μA} = 1 \text{ mA}$$

槽路电压

$$U_{k0} = Z_0 I_s = 100 \text{ kΩ} \times 10 \text{ μA} = 1 \text{ V}$$

槽路消耗的功率

$$P = I_s^2 R = \frac{U_{k0}^2}{R} = 10 \text{ μW}$$

可见，并联电路谐振时，可在电容电感上得到一个比电源电流大很多的输出电流值。

③ 原来电路已谐振，电路呈阻性，现频率升高（或降低），电路偏离谐振状态，称为失谐。因 $\omega > \omega_0$，$B_C > B_L$，所以电路呈容性。又因槽路阻抗和槽路电压在谐振时皆为最大，因此失谐后，槽路阻抗会减小，槽路电压也会减小。如要求对此频率升高的信号谐振，则应提高电路的固有频率，使之与信号源频率相同，根据式（4.5.10）可知，应减小电容量 C。

4.5.4 谐振电路的频率特性

我们把电路中的阻抗、导纳、电压、电流等参数随频率变化的特性，称为电路的频率特性。

4.5.4.1 串联谐振电路的频率特性

1. 电抗的频率特性

在图 4.5.2 所示的 RLC 串联电路中，电路的总阻抗为

$$Z = R + j\left(\omega L - \frac{1}{\omega C}\right) = R + j(X_L - X_C) = R + jX \tag{4.5.17}$$

① 当信号源频率 ω 正好等于电路的固有频率 ω_0，即 $\omega = 1/\sqrt{LC} = \omega_0$ 时，$X_L = X_C$，总电抗 $X = 0$，此时电路处于谐振状态。

② 当信号源频率 ω 高于电路固有频率 ω_0 时，电路就偏离了谐振状态，此时 $X_L > X_C$，总电抗 $X > 0$，电路呈感性。并且频偏越大，总电抗 X 的值就越大。

③ 当信号源频率 ω 低于电路固有频率 ω_0 时，电路也偏离了谐振状态，此时 $X_L < X_C$，总电抗 $X < 0$，电路呈容性。并且频偏越大，总电抗 X 的绝对值就越大。

串谐电路的电抗曲线如图 4.5.8 所示。

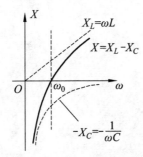 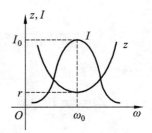

图 4.5.8　串谐电路的电抗曲线　　　图 4.5.9　串谐电路的阻抗模值及电流曲线

2. 阻抗模和电流的频率特性

串联电路的阻抗模值

$$z = \sqrt{R^2 + (X_L - X_C)^2} = \sqrt{R^2 + X^2} \tag{4.5.18}$$

电路中的电流

$$I = \frac{U_s}{z} = \frac{U_s}{\sqrt{R^2 + X^2}} \tag{4.5.19}$$

① 当信号源频率 $\omega = \omega_0$ 时，$X_L = X_C$，总电抗 $X = 0$，阻抗模值最小，$z = R$，此时电路谐振，电路中的电流达最大：$I_0 = \dfrac{U_s}{R}$。

② 当 $\omega > \omega_0$ 时，$X_L > X_C$，总电抗 $X \neq 0$，电路中电流减小，并且频偏越大，总电抗 X 的值越大，阻抗模值就越大，电路中的电流就越小。

③ 当 $\omega < \omega_0$ 时，$X_L < X_C$，总电抗 $X \neq 0$，电路中电流也会减小，并且频偏越大，总电抗 X 的绝对值越大，阻抗模值也越大，电路中的电流也就越小。

$\omega > \omega_0$ 和 $\omega < \omega_0$ 时，阻抗模值及电流随频率变化的规律相同，其变化曲线如图 4.5.9 所示。

4.5.4.2 并联谐振电路的频率特性

1. 电纳的频率特性

在图 4.5.5 所示的 RLC 并联电路中，电路的总导纳为

$$Y = \frac{1}{R} + j\left(\omega C - \frac{1}{\omega L}\right) = G + j(B_C - B_L) = G + jB \quad (4.5.20)$$

① 当信号源频率 ω 等于电路的固有频率 ω_0 时，$B_L = B_C$，总电纳 $B = 0$，此时电路处于谐振状态。

② 当信号源频率 $\omega > \omega_0$ 时，电路失谐，此时 $B_C > B_L$，总电纳 $B > 0$，电路呈容性。并且频偏越大，总电纳 B 的值就越大。

③ 当信号源频率 $\omega < \omega_0$ 时，电路也处于失谐振状态，此时 $B_C < B_L$，总电纳 $B < 0$，电路呈感性。同样频偏越大，总电纳 B 的绝对值就越大。

并谐电路的电纳曲线如图 4.5.10 所示，它与串谐电路的电抗曲线完全对偶。

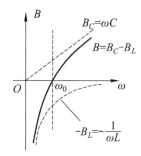

图 4.5.10 并谐电路的电纳曲线

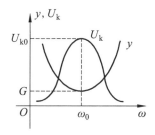

图 4.5.11 并谐电路的导纳模值及电压曲线

2. 导纳模和电压的频率特性

与 RLC 串联电路对偶，RLC 并联电路的导纳模值

$$y = \sqrt{G^2 + (B_C - B_L)^2} = \sqrt{G^2 + B^2} \quad (4.5.21)$$

槽路电压

$$U_k = \frac{I_s}{y} = \frac{I_s}{\sqrt{G^2 + B^2}} \quad (4.5.22)$$

① 当信号源频率 $\omega = \omega_0$ 时，$B_L = B_C$，总电纳 $B = 0$，导纳模值最小，$y = G$，此时电路谐振，槽路电压达最大：$U_{k0} = \frac{I_s}{G}$。

② 当 $\omega > \omega_0$ 时，$B_C > B_L$，总电纳 $B \neq 0$，槽路电压减小，并且频偏越大，总电纳 B 的值越大，导纳模值就越大，槽路电压就越小。

③ 当 $\omega < \omega_0$ 时，$B_C < B_L$，总电纳 $B \neq 0$，槽路电压也会减小，并且频偏越大，总电纳 B 的绝对值越大，导纳模值也越大，槽路电压电也就越小。

$\omega > \omega_0$ 和 $\omega < \omega_0$ 时，导纳模值及槽路电压随频率变化的规律相同，其变化曲线如图 4.5.11 所示，它与串谐电路的阻抗模值曲线及电流曲线也是完全对偶的。

4.5.4.3 谐振曲线

从上面的分析可知：串联谐振时，其回路电流最大；并联谐振时，槽路电压最大。当信号源频率偏离谐振频率 f_0 时，其对应的电压或电流都会随之减小，而且是偏离越大，减小越多。图 4.5.12 和图 4.5.13 分别为串联谐振电路和并联谐振电路的谐振曲线示意图。

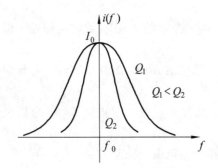
图 4.5.12　串联谐振曲线示意图

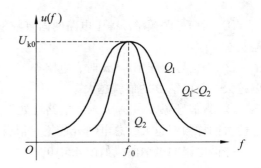
图 4.5.13　并联谐振曲线示意图

从图 4.5.12 和图 4.5.13 所示的谐振曲线可以看出：

① 当信号源频率 $f=f_0$ 时，电路处于谐振点，串联谐振电路中的 $I=I_0$，并联谐振电路中的 $U_k=U_{k0}$，都达到了最大值，这时电路可以使信号顺利通过。

② 只要信号频率偏离了谐振点，不论 $f>f_0$ 或 $f<f_0$，其值都会下降。也就是说，电路对偏离谐振点的信号都具有一定的抑制作用，并且对频偏越大的信号抑制作用越强。所以，谐振电路只能使频率为 f_0 及频率在 f_0 附近的有用信号顺利地通过，而把频率远离 f_0 的干扰信号有效地抑制掉了。这种选出需要的信号同时抑制其他信号的能力，称为谐振电路对信号频率的选择性。因此，谐振电路具有选频功能。谐振电路有时也称为选频网络。

理论推导和实验都可以证明：谐振电路选频能力的强弱与电路的品质因数 Q 有关，电路的 Q 值越高，谐振曲线就越尖锐，说明在频偏相同的情况下，Q 值越高的电路对失谐信号的抑制作用就越强，选择有用信号、抑制干扰信号的能力就越强，电路的选频能力也就越强。分别对图 4.5.12 和图 4.5.13 中的两条谐振曲线进行比较，Q_2 对应的曲线较尖锐，Q_1 对应的曲线较平坦，因此 $Q_1<Q_2$。

4.5.4.4 通频带 B_f

通信系统需要传输或处理的无线电信号（语音、数据、图片、图像等）并不是单一的正弦信号，而是由许多频率不同的正弦信号所组成的非正弦信号，因此无线电信号都占有一定的频率范围，即具有一个频带。如果谐振电路的选频能力过强，Q 值太高，曲线过于尖锐，使得信号在其频带宽度范围内不能全部顺利通过，则在传输或处理信号过程中就会出现失真现象。

常用谐振电路的通频带来表示谐振电路能否不失真地传输信号的特性。当谐振曲线中的值下降到谐振时的 $1/\sqrt{2}$ 时所对应的一段频率范围定义为通频带，用符号 B_f 或 $B_{0.707}$ 表示。

在图 4.5.14 所示谐振曲线中，谐振曲线的 $1/\sqrt{2}$ 对应两个频率点——下边沿频率点 f_1 和上边沿频率点 f_2，f_1 和 f_2 之间的频率范围就是通频带 B_f。即

$$B_f = B_{0.707} = f_2 - f_1$$

由数学推导可知：不论是串联谐振电路还是并联谐振电路，通频带的计算方式相同，它的大小与电路的谐振频率及品质因数有关，即

$$B_f = \frac{f_0}{Q_e} \qquad (4.5.23)$$

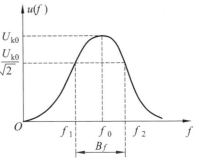

图 4.5.14 通频带示意图

式中，Q_e 是谐振回路的有载品质因数；B_f 的单位是频率的单位——赫兹。

从式（4.5.23）可以看出，谐振电路的通频带与品质因数成反比关系，Q 值越高的电路，选频能力越强，但通频带就越窄；要展宽电路的通频带，就需要降低电路的 Q 值，削弱选频能力，因此选频网络的通频带与选择性是一对矛盾。我们在设计和选用选频网络时，要根据不同需要，综合考虑这两方面的因素，不能只单一追求选频能力或通频带。实际中，为使谐振电路既有良好的选频特性，又有足够宽的通频带，常需提高电路的谐振频率，另外，采用耦合谐振电路可以较好地解决这一矛盾。

【例 4.5.2】 在图 4.5.15 所示的电路中，已知信号源电流 $I_s = 5\ \mu A$，电感量 $L = 100\ \mu H$，电容量 $C = 100\ pF$，槽路损耗电阻 $R = 100\ k\Omega$。

① 求电路的谐振频率、谐振时的槽路电流、槽路电压以及电路的通频带。

② 要使电路的通频带展宽为 32 kHz，应在槽路两端并联多大的电阻 R_1？

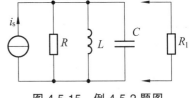

图 4.5.15 例 4.5.2 题图

【解】
① 谐振频率

$$f_0 = \frac{1}{2\pi\sqrt{LC}} = \frac{1}{2\pi\sqrt{100\times10^{-6}\times100\times10^{-12}}} \approx 1\,600\ \text{kHz}$$

波阻抗

$$\rho = \sqrt{\frac{L}{C}} = \sqrt{\frac{100\times10^{-6}}{100\times10^{-12}}} = 1\ \text{k}\Omega$$

空载品质因数

$$Q_0 = \frac{R}{\rho} = \frac{100}{1} = 100$$

槽路电流

$$I_{k0} = Q_0 I_s = 100 \times 5\ \mu A = 0.5\ \text{mA}$$

槽路电压

$$U_{k0} = I_s R = 5\ \mu A \times 100\ k\Omega = 0.5\ V$$

通频带

$$B_f = \frac{f_0}{Q_0} = \frac{1\,600}{100} = 16\ kHz$$

② 要使通频带展宽为 32 kHz，则要求电路的有载品质因数

$$Q_e = 0.5 Q_0 = 50$$

而

$$Q_e = \frac{R'}{\rho} = 50$$

那么

$$R' = Q_e \rho = 50 \times 1\ k\Omega = 50\ k\Omega = R//R_1$$

由此可计算出并联电阻

$$R_1 = 100\ k\Omega$$

可见，通频带展宽一倍，电路品质因数就要下降一半，有时为了展宽通频带，就得以降低品质因数、牺牲选择性为代价。

4.6 正弦交流电路的功率

我们讨论了电阻、电容、电感元件在正弦交流电源作用下的功率情况，结果表明：电阻元件是耗能元件，电容和电感是储能元件，它们与电源之间存在能量转换现象。本节讨论无源线性网络的功率情况。

4.6.1 瞬时功率 p

在图 4.6.1 所示电路中，设无源线性网络端口电压和电流分别为

$$u(t) = U_m \cos(\omega t + \varphi_u)\ V$$
$$i(t) = I_m \cos(\omega t + \varphi_i)\ A$$

且电压与电流参考方向关联，则瞬时功率

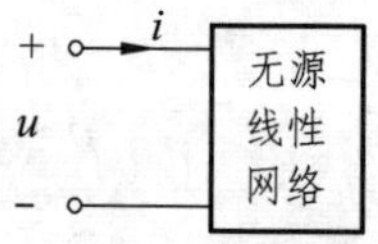

$$\begin{aligned}
p &= u(t)i(t) \\
&= U_m I_m \cos(\omega t + \varphi_u) \times \cos(\omega t + \varphi_i) \\
&= \frac{1}{2} U_m I_m [\cos(2\omega t + \varphi_u + \varphi_i) + \cos(\varphi_u - \varphi_i)] \\
&= UI\cos\theta_z + UI\cos(2\omega t + \varphi_u + \varphi_i)
\end{aligned} \quad (4.6.1)$$

图 4.6.1 无源线性网络的功率

式中，θ_z 是无源线性网络端口电压、电流的相位差，也是复阻抗的幅角。

电压 u、电流 i 和瞬时功率 p 随时间变化的曲线如图 4.6.2 所示。

从式（4.6.1）和图 4.6.2 可以看出：瞬时功率仍按正弦规律变化，它的变化频率是电压电流变化频率的两倍。瞬时功率为正，表示电源供给网络能量，瞬时功率为负，表示网络放出能量，因此网络与电源之间存在能量交换。

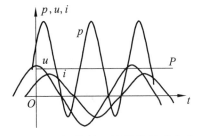

图 4.6.2 无源线性二端网络的功率曲线

4.6.2 平均功率 P

平均功率即为瞬时功率在一个周期内的平均值。式（4.6.1）中，后一项在一个周期内的平均值为零，因此平均功率为

$$P = UI\cos\theta_z \tag{4.6.2}$$

在 RLC 串联电路中，由图 4.4.17(a) 所示电压三角形可以看出，$U_R = U\cos\theta_z$，代入式（4.6.2）中得

$$P = UI\cos\theta_z = U_R I = I^2 R = \frac{U_R^2}{R} \tag{4.6.3}$$

在 RLC 并联电路中，由图 4.4.24(a) 所示电流三角形可以看出，$I_R = I\cos\theta_y$，代入式（4.6.2）中得

$$P = UI\cos\theta_z = UI\cos\theta_y = UI_R = I_R^2 R = \frac{U^2}{R} \tag{4.6.4}$$

式（4.6.3）和式（4.6.4）说明，无源线性网络的平均功率就是网络的等效电阻 R 消耗的功率，或者是网络内各电阻元件消耗功率之和，因此平均功率也称为有功功率。它的大小只与 UI 及 θ 角的大小有关，而与 θ 角的正负（及电路性质）无关。

4.6.3 无功功率 Q

电容元件和电感元件虽然不消耗功率，但它们与电源之间（或相互之间）时刻进行着能量交换。

RLC 串联电路的无功功率为

$$Q = I^2 X = I^2(X_L - X_C) = I^2 X_L - I^2 X_C = IU_L - IU_C$$
$$= I(U_L - U_C) = Q_L + Q_C$$

由图 4.4.17（a）所示电压三角形可知

$$U_L - U_C = U\sin\theta$$

则
$$Q = UI\sin\theta$$

RLC 并联电路的无功功率为

$$Q = Q_L + Q_C = UI_L - UI_C = U(I_L - I_C)$$

由图 4.4.23（a）所示电流三角形可知

$$I_L - I_C = I\sin\theta$$

则 $$Q = UI\sin\theta \quad (4.6.5)$$

结论：

① $Q_{总} = Q_L - Q_C$，即总的无功功率等于电感元件和电容元件的无功功率之差。它反映了二端网络内部与外部交换能量的最大速度。

② θ 为电压与电流的相位差。

③ 如果无功功率 $Q>0$，θ 为正值，表示电路呈感性；如果无功功率 $Q<0$，θ 为负值，表示电路呈容性；如果无功功率 $Q=0$，θ 为零值，表示电路呈阻性。

4.6.4 视在功率 S

无源线性二端网络的总功率称为视在功率，符号为 S。它是网络端口电压、电流有效值的乘积，即

$$S \stackrel{\text{def}}{=\!=} UI = \sqrt{P^2 + Q^2} \quad (4.6.6)$$

为与其他功率相区别，视在功率的单位为伏安，符号为 VA。

由于发电机、变压器等电器设备输出的有功功率取决于负载的情况，因此通常用视在功率表示其输出功率的最大值。设备的视在功率表示设备所能承受的最大功率，也称为电气设备的容量。

平均功率 P、无功功率 Q 和视在功率 S 三者的关系满足功率三角形，如图 4.6.3 所示，即

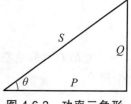

图 4.6.3 功率三角形

$$P = S\cos\theta, \quad Q = S\sin\theta, \quad S = \sqrt{P^2 + Q^2}, \quad \theta = \arctan\frac{Q}{P}（功率因数角）$$

【例 4.6.1】求例 4.4.5 所示电路的视在功率 S、有功功率 P 和无功功率 Q。

【解】已知 $\dot{U}_s = 220\underline{/-30°}$ V，$\dot{I} = 4.4\underline{/-83°}$ A，$\theta = \varphi_u - \varphi_i = 53°$

视在功率　　$S = UI = 220 \times 4.4 = 968$ VA

有功功率　　$P = UI\cos\theta = 968 \times \cos 53° = 581$ W

无功功率　　$Q = UI\sin\theta = 968 \times \sin 53° = 774$ var

4.6.5 功率因数 λ

在电工技术中，为了表示电气设备功率利用的程度，引入功率因数的概念。

功率因数的定义是：电气设备的有功功率 P 与视在功率 S 的比值，用符号 λ 表示，即

$$\lambda \stackrel{\text{def}}{=\!=} \frac{P}{S} = \cos\theta \quad (4.6.7)$$

注意：功率因数与波长的符号相同，注意区分，不要混淆。

因此，功率因数说明了有功功率占视在功率的百分比。$\cos\theta$ 的 θ 角称为功率因数角，在无源线性网络中这个角就是复阻抗的幅角，也是网络端口电压和电流的相位差。

功率因数的大小反映了电源视在功率的利用程度，为了充分利用电气设备的容量，就要尽量提高功率因数。

在工程中，通常并不把λ提高到1，而是提高到0.9左右，以防止该电路产生并联谐振现象。我国规定，高压供电的工厂，最大负荷时的功率因数λ不得低于0.9；其他工厂不得低于0.85。否则就必须采用人工补偿措施。

例如，一台容量为 75 000 kVA 的发电机，若负载的功率因数λ分别为1，0.9，0.8 和 0.7 时，则此发电机的有功功率 P 分别为 P_1 = 75 000 kW，$P_{0.9}$ = 75 000×0.9 = 67 500 kW，$P_{0.8}$ = 75 000×0.8 = 60 000 kW，$P_{0.7}$ = 75 000×0.7 = 52 500 kW，显然，功率因数λ越小，这时发电机的容量就越没能被充分利用。

此外，提高功率因数还能减少线路损耗，提高输电效率。

因为当负载有功功率 P 和电压 U 一定时，功率因数越大，输电线中的电流就越小，消耗在输电线上的功率也就越小，因此提高功率因数有很大的经济价值。

提高功率因数的主要思路是减小功率因数角，常用办法是在负载两端并联一个与负载性质相反的储能元件。例如荧光灯负载，由灯管和镇流器串联组成，呈感性，它本身需要的有功功率和负载的阻抗角是不能改变的。但如果在荧光灯负载两端并联一个电容器，则只要电容量选择适当，就可以大大减小功率因数角，从而提高功率因数。电路图及相量图如图 4.6.4 所示。这种提高功率因数的方法的实质，是增强网络内部电容、电感元件间的能量交换，减少负载与电源间能量的交换，使总的无功功率减少。

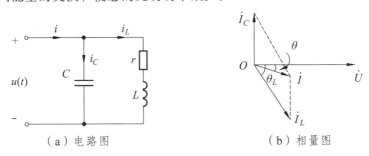

（a）电路图　　　　　（b）相量图

图 4.6.4　荧光灯电路提高功率因数的方法

4.6.6　最大有功功率传输定理

电子技术中，经常要遇到负载需获得最大功率的情况，比如扬声器的阻抗匹配、电视天线的阻抗匹配等。本节讨论正弦交流电路中负载如何获得最大功率的问题。

图 4.6.5（a）所示的实际传输网络，其中的发送网络为有源网络，可以等效为戴维南模型的相量形式，接收网络为无源网络，可以等效为一个复阻抗，如图 4.6.5（b）所示。其中，电压源内阻抗 $Z_0 = R_0 + jX_0$，负载阻抗 $Z_L = R_L + jX_L$。

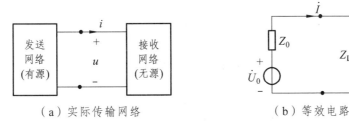

（a）实际传输网络　　　　　（b）等效电路

图 4.6.5　最大功率传输问题

电路中电流为

$$\dot{I} = \frac{\dot{U}_0}{R_0 + jX_0 + R_L + jX_L} \tag{4.6.8}$$

电流有效值为

$$I = \frac{U_0}{\sqrt{(R_0 + R_L)^2 + (X_0 + X_L)^2}} \tag{4.6.9}$$

负载消耗的有功功率为

$$P_L = I^2 R_L = \frac{U_0^2 R_L}{(R_0 + R_L)^2 + (X_0 + X_L)^2} \tag{4.6.10}$$

这时分两步讨论 P_L 的取值。

第一步：电抗 X 的取值。

若 X_L 与 X_0 满足 $X_L + X_0 = 0$，则电路呈阻性。这时电流 I 最大，功率 P_L 也最大，此时有

$$P_L = \frac{U_0^2 R_L}{(R_0 + R_L)^2} \tag{4.6.11}$$

第二步：电阻 R 的取值。

因式（4.6.11）与式（2.3.4）相同，所以只要满足 $R_L = R_0$，则负载获得的功率最大。因此，负载获得最大有功功率 P 的条件为

$$\begin{cases} X_L + X_0 = 0 \\ R_L = R_0 \end{cases}$$

以上的匹配条件称为共轭匹配。

负载获得的最大有功功率 P 的计算式与直流电路中式（2.3.6）相同，即

$$P_{Lmax} = \frac{U_0^2}{4R_0} \tag{4.6.12}$$

式（4.6.12）虽然与式（2.3.6）相同，但其中的参数含义不同。式（4.6.12）中的 U_0 是等效电压源模型中恒压源电压的有效值，R_0 是等效电压源模型中串联内阻抗的实部。

【例 4.6.2】图 4.6.6（a）所示正弦交流电路中，已知 $\dot{U}_s = 10\sqrt{2} \underline{/0°}$ V，问负载阻抗 Z_L 为多少时可获得最大功率，并求此最大功率值。

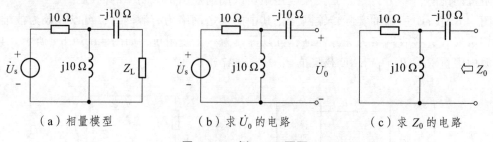

（a）相量模型　　　（b）求 $\dot{U}_0$ 的电路　　　（c）求 Z_0 的电路

图 4.6.6　例 4.6.3 题图

【解】与直流电路相同，分析负载获得最大功率时，要运用戴维南定理。

先求开路电压相量 $\dot{U}_0$，如图 4.6.6（b）所示，由分压公式可求得

$$\dot{U}_0 = \frac{\text{j}10}{10+\text{j}10}\dot{U}_s = \frac{\text{j}}{1+\text{j}} \times 10\sqrt{2}\underline{/0°} = 10\underline{/-45°}\text{ V}$$

再求等效电路的内视阻抗，如图 4.6.6（c）所示，可得

$$Z_0 = \frac{10 \times \text{j}10}{10+\text{j}10} - \text{j}10 = 5 - \text{j}5 \text{ }\Omega$$

根据共轭匹配的条件，当 $Z_L = 5 + \text{j}5 \text{ }\Omega$ 时，负载可获得最大功率，即

$$P_{\text{Lmax}} = \frac{U_0^2}{4R_0} = \frac{10^2}{4 \times 5} = 5 \text{ W}$$

4.7 耦合电感元件

4.7.1 互感现象

我们知道，当一个交变电流通过线圈时，就会在线圈周围产生一个交变的磁场，这个交变的磁场又会在线圈两端产生感应电压，这个电压也叫自感电压，利用这一原理制作出来的电路器件就是我们前面学习的电感元件。

在交流电路中，假定有两个相距很近，自感量分别为 L_1、L_2，匝数为 N_1、N_2 的线圈，如图 4.7.1 所示。如果在线圈 1 中通交变电流 i_1，则不仅在线圈 1 中产生交变磁通 Φ_{1-1}，而且 Φ_{1-1} 还会有一部分或全部交链到线圈 2 中，这部分磁通叫作互感磁通，设为 Φ_{1-2}。互感磁通 Φ_{1-2} 在线圈 2 两端又会产生感应电压。这种当一个线圈通过变化的电流 i，产生的磁通和另一个线圈相交链，在另一个线圈两端产生感应电压的现象，称为互感现象。产生的感应电压称为互感电压。

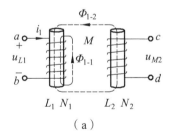
（a）

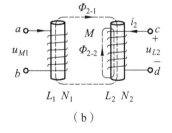
（b）

图 4.7.1 互感现象

同理，如果线圈 2 中通过变化的电流 i_2，产生的互感磁通 Φ_{2-1} 与线圈 1 相交链，也会在线圈 1 两端产生感应电压。因此互感现象是相互的。

存在互感现象的两个线圈称为互感线圈，也称为耦合电感元件。

注意：两个线圈的磁通（或磁链）采用字母 + 双数字下标即 $\Phi_{A-B}(\Psi_{A-B})$ 的方式来表示，其含义约定为：

第一个下标（A 位的数字）表示产生该磁通（或磁链）的施感电流所在的线圈编号；

第二个下标（B 位的数字）表示该磁通（或磁链）所在的线圈编号。

例如：Φ_{1-2} 中，1 表示施感电流线圈编号，2 表示磁通所在的线圈编号，Φ_{1-2} 表示线圈 1 作用于线圈 2 的磁通。

4.7.2　互感量

为表示耦合电感一个线圈通过电流时，在另一个线圈产生互感磁链的能力，引入互感量（或称互感系数）这个物理量。

互感量的定义是：在耦合电感中，互感磁链与产生此磁链的电流的比值。用符号 M 来表示，如：

① 互感磁链 ψ_{1-2} 与产生它的电流 i_1 的比值称为线圈 1 对线圈 2 的互感量 M_{1-2}。

$$M_{1-2} = \frac{\Psi_{1-2}}{i_1}, \quad \Psi_{1-2} = N_2 \Phi_{1-2}$$

② 互感磁链 ψ_{2-1} 与产生它的电流 i_2 的比值称为线圈 2 对线圈 1 的互感量 M_{2-1}。

$$M_{2-1} = \frac{\Psi_{2-1}}{i_2}, \quad \Psi_{2-1} = N_1 \Phi_{2-1}$$

③ 实验表明：一个互感线圈只有一个互感量 M，即 $M = M_{1-2} = M_{2-1}$。
④ 从定义式可以看出，互感量的单位和自感量相同，都是亨利（H）。

互感量是线圈的固有参数，通常只和两线圈的结构及相互位置有关。当耦合电感的媒质为空气时，互感量是常数；当媒质为铁磁材料时，互感量一般不是常数，而与通过它的电流有关。

耦合电感的互感量与两线圈自感量几何平均值的比值称为交链系数，用符号 k 表示，即

$$k = \frac{M}{\sqrt{L_1 L_2}} \tag{4.7.1}$$

交链系数的大小，表示两线圈耦合程度的松紧，它的值在 0～1 之间。$k=1$ 称为全交链或全耦合；$k<0.05$ 称为松耦合；其余情况称为紧耦合。

因此，互感量与两线圈的自感量以及线圈间交链系数的关系为

$$M = k\sqrt{L_1 L_2} \tag{4.7.2}$$

【例 4.7.1】　一互感耦合线圈，已知 $L_1 = 0.4$ H，$k = 0.5$，互感量 $M = 0.1$ H。

求：（1）L_2；（2）当其为全耦合时，互感量 M 为多少？

【解】根据式（4.7.2）可得

$$L_2 = \frac{M^2}{k^2 L_1} = \frac{0.1^2}{0.5^2 \times 0.4} = 0.1 \text{H}$$

当耦合线圈为全耦合时，耦合系数 $k = 1$

$$M = \sqrt{L_1 L_2} = \sqrt{0.4 \times 0.1} = 0.2 \text{H}$$

4.7.3 互感电压

图 4.7.2 所示为三种情况下的耦合电感,线圈 ab 和线圈 cd 绕在同一个导磁性能较高的铁芯上。在图 4.7.2 中,线圈 ab 上通一交变电流 i_1,根据右手螺旋定则,就会在铁芯内部产生一个"某一"方向的磁通,线圈 ab 两端会产生自感电压 u_{L1}。

如果 u_{L1} 与电流 i_1 参考方向关联,则有:

$$u_{L1} = L_1 \frac{di_1}{dt} \tag{4.7.3}$$

如果 u_{L1} 与电流 i_1 参考方向非关联,则在公式(4.7.3)前加一负号即可。

这就是我们前面学习的电感元件的压流关系。

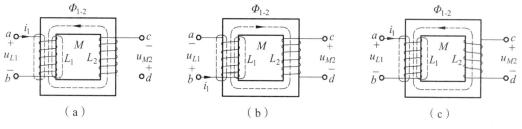

图 4.7.2 互感电压

在产生自感电压的同时,铁芯内的磁通又和线圈 cd 相交链,在线圈 cd 两端产生一个互感电压 u_{M2}。这个互感电压与磁通之间也遵循右手螺旋定则,因此 u_{M2} 的参考极性如图 4.7.2 中所示。根据电磁感应定律,有

$$u_{M2} = M \frac{di_1}{dt} \tag{4.7.4}$$

显然:① 耦合电感中的自感电压大小遵循式(4.7.3),值的正负取决于参考方向与产生自感的电流是否关联。② 其互感电压大小遵循式(4.7.4),参考方向与产生互感的电流以及线圈的相对绕向有关。③ 在已知施感电流的流向和线圈绕向的条件下,自感电压 u_L 和互感电压 u_M 的极性都可由右手螺旋定则判断确定。

但是,实际的耦合线圈往往都是密封的,从外观上无法直接判断线圈的实际绕向。另外,要在电路中画出每个线圈的绕向和相对位置也是不切实际的。为了解决这一问题,在电路中引入了"同名端"的概念。

4.7.4 同名端

所谓"同名端"是用来表示耦合电感线圈相对绕向的标记,常用点号"·"或星号"*"表示,如图 4.7.3 中所示。

① 从自感磁通(链)与互感磁通(链)的角度,"同名端"可表述为:当两线圈的电流 i_1、i_2 同时流入(或流出)这对端钮时,在各自线圈中的自感磁通(链)与互感磁通(链)的参考方向一致的端互为同名端。

② 从感应电压的角度,"同名端"可表述为:同一施感电流所产生的自感电压与互感电压的"同极性端"互为同名端。

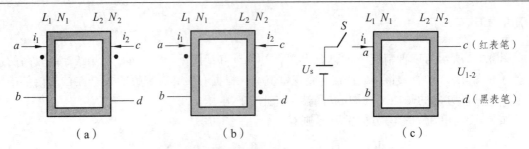

图 4.7.3 耦合电感线圈的同名端表示与实验判断

显然:图 4.7.3(a)中,a、c 互为同名端(b、d 也互为同名端),而 a、d(或 c、b)则为"异名端";图 4.7.3(b)中,a、d 互为同名端。

注意:同名端仅仅是表示线圈相对绕向的标记,与电流流向及磁通方向无关。

在实际使用中,常常通过实验的方法来确定同名端。

在图 4.7.3(c)中,直流电压表的接法如图所示,当开关 S 闭合时,电流 i_1 从线圈 1 的 a 端流入,而且 $\frac{di_1}{dt} > 0$。如果此时电压表指针正向偏转,则红表笔所接的端钮 c 即为线圈 2 的互感电压 $u_{1-2} = u_M = M\frac{di_1}{dt}$ 的正极性端,则两线圈中的同名端为 a-c 和 b-d。反之,如果此时电压表指针反向偏转,则黑表笔所接的端钮 d 即为线圈 2 的互感电压 u_{1-2} 的正极性端,故同名端为 a-d 和 b-c。

4.7.5 耦合电感的参数和模型

耦合电感和 R,L,C 元件不同,它有两个绕组,是一个四端元件。通常把接电源的一个绕组称为耦合电感的初级,而把接负载的一个绕组称为耦合电感的次级。表示耦合电感特性的参数是两线圈的自感量 L_1 及 L_2、互感量 M 和同名端。耦合电感的电路模型如图 4.7.4(a)所示,图中所标的电压、电流均为瞬时值,故称耦合电感的时域模型。

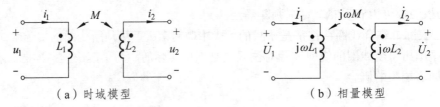

(a)时域模型 (b)相量模型

图 4.7.4 耦合电感电路模型

如果耦合电感的电压、电流都是同频率的正弦交流电,它还可用图 4.7.4(b)所示的相量模型来表示。图中的电压、电流均为相量,L_1,L_2 和 M 均用相应的复阻抗表示。

在相量模型中,自感电压

$$\dot{U}_{L1} = j\omega L_1 \dot{I}_1 \tag{4.7.5}$$

互感电压

$$\dot{U}_{M2} = j\omega M \dot{I}_1 \tag{4.7.6}$$

从图 4.7.2 可以看出，当电流 i_1、互感磁通 Φ_{1-2} 和互感电压的参考方向均符合右手螺旋定则时，电流从一个线圈的同名端位置流入，在另一线圈的同名端位置就为互感电压的正极性端，此时式（4.7.4）和式（4.7.6）成立。如果不符合上述规定，式（4.7.4）和式（4.7.6）前面要加一个负号。因此，在电路图中只要标清楚同名端，就可以根据电流和同名端的关系决定互感电压的极性，而不必画出线圈的具体绕向了。

4.7.6 耦合电感的压流关系

当耦合电感的初级和次级线圈都通有电流时，则每个线圈上都是既有自感电压，又有互感电压。由于耦合电感有两个线圈，就有两组电压、电流，因此它的压流关系需用方程组来描述。自感电压的极性由压流关联性决定，互感电压的极性则由电流和同名端的关系决定。

在图 4.7.4（a）所示时域电路中，有

$$\left. \begin{array}{l} u_1(t) = u_{L1}(t) + u_{M1}(t) = L_1 \dfrac{di_1}{dt} - M \dfrac{di_2}{dt} \\ u_2(t) = u_{L2}(t) + u_{M2}(t) = -L_2 \dfrac{di_2}{dt} + M \dfrac{di_1}{dt} \end{array} \right\} \quad (4.7.7)$$

在图 4.7.4（b）所示相量电路中，有

$$\left. \begin{array}{l} \dot{U}_1 = \dot{U}_{L1} + \dot{U}_{M1} = j\omega L_1 \dot{I}_1 - j\omega M \dot{I}_2 \\ \dot{U}_2 = \dot{U}_{L2} + \dot{U}_{M2} = -j\omega L_2 \dot{I}_2 + j\omega M \dot{I}_1 \end{array} \right\} \quad (4.7.8)$$

【例 4.7.2】列出图 4.7.5 所示耦合电感的压流关系方程。

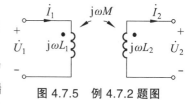

图 4.7.5 例 4.7.2 题图

【解】因两线圈都有电流流过，故 $\dot{U}_1$、$\dot{U}_2$ 中既包含了自感电压，又包含了互感电压。

$\dot{U}_1$ 中的自感电压 $\dot{U}_{L1}$ 与电流 $\dot{I}_1$ 关联，因此为"+"。$\dot{U}_1$ 中的互感电压 $\dot{U}_{M1}$ 要看电流 $\dot{I}_2$ 与同名端的关系，$\dot{I}_2$ 从次级同名端的位置流入线圈，在初级同名端的位置就为互感电压"+"极性端，与 $\dot{U}_1$ 一致，因此也为"+"。$\dot{U}_2$ 中的自感电压 $\dot{U}_{L2}$ 与电流 $\dot{I}_2$ 不关联，因此为"-"。$\dot{U}_2$ 中的互感电压 $\dot{U}_{M2}$ 要看电流 $\dot{I}_1$ 与同名端的关系，$\dot{I}_1$ 从初级同名端的位置流入线圈，在次级同名端的位置就为互感电压"+"极性端，与 $\dot{U}_2$ 相反，因此也为"-"。其完整的压流关系如下：

$$\begin{array}{l} \dot{U}_1 = \dot{U}_{L1} + \dot{U}_{M1} = j\omega L_1 \dot{I}_1 + j\omega M \dot{I}_2 \\ \dot{U}_2 = \dot{U}_{L2} + \dot{U}_{M2} = -j\omega L_2 \dot{I}_2 - j\omega M \dot{I}_1 \end{array}$$

在通信设备中，有些互感现象是需要避免的，例如，导线间、电感元件间由于不需要的磁交链引起的互感现象常使电路间出现干扰，因此在装配机器时，应尽量使这些导线和元件远离或垂直放置。

4.7.7 耦合电感的连接与等效

和电阻、电容、电感元件一样，耦合电感也可接成串联、并联和混联形式。

4.7.7.1 耦合电感的串联

由于耦合电感的电压与线圈绕向有关，因此耦合电感的串联分为顺向串联和反向串联两种情况。

顺向串联是把耦合电感的异名端相连接的串联方式，简称顺串，如图 4.7.6（a）所示。

顺串的等效与计算公式如图 4.7.6（b）和（c）所示。

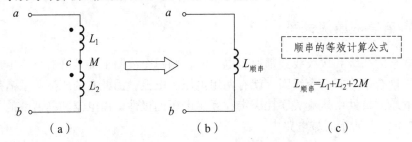

图 4.7.6　耦合电感的顺向串联与等效

反向串联是把耦合电感的同名端相连接的串联方式，简称反串，如图 4.7.7（a）所示。

反串的等效与计算公式如图 4.7.7（b）和（c）所示。

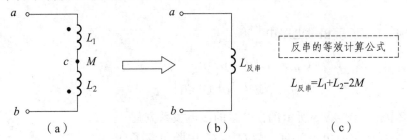

图 4.7.7　耦合电感的反向串联与等效

4.7.7.2 耦合电感的并联

耦合电感的并联也分为顺向并联和反向并联两种情况。

顺向并联是耦合电感同名端相连接的并联方式，简称顺并，如图 4.7.8（a）所示。

顺并的等效与计算公式如图 4.7.8（b）和（c）所示。

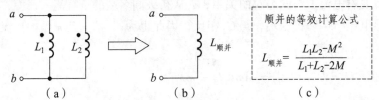

图 4.7.8　耦合电感的顺向并联

反向并联是耦合电感异名端相连接的并联方式，简称反并，如图 4.7.9（a）所示。

反并的等效与计算公式如图 4.7.9（b）和（c）所示。

【例 4.7.3】一个交链系数近似为 1 的耦合电感，两线圈的电感量均为 2 H。

① 求耦合电感的互感量；② 如两线圈反串，等效电感量为多少？③ 如两线圈并联，等效电感量为多少？

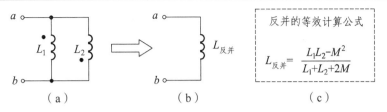

图 4.7.9 耦合电感的反向并联

【解】① 根据式（4.7.2）可得

$$M = k\sqrt{L_1 L_2} = 1 \times \sqrt{2 \times 2} = 2 \text{ H}$$

② 根据式（4.7.2）可得

$$L_{反串} = L_1 + L_2 - 2M = 0$$

③ 有两种并联形式，反并时，根据等效计算公式可得

$$L_{反并} = \frac{L_1 L_2 - M^2}{L_1 + L_2 + 2M} = 0$$

顺并时，不能直接用顺并等效公式计算，否则将会得到 $\dfrac{0}{0}$ 型，应先化简，得

$$L_{顺并} = \frac{L_1^2 - M^2}{2L_1 - 2M} = \frac{(L_1 + M)(L_1 - M)}{2(L_1 - M)} = \frac{L_1 + M}{2} = 2 \text{ H}$$

从此例可以看出，初、次级电感量接近相等，且耦合系数近似为 1 的耦合电感，反串或反并时，等效电感量都接近于零。在实际工作中，如果这样连接，就会引起很大的电流，导致烧坏线圈，造成设备和人员的损伤，因此要避免这种现象的发生。

4.8 理想变压器

在通信设备中常用到交链系数比较大的耦合电感，称为变压器。它的基本结构是将初、次级两个线圈绕在同一个铁芯上，铁芯的磁导率很高，使得两线圈接近全耦合状态。变压器是利用互感耦合来实现从一个电路向另一个电路传递能量或信号的一种器件，它的初级线圈接电源，次级线圈接负载，能量通过磁耦合由电源传递给负载。

4.8.1 理想变压器的定义与电路符号

图 4.8.1 是变压器的原理结构与磁场分布，图中 N_1，N_2 分别为初级与次级线圈的匝数。

定义 $n = \dfrac{N_1}{N_2}$，n 称为匝比，也称变比。

理想变压器是实际变压器的理想化模型，满足以下条件的耦合电感可认为是理想变压器：

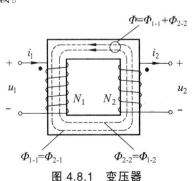

图 4.8.1 变压器

① 全耦合。即初级和次级绕组都没有漏磁通，耦合系数 $k = 1$。
② 无功耗。即变压器本身不消耗功率。
③ 初、次级线圈的电感均为无穷大。
即 $L_1 \to \infty$，$L_2 \to \infty$，此时 $M = \sqrt{L_1 L_2} \to \infty$。

一个实际变压器要完全达到上述条件是不可能的，但通过对变压器结构的改进，材料的合理使用及铁芯工作段的恰当选择，可以使实际变压器接近于理想状态。事实上，在电工技术中，许多场合都可以把实际变压器看作理想变压器来对待。理想变压器纯粹是一种变化信号的传输电能的元件，它与耦合电感存在本质上的不同。耦合电感是依据电磁感应原理工作的，是动态元件，需要三个参数 L_1，L_2 和 M 来描述；而理想变压器已没有了电磁感应的痕迹，是静态元件，只需要一个参数（匝比 n）来描述。理想变压器的时域及相量电路符号如图 4.8.2（a），（b）所示。

(a) 时域模型　　　　　　　　(b) 相量模型

图 4.8.2　理想变压器电路符号

4.8.2　理想变压器的特性

4.8.2.1　电压变换特性

对图 4.8.2（a）所示电压、电流的参考方向和标注的同名端，根据理想变压器的条件，可知初、次级电压分别为

$$u_1 = \frac{d\Psi_1}{dt} = N_1 \frac{d\Phi}{dt}, \quad u_2 = \frac{d\Psi_2}{dt} = N_2 \frac{d\Phi}{dt}$$

由于两线圈满足全耦合，初、次级的磁通相同，因此由以上两式可得

$$\frac{u_1}{u_2} = \frac{N_1}{N_2} = n \tag{4.8.1}$$

在如图 4.8.2（b）所示的相量模型中，有

$$\frac{\dot{U}_1}{\dot{U}_2} = \frac{N_1}{N_2} = n \tag{4.8.2}$$

由式（4.8.2）可知，理想变压器初、次级绕组的端电压与它们的匝数成正比。当 $N_1 > N_2$（即 $n > 1$）时，$U_1 > U_2$，为降压变压器；当 $N_1 < N_2$（即 $n < 1$）时，$U_1 < U_2$，为升压变压器；当 $N_1 = N_2$（即 $n = 1$）时，$U_1 = U_2$，为隔离变压器。

因为式（4.8.2）是相量关系，此式还说明理想变压器初、次级的电压同相。

式（4.8.1）和式（4.8.2）成立的前提是：u_1，u_2 的参考极性对同名端同极性。如果 u_1，

u_2 的参考极性对同名端异极性，则等式前应增加一个负号。

4.8.2.2 电流变换特性

由于理想变压器没有有功功率损耗，也无磁化所需的无功功率，所以初、次级绕组的视在功率相同，因此有

$$U_1 I_1 = U_2 I_2$$
$$\frac{I_1}{I_2} = \frac{U_2}{U_1} = \frac{N_2}{N_1} = \frac{1}{n} \tag{4.8.3}$$

同理，也可对应得到初、次级电流的瞬时值关系式和相量关系式为

$$\frac{i_1}{i_2} = \frac{\dot{I}_1}{\dot{I}_2} = \frac{I_1}{I_2} = \frac{U_2}{U_1} = \frac{N_2}{N_1} = \frac{1}{n} \tag{4.8.4}$$

式（4.8.4）说明：理想变压器初、次级绕组上的电流与它们的匝数成反比，初、次级的电流同相。

式（4.8.4）成立的前提是：i_1，i_2 的参考方向对同名端反向（即电流一进一出）。如果 i_1，i_2 的参考方向对同名端同向（即电流同进或同出），则等式前也应增加一个负号。

特别地，当理想变压器次级电流 $\dot{I}_2$ 等于零时，由于初级线圈电感量为无穷大，因此初级电流 $\dot{I}_1$ 也为零；同理，当初级电流 $\dot{I}_1 = 0$ 时，次级电流 $\dot{I}_2 = 0$。

4.8.2.3 阻抗变换特性

理想变压器在正弦稳态电路中，还表现出有变换阻抗的特性。如图 4.8.3（a）所示，在理想变压器的次级接负载阻抗 Z_L，根据欧姆定律的相量形式，有

$$Z_L = \frac{\dot{U}_2}{\dot{I}_2}$$

从初级看过去的阻抗

$$Z_{ab} = \frac{\dot{U}_1}{\dot{I}_1} = \frac{n\dot{U}_2}{\frac{1}{n}\dot{I}_2} = n^2 Z_L = \left(\frac{N_1}{N_2}\right)^2 Z_L \tag{4.8.5}$$

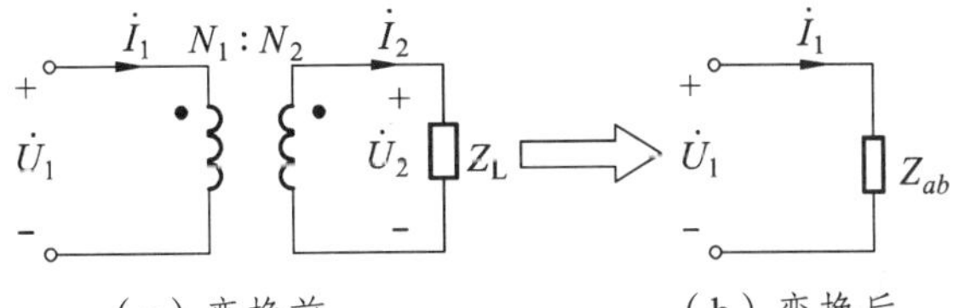

（a）变换前　　（b）变换后

图 4.8.3　理想变压器的阻抗变换

式（4.8.5）说明理想变压器具有变换阻抗的作用。如果理想变压器次级接有负载 Z_L，对于电源来说，可等效为一个 $\left(\frac{N_1}{N_2}\right)^2 Z_L$ 的阻抗 Z_{ab}。由于 n 为实数，因此 Z_{ab} 与 Z_L 的模值不同，

但阻抗角相同,即理想变压器的阻抗变换作用,只改变改变阻抗的大小,而不改变阻抗的性质。图 4.8.3(b)也称为理想变压器的初级等效电路。

式(4.8.5)可以灵活运用,不论把阻抗从初级变换到次级,还是从次级变换到初级,变换后的阻抗都为原阻抗乘以匝数比的平方,匝数比的分子一定是变换后的匝数。

综上所述,理想变压器唯一的参数就是匝数比 n,它只是一种按照式(4.8.2)、式(4.8.4)、式(4.8.5)变换电压、电流和阻抗的元件,不再有电阻、电容、电感等元件的性质,这正是我们希望的一个实际变压器所具有的特性。

4.8.3 含理想变压器电路的分析

利用变换阻抗的特性可以简化含理想变压器电路的分析。在电子技术中,也常用这一原理进行阻抗变换来达到阻抗匹配,以使负载获得最大功率。

【例 4.8.1】在图 4.8.4(a)所示含理想变压器电路中,已知 $R_1 = 1\ \Omega$,$R_2 = 25\ \Omega$,电源电压 $\dot{U}_s = 10\underline{/0°}$ V,求电压 $\dot{U}_1$ 和电流 $\dot{I}_2$。

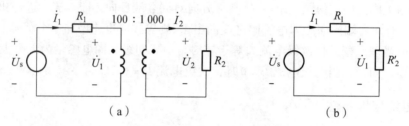

图 4.8.4 例 4.8.1 题图

【解】根据理想变压器阻抗变换特性,可将图 4.8.4(a)等效成图 4.8.4(b),其中

$$R_2' = \left(\frac{100}{1000}\right)^2 \times R_2 = \frac{1}{100} \times 25 = 0.25\ \Omega$$

在图 4.8.4(b)所示的初级等效电路中,可求出

$$\dot{I}_1 = \frac{\dot{U}_s}{R_1 + R_2'} = \frac{10\underline{/0°}}{1 + 0.25} = 8\underline{/0°}\ \text{A}$$

$$\dot{U}_1 = \dot{I}_1 R_2' = 8\underline{/0°} \times 0.25 = 2\underline{/0°}\ \text{V}$$

再根据理想变压器的电压变换特性和电流变换特性,可得

$$\dot{I}_2 = \frac{1}{10}\dot{I}_1 = 0.8\underline{/0°}\ \text{A}$$

$$\dot{U}_2 = \dot{I}_2 R_2 = 10\dot{U}_1 = 20\underline{/0°}\ \text{V}$$

此例还可将初级的电源及电阻等效到次级,得到次级等效电路后先计算次级电压、电流,再根据理想变压器特性折算到初级。读者可自行分析计算。

【例 4.8.2】电路如图 4.8.5(a)所示,已知各元件参数,R_s 为电源内阻。① 求负载 R_L 获得的功率;② 在不改变负载大小的情况下如何达到阻抗匹配,使负载获得最大功率?

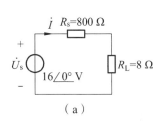 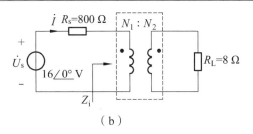

图 4.8.5　例 4.8.2 题图

【解】① 在图 4.8.5（a）中，电流

$$\dot{I} = \frac{\dot{U}_s}{R_s + R_L} = \frac{16\angle 0°}{800+8} \approx 0.02\angle 0°\text{ A}$$

此时，负载功率

$$P_L = I^2 R_L = 0.02^2 \times 8 = 3.2\text{ mW}$$

② 为使负载获得最大功率，可在电源与负载之间接入一个匝数比为 $N_1:N_2$ 的理想变压器，如图 4.8.5（b）所示，并使变压器的初级输入阻抗与电源内阻匹配（等于 800 Ω）。这样根据式（4.8.5）即可求出变压器的匝数比。

因输入阻抗

$$Z_i = \left(\frac{N_1}{N_2}\right)^2 \times Z_L = \left(\frac{N_1}{N_2}\right)^2 \times 8 = 800\text{ Ω}$$

故　　　　$N_1:N_2 = 10$

即在电源与负载间接入一个匝比 $n = 10$ 的理想变压器，就可以使输入阻抗正好等于电源内阻，达到匹配条件。此时的最大功率为

$$P_{L\max} = \frac{U_s^2}{4R_s} = \frac{16^2}{4 \times 800} = 0.08\text{ W} = 80\text{ mW}$$

可见，不匹配时，负载获得的功率很小，接入理想变压器实现阻抗匹配后，负载功率大大提高。由于理想变压器不消耗功率，因此初级输入阻抗吸收的功率就是负载获得的最大功率。

4.9　三相交流电路的基本知识

三相交流电是指三个频率相同、振幅相等、相位互差 120° 的正弦交流电源。用三相交流电源供电的电路，称为三相交流电路。与单相电路比较，三相正弦交流电路在发电、输电和用电等方面有以下显著优点：

① 在体积相同的情况下，三相发电机比单相发电机输出功率大。

② 在输电距离、输出电压、输送功率和线路损耗相同的条件下，三相输电比单相输电大约可节省 25% 的有色金属。

③ 单相电路的瞬时功率随时间交变，而三相对称电路的瞬时功率是恒定的，这样就使得三相电动机具有恒定转矩，与单相电动机有性能好、结构简单和便于维护等优点。

因此，世界各国的电力供电系统几乎都采用三相电路供电。

4.9.1 三相交流电的产生

三相交流电是由三相交流发电机产生的，在发电机中有三个相同的绕组（即线圈）。三个绕组的正极性端称为首端，分别用 A，B，C 表示（也可用 U，V，W 或 L_1，L_2，L_3 表示）；负极性端称为尾端，分别用 x，y，z 表示。Ax，By，Cz 三个绕组分别称为 A 相、B 相和 C 相绕组，它们满足频率相同、振幅相等、相位彼此相差 120°，这样的一组电源，称为对称三相电源。

按照 A，B，C 的顺序，以 A 相交流电压 u_A 作为参考正弦量，则 B 相电压 u_B 滞后 u_A 120°，C 相电压 u_C 滞后 u_B 120°或超前 u_A 120°。它们的函数式为

$$\left.\begin{array}{l}u_A(t) = U_m\cos\omega t \\ u_B(t) = U_m\cos(\omega t - 120°) \\ u_C(t) = U_m\cos(\omega t + 120°)\end{array}\right\} \tag{4.9.1}$$

它们对应的相量为

$$\dot{U}_A = U\underline{/0°}, \quad \dot{U}_B = U\underline{/-120°}, \quad \dot{U}_C = U\underline{/120°} \tag{4.9.2}$$

其波形图和相量图如图 4.9.1 所示。

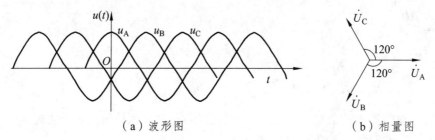

（a）波形图　　　　　　　　（b）相量图

图 4.9.1　三相交流电

从图 4.9.1 所示波形图和相量图可以看出：任何瞬间对称三相电源电压的代数和为零，即

$$u_A(t) + u_B(t) + u_C(t) = 0$$

用相量表示即为

$$\dot{U}_A + \dot{U}_B + \dot{U}_C = 0 \tag{4.9.3}$$

三相电源中，通常把各电压达到最大值的先后次序称为相序。图 4.9.1 所示的三相电压的相序为 A—B—C。一般在发电厂、变电所、配电室内的供电线和配电线上，用颜色来表示各相，我国通用的颜色是：黄色表示 A 相，绿色表示 B 相，红色表示 C 相。

4.9.2 三相电源的连接

三相电源的三相绕组一般有两种连接方式，一种是星形（Y 形），另一种是三角形（△形）。

4.9.2.1 星形连接

将三相电源的三个尾端（x，y，z）连接起来形成一个公共点 O，三个首端（A，B，C）

作为电源的输出端,这种连接方式称为星形连接。如图 4.9.2(a)所示。O 点称为三相电源的中点,O 点引出的导线称为中线或零线。在低压配电系统中,中线通常接地,所以也称为地线,一般用黑色。从三相电源的三个首端(A,B,C)引出的供电线称为端线、火线或者相线。

在星形连接中,各相电源或负载两端的电压,也就是相线到中线间的电压,称为相电压,如 $\dot{U}_A$,$\dot{U}_B$ 和 $\dot{U}_C$。按照相序,每两根相线间的电压称为线电压,如 $\dot{U}_{AB}$,$\dot{U}_{BC}$ 和 $\dot{U}_{CA}$。

由图 4.9.2(a)可以看出,相、线电压间的关系是

$$\dot{U}_{AB} = \dot{U}_A - \dot{U}_B, \quad \dot{U}_{BC} = \dot{U}_B - \dot{U}_C, \quad \dot{U}_{CA} = \dot{U}_C - \dot{U}_A$$

由上式及图 4.9.2(b)所示的相量图可以看出,各线电压也是对称的,它们的有效值是相电压有效值的 $\sqrt{3}$ 倍,每个线电压都超前相应的相电压 30°。

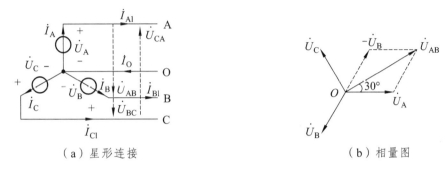

(a)星形连接 (b)相量图

图 4.9.2 三相电源的星形连接

在三相制中,我们把通过端线的电流称为线电流,如 $\dot{I}_{A1}$,$\dot{I}_{B1}$ 和 $\dot{I}_{C1}$,参考方向由电源指向负载。而通过各绕组或负载的电流称为相电流,如 $\dot{I}_A$,$\dot{I}_B$ 和 $\dot{I}_C$,参考方向由尾端指向首端。从图 4.9.2(a)中可以看出,星形连接时,相、线电流是同一个电流。

设中线上的电流为 $\dot{I}_O$,参考方向由负载指向电源,则对节点 O 运用 KCL,可得

$$\dot{I}_O = \dot{I}_A + \dot{I}_B + \dot{I}_C \tag{4.9.4}$$

即中线上的电流相量为各相电流的相量和。

在关于相、线电压或电流的表示中,我们可采用汉字"相"和"线"作下标,也可用小写字母"l"表示"线","p"表示"相",则在对称三相电源作星形连接时,相、线电压和相、线电流有效值间的关系为

$$\left.\begin{array}{l} U_{线(Y)} = \sqrt{3}U_{相} \\ I_{线(Y)} = I_{相} \end{array}\right\} \quad 或 \quad \left.\begin{array}{l} U_{l(Y)} = \sqrt{3}U_p \\ I_{l(Y)} = I_p \end{array}\right\} \tag{4.9.5}$$

实际中,低压配电线上的火线与地线间的电压为相电压 $U_{相} = U_p = 220$ V,而火线与火线间的电压为线电压 $U_{线}$ 或 U_l:

$$U_{线} = \sqrt{3}U_{相} = \sqrt{3} \times 220 = 380 \text{ V}$$

4.9.2.2 三角形连接

将三相电源的三个绕组按相序首尾相连接成三角形,并从 A,B,C 三端引出三根连接

线,这种连接方式称为三角形连接,如图 4.9.3(a)所示。从图中可以看出,三角形连接时只有三根火线,没有中线。

正常的三角形连接,由于各相电压对称,所以回路内的电压相量代数和为零,即

$$\dot{U}_A + \dot{U}_B + \dot{U}_C = 0 \tag{4.9.6}$$

图 4.9.3(b)所示的相量图也可说明这一特点。因此,三相交流电作三角形连接时,回路内不会有环电流。

如果三相电源不对称或连接有错误,则回路内电压的相量和不为零,将产生很大的环电流,从而损坏电源的绕组,造成事故,这是绝不允许的。

在三角形连接中,因两根相线间的电压就是各相电源的电压,所以

$$U_{\text{线}(\triangle)} = U_{\text{相}} \quad \text{或} \quad U_{l(\triangle)} = U_p \tag{4.9.7}$$

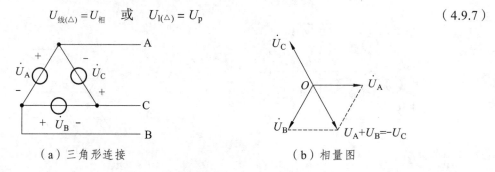

图 4.9.3 三相电源的三角形连接

4.9.3 三相负载的连接

三相电路中,负载一般也是三相的,即由三个负载阻抗组成,每一个负载称为三相负载的一相。如果三个负载阻抗相同,则称为对称负载,否则称为不对称负载。三相负载也有星形(Y形)和三角形(△形)两种连接方式,如图 4.9.4 所示。

由图 4.9.4(a)可知,对称三相负载连接成星形时,相、线电压的关系与三相电源作星形连接时相同。

由图 4.9.4(b)可知,对称三相负载连接成三角形时,每相电流不仅有效值相等,而且相位也是互差 120°。其相、线电流有以下关系:

$$I_{\text{线}(\triangle)} = \sqrt{3} I_{\text{相}} \quad \text{或} \quad I_{l(\triangle)} = \sqrt{3} I_p \tag{4.9.8}$$

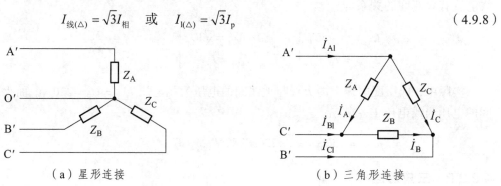

图 4.9.4 三相负载的连接方式

4.9.4 对称三相电路分析

由三相正弦交流电源供电的电路,称为三相交流电路。由于三相电源和三相负载均有星形和三角形两种连接方式,因此当三相电源和三相负载通过供电线连接构成三相电路时,可形成如图 4.9.5 所示的四种连接方式。

由于三相电源的频率都相等,因此,稳定工作的三相电路可按一般正弦交流电路的分析方法——相量法来进行分析。

对于如图 4.9.5(a)所示的 Y-Y 型连接电路而言,每相电源对每相负载单独供电,负载上得到的电压是每相电源的相电压,忽略线路损耗时,有

$$\dot{I}_{Al} = \dot{I}_{Ap} = \frac{\dot{U}_A}{Z}, \quad \dot{I}_{Bl} = \dot{I}_{Bp} = \frac{\dot{U}_B}{Z}, \quad \dot{I}_{Cl} = \dot{I}_{Cp} = \frac{\dot{U}_C}{Z} \quad (4.9.9)$$

由于电源对称,负载平衡,因而三相负载上的电流也是对称的,满足同频率、同振幅、相位互差 120°。

这时,中线上的电流为

$$\dot{I}_O = \dot{I}_A + \dot{I}_B + \dot{I}_C = 0 \quad (4.9.10)$$

对于如图 4.9.5(d)所示的 △-△ 型连接电路而言,也构成每相电源对每相负载单独供电,负载上得到的电压也是每相电源的相电压,忽略线路损耗时,有

$$\dot{I}_{Ap} = \frac{\dot{U}_A}{Z}, \quad \dot{I}_{Bp} = \frac{\dot{U}_B}{Z}, \quad \dot{I}_{Cp} = \frac{\dot{U}_C}{Z} \quad (4.9.11)$$

此时,线电流有效值与相电流有效值的关系为

$$I_{线} = \sqrt{3} I_{相} \quad 或 \quad I_l = \sqrt{3} I_p \quad (4.9.12)$$

在如图 4.9.5(b)所示的 Y-△ 型连接电路中,加在负载上的电压是电源的线电压,如电源相电压是 220 V,则负载上的电压就为 380 V。

同理,在如图 4.9.5(c)所示的 △-Y 型连接电路中,每两个负载上的电压相量和才是每相电源的相电压,根据对称性,如电源相电压是 220 V,则负载上的电压就为

$$U_Z = \frac{1}{\sqrt{3}} \times 220 = 127 \text{ V}$$

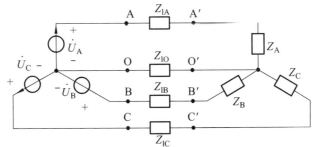

(a) Y-Y 型三相电路

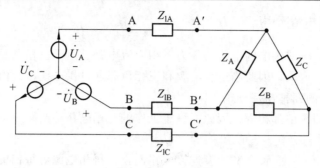

（b）Y-△型三相电路

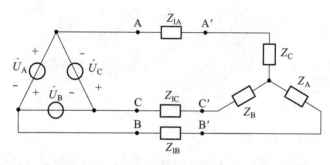

（c）△-Y型三相电路

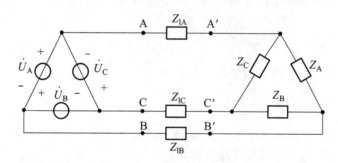

（d）△-△型三相电路

图 4.9.5 三相电路的四种连接方式

由此可知，三相电路采用不同的连接形式可以使负载得到不同大小的电压值。在实际应用中，我们可以根据不同的负载灵活选用不同的连接形式。

另外，通常一个电源对外供电需用两根导线，三个电源需用六根导线，但在如图 4.9.5 所示的三相电路中，只需三根或四根导线即可，因此采用三相制供电方式可节省大量架线器材，这是三相制的一大优点。

由前面的分析可知，对于图 4.9.5（a）所示的 Y-Y 型连接电路，在电源对称，负载平衡的条件下，中线上的电流为零，这时中线可以省去。在实际电路中，我们尽管可以比较均匀地分配负载，但不可能做到绝对平衡，因此，实际电路中的中线电流并不为零，也就不能省去。另外，中线的存在还可保证每相负载工作的独立性，在其中一相负载出现故障时，其余两相负载仍能不受影响，正常工作。这种供电系统也称为三相四线制系统，三相四线制中，开关和保险丝应接在火线上而不能接在中线上。

【例 4.9.1】有一部对称三相发电机,每相绕组的相电压为 220 V,当负载分别为 380 V 的三相电动机和 220 V 的三相电炉时,发电机绕组应如何连接?

【解】当负载为 380 V 的三相电动机时,要求负载端电压为 380 V,因为星形连接时, $U_1 = \sqrt{3}U_p = 380$ V,故发电机绕组应接成星形,负载应接成三角形。

当负载为 220 V 的三相电炉时,要求线电压为 220 V,由于三角形连接时 $U_1 = U_p = 220$ V,故应采用 Y-Y 型或者△-△型连接方式。

4.9.5 三相电路的功率

对称三相电路中,在忽略线路损耗的前提下,三相电源发出的平均功率,就是三相负载吸收的总平均功率,它等于每相负载上平均功率的三倍。总的瞬时功率也等于总的平均功率,即

$$P = P_A + P_B + P_C = 3U_p I_p \cos\theta = \sqrt{3}U_1 I_1 \cos\theta = p(t) \quad (4.9.13)$$

式中,θ 为每相电压与电流的相位差,也是每相负载的阻抗角。

由于三相电路中,线电压和线电流比较容易测量,且三相设备铭牌上标注的也是线电压和线电流,因此常用线电压和线电流来计算功率。三相发电机、三相电动机铭牌上标称的有功功率,都是指三相总的有功功率。

同样,三相电路总的无功功率也是各相无功功率之和,在对称三相电路中,有

$$Q = Q_A + Q_B + Q_C = 3U_p I_p \sin\theta = \sqrt{3}U_1 I_1 \sin\theta \quad (4.9.14)$$

在对称三相电路中,总的视在功率为

$$S = \sqrt{P^2 + Q^2} = 3U_p I_p = \sqrt{3}U_1 I_1 \quad (4.9.15)$$

三相变压器铭牌上标称的视在功率,都是指总的视在功率。

由式(4.9.13)可以看出,三相电源或负载总的瞬时功率是一个不随时间变化的恒定值,它等于总的有功功率。因此,对称三相电路具有能量均衡传递的性能,三相电机运转时就不会像单相电机那样剧烈振动,这也是三相交流电的优点之一。

本章小结

1. 正弦交流电

(1)定 义

随时间按正弦规律变化的电压或电流,称为正弦交流电。其三要素如表 4.1 所示。

表 4.1 正弦交流电三要素

三要素	物理量	定义	数量关系	单位
① 表示数值大小的要素	振幅	正弦交流电的最大数值	$I_m = \sqrt{2}I$，$U_m = \sqrt{2}U$	安培（A）伏特（V）
	有效值	在耗能效应方面与直流等效的交流电数值	$I = \dfrac{I_m}{\sqrt{2}}$，$U = \dfrac{U_m}{\sqrt{2}}$	
	平均值	一周期的平均数值	$I_{av} = 0$，$I_{av(全)} = 0.637 I_m$，$I_{av(半)} = 0.318 I_m$	
② 表示变化快慢的要素	周期	交流电变化一周需要的时间	$T = \dfrac{1}{f} = \dfrac{2\pi}{\omega}$	秒（s）
	频率	交流电每秒变化的周期数	$f = \dfrac{1}{T} = \dfrac{\omega}{2\pi}$	赫兹（Hz）
	角频率	交流电每秒经历的电角度	$\omega = 2\pi f = \dfrac{2\pi}{T}$	弧度/秒（rad/s）
③ 表示变化状态的要素	相位	正弦交流电的角度	$\omega t + \varphi$	弧度（rad）或度（°）
	初相	$t = 0$ 时的相位	φ	

（2）表示方法（见表 4.2）

表 4.2 正弦交流电的表示方法

时域表示法		频域表示法	
函数式	波形图	相量式	相量图
$u(t) = U_m\cos(\omega t + \varphi_u)$ $i(t) = I_m\cos(\omega t + \varphi_i)$	（波形图）	$\dot{U}_m = U_{mx} + jU_{my}$ $= U_m(\cos\varphi_u + j\sin\varphi_u)$ $= U_m e^{j\varphi_u}$ $= U_m \angle \varphi_u$	（相量图）
能表示正弦交流电的三个要素		只能表示正弦交流电的振幅、初相两个要素	

（3）同频正弦交流电的相位差

同频正弦交流电的初相之差即为它们的相位差，即

$$\theta = \varphi_1 - \varphi_2 \quad (-180° \leq \theta \leq +180°)$$

设 φ_1，φ_2 分别是两个同频正弦电流 i_1，i_2 的初相，则它们之间的相位关系如表 4.3 所示。

表 4.3 同频正弦交流电的相位关系

$\theta = \varphi_1 - \varphi_2 > 0$	$\theta = \varphi_1 - \varphi_2 < 0$	$\theta = \varphi_1 - \varphi_2 = 0$	$\theta = \varphi_1 - \varphi_2 = \pm 180°$	$\theta = \varphi_1 - \varphi_2 = \pm 90°$
i_1 超前 i_2	i_1 滞后 i_2	i_1，i_2 同相	i_1，i_2 反相	i_1，i_2 正交

2. 三种基本元件的正弦特性（见表 4.4）

表 4.4 R，L，C 元件的正弦特性

元件	（R 电路图）	（C 电路图）	（L 电路图）
电阻和电抗	R	容抗 $X_C = \dfrac{1}{\omega C} = \dfrac{1}{2\pi f C}$	感抗 $X_L = \omega L = 2\pi f L$
频率特性	（R-f 图，水平线）	（X_C-f 图，下降曲线）断直流 通交流 阻低频 通高频	（X_L-f 图，上升直线）通直流 阻交流 通低频 阻高频
压流有效值关系	$U = IR$	$U = IX_C$	$U = IX_L$
压流相位关系	u_R，i_R 同相	i_C 超前 u_C 90°	u_L 超前 i_L 90°
复阻抗	$Z_R = R$	$Z_C = \dfrac{1}{\mathrm{j}\omega C}$	$Z_L = \mathrm{j}\omega L$
压流相量关系	$\dot{U}_R = \dot{I}_R R$	$\dot{U}_C = \dfrac{1}{\mathrm{j}\omega C}\dot{I}_C$	$\dot{U}_L = \mathrm{j}\omega \dot{I}_L$
有功功率	$P = U_R I_R$ $= I_R^2 R = \dfrac{U_R^2}{R}$	0	0
无功功率	0	$Q_C = -U_C I_C = -I_C^2 X_C = -\dfrac{U_C^2}{X_C}$	$Q_L = U_L I_L = I_L^2 X_L = \dfrac{U_L^2}{X_L}$

3. 正弦交流电路分析

（1）分析依据

① KCL 的相量形式：对于正弦交流电路中的任一节点，有

$$\sum_{k=1}^{n} \dot{I}_k = 0$$

KVL 的相量形式：对于正弦交流电路中的任一回路，有

$$\sum_{k=1}^{n} \dot{U}_k = 0$$

② 欧姆定律的相量形式：$\dot{U} = Z\dot{I}$

复阻抗：

$$Z = \dfrac{\dot{U}}{\dot{I}} = \dfrac{U\underline{/\varphi_u}}{I\underline{/\varphi_i}} = \dfrac{U}{I}\underline{/\varphi_u - \varphi_i} = z\underline{/\theta_z} = R + \mathrm{j}X$$

复阻抗的模：$z = \dfrac{U}{I} = \dfrac{U_m}{I_m}$

复阻抗的幅角：$\theta_z = \varphi_u - \varphi_i$（$\theta_z < 0$，容性；$\theta_z = 0$，阻性；$\theta_z > 0$，感性）

复阻抗的实部 R——串联等效电阻。

复阻抗的虚部 X——串联等效电抗（$X < 0$，容性；$X = 0$，阻性；$X > 0$，感性）。

（2）分析方法

① 相量分析法：以相量表示正弦交流电，用复阻抗表示 R，L，C 元件，根据两类约束的相量形式，运用电路的相量模型进行相量分析计算的方法。

② 相量图分析法：根据两类约束的相量形式，画出电路的相量图，根据相量图上的几何关系计算电压或电流的模值、阻抗模值以及相关正弦量的相对相位关系。

4. 谐振电路

谐振电路的主要特性如表 4.5 所示。

表 4.5 谐振电路的主要特性

名称	特性参数		谐振条件	谐振频率 f_0	通频带 B_f
串联谐振	特性阻抗	$Z = R + j\left(\omega L - \dfrac{1}{\omega C}\right)$ $= R + j(X_L - X_C)$	$X = 0$ ($X_L = X_C$)	$f_0 = \dfrac{1}{2\pi\sqrt{LC}}$	$B_f = \dfrac{f_0}{Q_e}$
并联谐振	特性导纳	$Y = \dfrac{1}{R} + j\left(\omega C - \dfrac{1}{\omega L}\right)$ $= G + j(B_C - B_L)$	$B = 0$ ($B_C = B_L$)	$f_0 = \dfrac{1}{2\pi\sqrt{LC}}$	$B_f = \dfrac{f_0}{Q_e}$

5. 正弦交流电路的功率

（1）瞬时功率 p

$$p = u(t)i(t)$$

$p > 0$，网络中 R 耗能，L，C 储能。

$p < 0$，网络中 L，C 以往储存的能量转化为电能。

（2）平均功率 P（有功功率）

$$P = UI\cos\theta_z = U_R I = I^2 R = \dfrac{U_R^2}{R}$$

平均功率是网络中电阻元件消耗的功率，基本单位为 W（瓦）。

（3）无功功率 Q

$$Q = UI\sin\theta_z = Q_L + Q_C$$

无功功率是网络中 L，C 元件与外电路交换的功率，基本单位为 Var（乏）。（$Q < 0$，容性；$Q = 0$，阻性；$Q > 0$，感性。）

（4）视在功率 S

$$S = UI$$

视在功率表示网络（设备）对外做功的能力，基本单位为 VA（伏安）。

（5）功率因数 λ

$$\lambda = \frac{P}{S} = \cos\theta$$

功率因数表示电气设备对视在功率的利用程度。

（6）最大有功功率传输定理

当负载阻抗与电源内阻抗满足共轭匹配（$Z_L = \overset{*}{Z}_0$）时，负载可以获得最大有功功率：

$$P_{Lmax} = \frac{U_0^2}{4R_0}$$

6. 耦合电感

（1）互感现象：一个线圈通过的电流在另一个线圈上产生感应电压的现象。

（2）互感量：$M = k\sqrt{L_1 L_2}$（k 为耦合系数）。

（3）同名端：表示线圈相对绕向的标记。判定方法是：以同一磁通交链到两线圈，在线圈上产生感应电压的同极性端为同名端。

（4）电路模型（相量模型）：如图 4.1 所示。

（5）压流关系：

$$\begin{cases} \dot{U}_1 = j\omega L_1 \dot{I}_1 - j\omega M \dot{I}_2 \\ \dot{U}_2 = j\omega L_2 \dot{I}_2 + j\omega M \dot{I}_1 \end{cases}$$

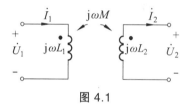

图 4.1

（6）耦合电感的连接与等效计算：如表 4.6 所示。

表 4.6 耦合电感的连接与等效

连接方式	等效计算	连接方式	等效计算
顺串	$L_{顺串} = L_1 + L_2 + 2M$	顺并	$L_{顺并} = \dfrac{L_1 L_2 - M^2}{L_1 + L_2 - 2M}$
反串	$L_{反串} = L_1 + L_2 - 2M$	反并	$L_{反并} = \dfrac{L_1 L_2 - M^2}{L_1 + L_2 + 2M}$

7. 理想变压器

理想变压器的主要特性如表 4.7 所示。

表 4.7 理想变压器的主要特性

变压特性	$\dfrac{u_1}{u_2} = \dfrac{N_1}{N_2} = n$，$\dfrac{\dot{U}_1}{\dot{U}_2} = \dfrac{N_1}{N_2} = n$
变流特性	$\dfrac{i_1}{i_2} = \dfrac{N_2}{N_1} = \dfrac{1}{n}$，$\dfrac{\dot{I}_1}{\dot{I}_2} = \dfrac{N_2}{N_1} = \dfrac{1}{n}$
变阻特性	$Z_L = \dfrac{\dot{U}_2}{\dot{I}_2}$，$Z_{ab} = \dfrac{\dot{U}_1}{\dot{I}_1} = \dfrac{n\dot{U}_2}{\dfrac{\dot{I}_2}{n}} = n^2 Z_L$

8. 三相交流电路

（1）三相交流电

频率相同、振幅相等、相位彼此相差120°的一组电源。

（2）三相交流电路

对称三相发电机绕组和三相负载分别有星形和三角形两种接法。

星形连接时：$U_{线(Y)} = \sqrt{3}U_{相}$，$I_{线(Y)} = I_{相}$，即 $U_l = \sqrt{3}U_p$，$I_l = I_p$

三角形连接时：$U_{线(\triangle)} = U_{相}$，$I_{线(\triangle)} = \sqrt{3}I_{相}$，即 $U_l = U_p$，$I_l = \sqrt{3}I_p$

三相交流电路有 Y-Y，Y-△，△-Y，△-△ 型四种连接方式，它们的电压、电流关系各不相同，可以根据不同需要采用不同的连接方式。

习 题 四

一、判断题

（   ）1. 正弦交流电是指随时间按正弦或余弦规律变化的电压、电流。
（   ）2. 正弦交流电的有效值是 220 V，则它的振幅值为 380 V。
（   ）3. 如果两同频正弦电压 u_1，u_2 的相位差为 180°，则说明 u_1 与 u_2 同相。
（   ）4. 正弦交流电用相量表示可反映振幅和初相两个要素。
（   ）5. 只要是正弦量就可以用相量进行加减运算。
（   ）6. 正弦交流电路中，压流关联时，电容电压超前电流 90°。
（   ）7. 在正弦交流电路中，电容和电感元件的压流关系与频率无关。
（   ）8. 感性电路是指电压超前电流 90° 的电路。
（   ）9. 在 rLC 串联电路中，如果电抗为零，则感抗和容抗必定为零。
（   ）10. 正弦交流电路中，电阻、电容、电感都要消耗电能。
（   ）11. 谐振电路的主要功能是选频。
（   ）12. 串联谐振电路中，串联电阻 r 越小，谐振时回路电流越小。
（   ）13. 在 rLC 串联电路中，如果容抗与感抗相等，电路即达到谐振状态。
（   ）14. 收音机调谐回路是利用 rLC 串联谐振原理实现选台的。
（   ）15. 单谐振电路的 Q 值越高，选频能力越强。
（   ）16. 耦合电感的同名端，由线圈绕向决定，与电流参考方向的选择无关。
（   ）17. 互感电压极性与自感电压极性总是相反的。
（   ）18. 耦合电感同名端相连时的串联称为顺向串联。
（   ）19. 理想变压器只能起到变换电压的作用。
（   ）20. 从充分利用设备的角度考虑，应尽量提高功率因数。

二、填空题

1. 正弦交流电的三要素是指_____，_____和_____。
2. 正弦交流电流的有效值是指在_____效应方面与直流电流等效的值，它是最大值的_____倍。
3. 某正弦交流电压 $u(t) = 5\sqrt{2}\cos(314t + 60°)$ V，则它的振幅为_____，角频率

为_____，频率为_____，有效值为_____，相位为_____，周期为_____，初相为_____。

4. 正弦交流电的表示方法有_____法、_____法和_____法。

5. 已知正弦电压、电流相量的极坐标式 $\dot{U} = 20\underline{/60°}$ V，$\dot{I} = 2\underline{/45°}$ A，则将其转换成代数式的形式分别是：_____，_____。

6. 已知正弦电压、电流 $\dot{U} = 6 - j8$ V，$\dot{I} = 3 + j4$ A，角频率为 ω，它们对应的瞬时值表示形式分别为：_____，_____。

7. 已知正弦交流电路中的电感元件 L 上电流和电压参考方向关联，则 u，i 间的关系式为_____，U，I 间的关系式为_____，$\dot{U}$，$\dot{I}$ 间的关系式为_____。

8. 某无源线性二端网络的复阻抗 $Z = 3 + j4$ Ω，则其复导纳 $Y =$ _____ S。

9. 某正弦稳态无源二端网络，其端口电压 $u(t) = 10\cos(10t + 45°)$ V，端口电流 $i(t) = 2\cos(10t + 35°)$ A（u，i 关联），则该网络呈_____性。

10. 电容元件具有_____直流，_____交流，_____低频，_____高频的特性。

11. 如果 RLC 串联电路呈感性，与其等效的 RLC 并联电路应该呈_____性。

12. 在 rLC 串联的正弦电路中，各元件上分得的电压与该元件的_____成正比。

13. 在 rLC 并联的正弦电路中，流过各元件上的电流与该元件的_____成正比。

14. RLC 串联的正弦交流电路呈阻性的条件是_____或_____。

15. 正弦交流电路的复阻抗不仅反映了电压与电流间的数量关系，也反映了电压、电流间的_____关系。

16. 电容元件和电感元件与外电路存在能量交换，用_____功率来衡量这种能量交换的程度。

17. 正弦交流电路中，负载获得最大功率的条件是_____。

18. RLC 电路的平均功率一定等于其中的_____元件上消耗的功率。

19. 在 RLC 并联谐振电路中，电阻 R 的值越大，电路的品质因数越_____。

20. 当 rLC 电路达到串联谐振时，电路总阻抗最_____，电流最_____。

21. 当 rLC 串联电路达到谐振时，LC 元件可看作_____。

22. 当 RLC 电路达到并联谐振时，电路总阻抗最_____，槽路电压最_____。

23. 并联谐振电路适合接内阻比较_____的电源和阻值比较_____的负载。

24. 谐振电路的品质因数越高，选频能力越强，它的通频带就越_____。

25. 串联谐振电路中，已知 $L = 100$ μH，$C = 100$ pF，$r = 5$ Ω，则它的固有角频率为_____，固有频率为_____，波阻抗为_____，品质因数为_____。

26. 互感现象是指_____。

27. 耦合电感的互感量与两线圈自感量之间的关系为_____。

28. 耦合电感的同名端是表示_____的标记。

29. 当耦合电感的初级和次级都有电流时，两线圈上的电压既包含_____，又包含_____。

30. 耦合电感的连接方式有_____、_____、_____、_____。

31. 用耦合电感实现理想变压器的条件为_____。

32. 如果理想变压器初级和次级的匝数之比为 $N_1 : N_2$，则初级和次级的电压之比 $U_1 : U_2$

为_____，初级和次级的电流之比 $I_1:I_2$ 为_____。

33. 理想变压器有变换阻抗的作用，它只改变阻抗的_____，而不改变阻抗的_____。

34. 对称三相正弦交流电源作星形连接时，相、线电压的关系是_____，相、线电流的关系是_____。

35. 对称三相正弦交流电源作三角形连接时，相、线电压的关系是_____，相、线电流的关系是_____。

三、单项选择题

1. 某正弦交流电压的有效值为 220V，频率为 50 Hz，初相为 45°，它的瞬时值表达式为(   )。
   A. $220\cos(100\pi t + 45°)$ V
   B. $220\cos(100\pi t - 45°)$ V
   C. $220\sqrt{2}\cos(50t + 45°)$ V
   D. $220\sqrt{2}\cos(100\pi t + 45°)$ V

2. 对于线性电阻元件而言，当正弦电压 u_R 与正弦电流 i_R 关联时，(   )。
   A. u_R 超前 i_R 90°
   B. i_R 超前 u_R 90°
   C. u_R 与 i_R 同相
   D. u_R 与 i_R 反相

3. 已知两正弦交流电流的波形图如习题 4.3.3 图所示，由此可判断它们的相位关系为(   )。
   A. i_1 超前 i_2 B. i_1 滞后 i_2 C. i_1 与 i_2 同相   D. i_1 与 i_2 反相

4. 电路如习题 4.3.4 图所示，图中 O 点是正弦交流电路中的一个节点，下列关系式正确的是(   )。
   A. $\dot{I}_1 - \dot{I}_2 + \dot{I}_3 = 0$
   B. $\dot{I}_{1m} + \dot{I}_{3m} = \dot{I}_2$
   C. $I_1 - I_2 + I_3 = 0$
   D. $I_{1m} - I_{2m} + I_{3m} = 0$

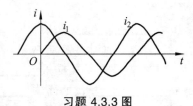

习题 4.3.3 图

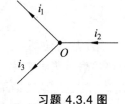

习题 4.3.4 图

5. 对于正弦交流电路中的电容元件而言，下面表示法中正确的是(   )。
   A. $u_C = i_C X_C$
   B. $U_C = I_C Z_C$
   C. $\dot{U}_C = j\omega C \dot{I}_C$
   D. $U_C = \dfrac{1}{\omega C} I_C$

6. 正弦稳态电路中的线性电感元件，当电压 u_L 与电流 i_L 关联时，(   )。
   A. u_L 超前 i_L $\dfrac{\pi}{2}$
   B. i_L 超前 u_L $\dfrac{\pi}{2}$
   C. u_L 与 i_L 同相
   D. u_L 与 i_L 反相

7. 电路如习题 4.3.7 图所示正弦交流电路的属性为(   )。
   A. 阻性
   B. 感性
   C. 容性
   D. 无法确定

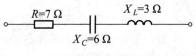

习题 4.3.7 图

8. 在 RLC 串联电路中,正确的表达式是(　　)。

　　A. $U = U_R + U_L + U_C$　　　　B. $Z = \sqrt{R^2 + X_L^2 + X_C^2}$

　　C. $U = \sqrt{U_R^2 + (U_L - U_C)^2}$　　D. $Z = R + X_L + X_C$

9. 电路如习题 4.3.9 图所示正弦交流电路中,已知电源电压 $u_s(t) = 20\sqrt{2}\cos(2t + 50°)$ mV,则电流 i 的有效值为(　　)。

　　A. $10\sqrt{2}$ mA　　　　　　B. 10 mA

　　C. 5 mA　　　　　　　　　D. 80 mA

10. 若 rLC 串联谐振电路已处于谐振状态,当电容 C 增大时,电路呈(　　)。

　　A. 容性　　　　　　　　　B. 感性

　　C. 阻性　　　　　　　　　D. 无法确定

11. 电路如习题 4.3.11 图所示,电路发生谐振时,容抗 $X_C =$ (　　)。

　　A. 2 Ω　　　　　　　　　B. 3 Ω

　　C. 5 Ω　　　　　　　　　D. 8 Ω

12. RLC 串联和并联谐振电路通频带的计算公式均为(　　)。

　　A. $B = \dfrac{R}{f_0}$　　B. $B = \dfrac{L}{C}$　　C. $B = \dfrac{f_0}{Q}$　　D. $B = \dfrac{Q}{f_0}$

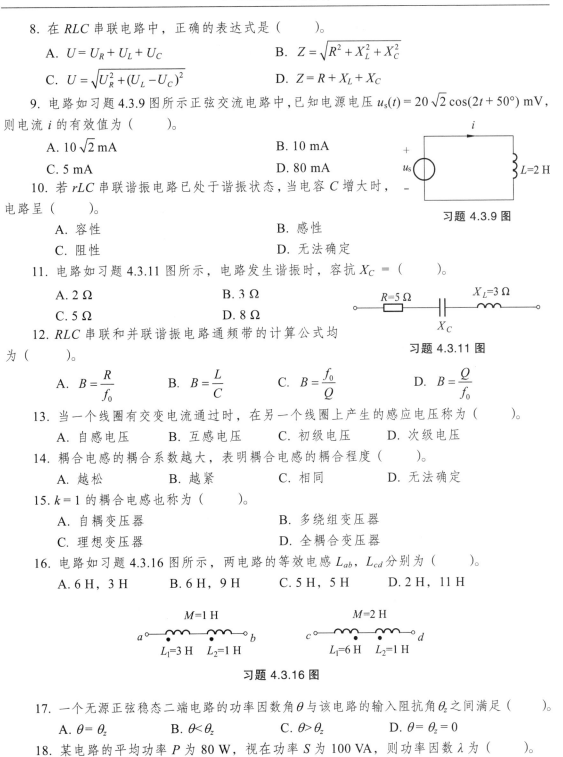

习题 4.3.9 图

习题 4.3.11 图

13. 当一个线圈有交变电流通过时,在另一个线圈上产生的感应电压称为(　　)。

　　A. 自感电压　　B. 互感电压　　C. 初级电压　　D. 次级电压

14. 耦合电感的耦合系数越大,表明耦合电感的耦合程度(　　)。

　　A. 越松　　　B. 越紧　　　C. 相同　　　D. 无法确定

15. $k = 1$ 的耦合电感也称为(　　)。

　　A. 自耦变压器　　　　　　B. 多绕组变压器

　　C. 理想变压器　　　　　　D. 全耦合变压器

16. 电路如习题 4.3.16 图所示,两电路的等效电感 L_{ab},L_{cd} 分别为(　　)。

　　A. 6 H, 3 H　　B. 6 H, 9 H　　C. 5 H, 5 H　　D. 2 H, 11 H

习题 4.3.16 图

17. 一个无源正弦稳态二端电路的功率因数角 θ 与该电路的输入阻抗角 θ_z 之间满足(　　)。

　　A. $\theta = \theta_z$　　B. $\theta < \theta_z$　　C. $\theta > \theta_z$　　D. $\theta = \theta_z = 0$

18. 某电路的平均功率 P 为 80 W,视在功率 S 为 100 VA,则功率因数 λ 为(　　)。

　　A. 0.6　　　B. 1　　　C. 0.8　　　D. 0.2

19. 一般供电系统的负载多为感性,为了提高功率因数,通常采用的办法是在感性负载两端并联(　　)。

A. 变压器　　　B. 电感器　　　C. 电阻器　　　D. 电容器

20. 某三相电源的相电压为 220 V，如果每相负载需要的工作电压为 380 V，则电源需采用（　　）连接方式。

A. 串联　　　B. 并联　　　C. 星形　　　D. 三角形

四、分析计算题

1. 已知两正弦交流电的三要素如下，分别写出它们的瞬时值表达式。

（1）$I_m = 10$ mA，$\omega = 10^3$ rad/s，$\varphi_i = 30°$；

（2）$U = 220$ V，$f = 50$ Hz，$\varphi_u = \dfrac{\pi}{4}$。

2. 已知两正弦电流 $i_1(t) = 5\cos 10^3 t$ A，$i_2(t) = 3\cos(10^3 t + 60°)$ A，写出它们的相量式。

3. 已知下列各组电压、电流均为同频率的正弦交流电，角频率为 ω，试分别写出它们的函数式，画出相量图，并判断各组电压、电流的相位关系。

（1）$\dot{U}_0 = 3 + j4$ V，$\dot{I}_0 = 8 - j6$ A；

（2）$\dot{U}_1 = -3$ V，$\dot{I}_1 = -3 - j4$ A；

（3）$\dot{U}_2 = -j6$ V，$\dot{I}_2 = 5\underline{/-30°}$ A；

（4）$\dot{U}_3 = -2\underline{/-30°}$ V，$\dot{I}_3 = j3$ A。

4. 习题 4.4.4 图所示为正弦交流电压、电流的相量图，已知 $U = 20$ V，$I = 3$ mA，$\omega = 10^3$ rad/s，写出此正弦电压、电流的函数式。

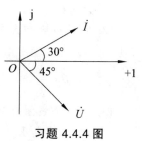

习题 4.4.4 图

5. 已知某正弦电流 $i(t) = 2\sqrt{2}\cos(1\,000\pi t - 30°)$ A，另有一个同频率的正弦电压，$U = 10$ V，滞后 $i(t) 30°$，试写出此电压的函数式，并画出电压、电流的相量图。

6. 习题 4.4.6（a）图中，已知 $\dot{U}_1 = 2 + j7$ V，$\dot{U}_2 = 1 - j3$ V，求电压相量 $\dot{U}$；（b）图中，已知 $\dot{I} = 4\underline{/90°}$ A，$\dot{I}_1 = 3 - j$A，求电流相量 $\dot{I}_2$。

7. 一个额定值为 220 V/2 kW 的电炉，接到电压为 $u(t) = 220\sqrt{2}\cos(314t + 30°)$ V 的电源上，试求：（1）通过电炉丝的电流瞬时值表达式；（2）画出电压与电流的相量图；（3）若每天使用 3 小时，每月按 30 天计算，一月能用多少度电？

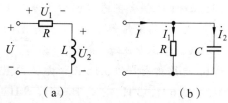

习题 4.4.6 图

8. 有一电阻可以忽略的电感线圈，当接上频率为 1 kHz、有效值为 20 V 的正弦交流电压时，电流有效值为 0.5 A，问如电压的有效值不变，频率变为 1 MHz，电流又为多少？

9. 一个容量为 100 pF 的电容器，通过的电流 $i(t) = 4\sqrt{2}\cos(10^5 t - 60°)$ mA，求容抗 X_C、电压相量 $\dot{U}_C$，并作出相量图。

10. 画出下列复阻抗对应的等效电路模型，判断电路端口电压、电流的相位关系。

（1）$Z = 4\underline{/45°}$ Ω；（2）$Z = 5 - j5$ Ω；（3）$Z = 3\underline{/90°}$ Ω

11. 求出习题 4.4.11 所示两电路的复导纳与复阻抗。

12. 如习题 4.4.12 图所示正弦交流电路中，已知 $R = 5$ Ω，$X_C = 5$ Ω，$\dot{I}_R = 1\underline{/0°}$ A，求总电流 $\dot{I}$，并画出相量图。

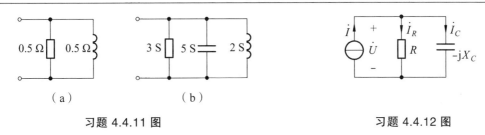

(a) 习题 4.4.11 图　　　(b)　　　习题 4.4.12 图

13. 试确定习题 4.4.13 图所示电路中的待求量，已知电压电流均为有效值。

14. 电路如习题 4.4.14 图所示，已知电流 $i_s(t) = 10\sqrt{2}\cos 10^3 t$ A，$R = 0.5\ \Omega$，$L = 1$ mH，$C = 2\times 10^{-3}$ F，试求电压 u。

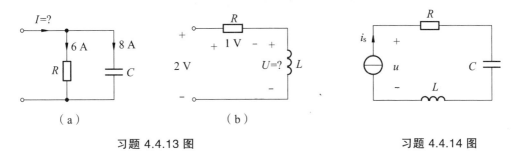

(a) 习题 4.4.13 图　　　(b)　　　习题 4.4.14 图

15. 一个电感量 $L = 160\ \mu\text{H}$ 的线圈与电容量 $C = 250$ pF 的电容器组成的自由振荡电路，试求它的固有角频率和波阻抗。

16. 要使一个 $C = 2\ \mu\text{F}$ 的电容器和一个电感线圈串联组成的电路，在角频率 $\omega = 10^4$ rad/s 时发生谐振，问电感量应是多少？

17. 某并联谐振电路的谐振频率 $f_0 = 1.2$ kHz，品质因数 $Q = 100$，谐振阻抗 $R = 27$ kΩ，求电感量 L 和电容量 C。

18. 已知某单相变压器的初级电压 $U_1 = 6\,000$ V，次级电流 $I_2 = 100$ A，匝比 $n = \dfrac{N_1}{N_2} = \dfrac{1}{15}$。求次级电压 U_2 和初级电流 I_2 各为多少？

19. 将某单相变压器接在电压 $U_1 = 220$ V 电源上，已知次级电压 $U_2 = 20$ V，次级匝数 $N_2 = 100$，则初级的匝数是多少？

20. 如图 4.4.20 所示为三个频率相同的正弦交流电源，已知 $\dot{U}_{ab} = U\underline{/0°}$ V，$\dot{U}_{cd} = U\underline{/60°}$ V，$\dot{U}_{ef} = U\underline{/-60°}$ V。① 求 $\dot{U}_{dc}$、$\dot{U}_{fe}$。② 如何连接成 Y 形？③ 如何连接成 △ 形？

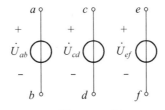

习题 4.4.20 图

5 基础实验与实训

5.1 万用表的使用

5.1.1 实训目的

① 了解 MF-47 型指针式万用表的基本功能；
② 掌握 MF-47 型万用表的测量参量选择、量程选择和读值方法。

5.1.2 实训主要器材

MF-47 型万用表　　　　稳压电源
电阻元件　　　　　　　内热式电烙铁（20 W 或 30 W）

5.1.3 实训内容与方法

5.1.3.1 MF-47 型万用表简介

MF-47 型万用表是设计新颖的磁电系整流式多功能、多量程的便携式电工仪表。它具有量限多、分挡细、灵敏度高、体形轻巧、性能稳定、过载保护可靠、读数清晰、使用方便的特点。

其主要测量功能有：① 测量直流电压（DCV）；② 测量直流电流（DCmA）；③ 测量交流电压（ACV）；④ 测量电阻 R（Ω）和其他附加参量。

1. 万用表的组成

万用表一般由表头、测量电路和转换开关等三部分组成。

2. MF-47 型万用表的常用功能和使用说明

如表 5.1.1 所示。

表 5.1.1　MF-47 型万用表的常用功能与使用说明

功能	符号	说　　　明
电阻测量	Ω	① 用来测量电阻 R 的大小，还常用于测量电路的通与断状态。 ② 红表笔插头插入"+"插孔，黑表笔插头插入"-/COM"插孔。 ③ 转换开关置于欧姆挡，即 Ω 挡。欧姆挡有×1 Ω、×10 Ω、×100 Ω、×1 kΩ、×10 kΩ 挡位/倍率。 ④ 操作步骤： ◆ 选择合适的倍率并调零。（原则：指针离刻度中心越近越好。） ◆ 测量：将红、黑表笔并接于待测量电阻两端。 ◆ 读数：测量结果 R = 指针指示值×倍率，单位为 Ω 或 kΩ。 ⑤ 注意事项： ◆ 读第 1 条刻度线（从上至下）。 ◆ 换倍率必须重新调零。 ◆ 在电路中测量某一电阻元件时，不能带电测量，其中一端应与电路断开。 ◆ 测量单个电阻时，应避免把"人体电阻"与被测量电阻并联。 ◆ 用万用表测量二极管和三极管时，红表笔接的是表内电池的"负极"，黑表笔接的是表内电池的"正极"
直流电压测量	DCV	① 用来测量直流电压的大小，是常用的测量功能。 ② 红表笔插头插入"+"插孔，黑表笔插头插入"-/COM"插孔。 ③ 转换开关置于直流电压挡，即"DCV 挡"。直流电压挡有 0.25 V、1 V、2.5 V、10 V、50 V、250 V、500 V、1 000 V 和 2 500 V 量程
交流电压测量	ACV	① 用来测量交流电压的大小，是常用的测量功能。 ② 红表笔插头插入"+"插孔，黑表笔插头插入"-/COM"插孔。 ③ 转换开关置于交流电压挡，即"ACV 挡"。交流电压挡有 10 V、50 V、250 V、500 V、1 000 V 量程。 ④ 操作步骤： ◆ 选择合适的量程。（原则：尽量使指针指示到大于 7 大格为佳。） ◆ 测量：将红、黑表笔并接于被测电路两端。 ◆ 读数：测量结果 U_{ab} = 指针的大刻度数×M + 小刻度数×N，单位为 V。其中： M = 量程值/10；N = M/5。 ⑤ 注意事项： ◆ 读第 2 条刻度线（从上至下）。10 V 量程读专用刻度线。 ◆ 使用 2 500 V 量程时，应把红表笔插入专用插孔，将转换开关置于 1 000 V 量程
直流电流测量	mA	① 用来测量直流电流的大小，是常用的测量功能。 ② 红表笔插头插入"+"插孔，黑表笔插头插入"-/COM"插孔。 ③ 转换开关置于直流电流挡，即"DCmA 挡"。直流电流挡有 0.05 mA、0.5 mA、5 mA、50 mA 和 500 mA 量程。 ④ 操作步骤： ◆ 选择合适的量程。（原则：尽量使指针指示到大于 7 大格为佳。） ◆ 测量：将红、黑表笔串接于被测电路中间，且红表笔接电流流入端、黑表笔接电流流出端。 ◆ 读数：测量结果 I_{ab} = 指针的大刻度数×M + 小刻度数×N，单位为 mA 或 A。其中： M = 量程值/10；N = M/5。 ⑤ 注意事项： ◆ 严禁用电流挡去测量电压。 ◆ 读第 2 条刻度线（从上至下）。 ◆ 若指针反打，交换红、黑表笔再测量，并在结果值前加一负号。 ◆ 使用 10 A 量程时，应把红表笔插入"10 A"插孔，将转换开关置于 500 mA 量程

3. 万用表使用注意事项

① 万用表一般平放使用，若需倾斜使用通常应使倾斜角小于 30°。

② 使用万用表前应检查指针是否在机械零位线，即左侧起始线，如指针没有指在零位线，可轻轻旋转表盖上的机械调零器，使指针指到左侧起始线。（一般不需要调整，若确有必要，请在老师的指导下操作。）

③ 检查红、黑表笔是否插正确。

④ 测量未知量值的电压或电流时，应从最高量程开始进行测量，待读取数值后，再转换到合适的量程，以便得到准确测量值并防止烧坏万用表。

⑤ 测量电流和电压时，手千万不能接触表笔的金属部分。特别是在测量高电压、大电流时，应单手操作，并站在绝缘物上，确保人身安全和仪表安全。

⑥ 在测量过程中（指表笔接入中），不允许扳动转换开关来变换量程，即应将表笔断开后再扳动转换开关。

⑦ 万用表使用结束后，应把转换开关置于最高电压量程。

⑧ 如因使用不当，万用表中保险丝烧坏，应用同规格的进行替换。

⑨ 定期检查表中电池的电量，定期更换，以保证测量精度。如万用表长时间不使用，应取出电池。

5.1.3.2 实训练习

① 用 MF-47 型万用表测量表 5.1.2 所示电压标称值并填写在表 5.1.2 中。

表 5.1.2　电压的测量

标 称 值	U_{ab} = 1 V	U_{ac} = 3 V	U_{cd} = −5 V	U_{ca} = 12 V	自选值	交流 220 V
挡位选择						
量程选择						
红表笔接触位置						
黑表笔接触位置						
指针指示"格数"						
测量结果						
老师检查						

注意：测量交流 220 V 时，一定要注意人身安全。

② 用 MF-47 型万用表测量表 5.1.3 所示电阻标称值并填写在表 5.1.3 中。

表 5.1.3　电阻的测量

标 称 值	10 Ω	330 Ω	2 kΩ	10 kΩ	51 kΩ	1 MΩ	自选 1	自选 2
挡位选择								
"倍率"选择								
指针指示"格数"								
测量结果								
老师检查								

5.1.4 实训报告内容

① 简述万用表的测量功能。
② 总结电阻、直流电流、直流电压和交流电压的测量方法及测量结果的计算方法。
③ 完成表 5.1.2 和表 5.1.3。
④ 总结万用表的使用注意事项。
⑤ 谈谈本次实训的收获与建议。

5.2 电烙铁焊接技术与实践

5.2.1 实训目的

① 掌握电子电路焊接的基本方法；
② 了解铜铆钉 PCB 实训板的结构和使用方法；
③ 了解内热式电烙铁的结构与使用方法；
④ 掌握色环电阻的识别方法；
⑤ 熟悉万用表的使用方法。

5.2.2 实训主要器材

实训铜铆钉 PCB 板　　　万用表（MF-47 型或其他型号）
电阻元件　　　　　　　内热式电烙铁

5.2.3 电烙铁焊接技术介绍

焊接技术在电子工业中的应用非常广泛。使用最普通、最具代表性的是"锡焊法"。

锡焊是将焊件和熔点比焊件低的焊料共同加热到锡焊温度，在焊件不熔化的前提下，焊料熔化并浸润焊接面，依靠二者的扩散形成焊件的连接。

5.2.3.1 焊接工具——电烙铁

电烙铁是一种将电能转换为热能的焊接工具。电烙铁是电子产品装配、维修中最常用的工具之一，用于焊接和拆焊更换元器件。

1. 电烙铁的构成

电烙铁有多种形式和规格，但结构基本相似，均由发热部分、储热部分和手柄部分组成。
（1）发热部分

发热部分的作用是将电能转换成热能。发热器由云母或陶瓷绝缘体上缠绕高电阻系数的金属材料构成（俗称"烙铁芯"），当电流通过金属丝时产生热效应，把电能转换成热能，并把热能传递给储热部。

（2）储热部分

电烙铁的储热部分是烙铁头，它在得到发热部分传来的热量后，温度逐渐上升，并把热量积蓄起来。通常采用密度较大和比热较大的铜或铜的合金做烙铁头。

（3）手柄部分

电烙铁手柄部分一般采用木材、胶木或耐高温塑料加工而成。手柄的形状要根据电功率的大小和操作方式而定，应符合牢固、温升小、手握舒适等要求。

2. 电烙铁的种类

电烙铁主要有内热式、外热式和恒温式三种。在电子电路的焊接中主要使用内热式和恒温式。

（1）内热式电烙铁

内热式电烙铁是指烙铁头套在发热体外部的电烙铁。内热式电烙铁的外形如图 5.2.1（a）所示。其常用的规格有 20 W，30 W，50 W 等。其加热器由电阻丝缠绕在密闭的陶瓷管上制成，插在烙铁头里面，直接对烙铁头加热，因此称为内热式电烙铁。

内热式电烙铁的优点有：绝缘电阻高、漏电小；对烙铁头直接加热，热效率高，升温快；采用密闭式加热器，能防止加热器老化，延长使用寿命；体积小，重量轻，便于操作。其缺点是加热器制造复杂，烧断后无法修复。

内热式电烙铁主要用于印制电路板上元器件的焊接。

常用内热式电烙铁的功率与温度的关系如表 5.2.1 所示。

表 5.2.1 常用内热式电烙铁功率与温度的关系

电烙铁功率/W	20	25	45	75	100
烙铁头温度/°C	350	400	420	440	450

（2）外热式电烙铁

外热式电烙铁是一种应用较广的普通型电烙铁，其外形和结构如图 5.2.1（b）所示。它主要用于导线、接地线和较大器件的焊接。

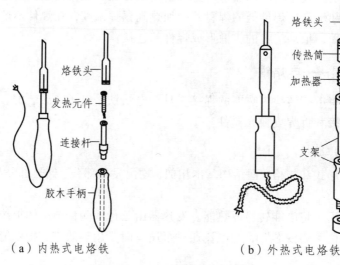

（a）内热式电烙铁　　　　（b）外热式电烙铁

图 5.2.1　电烙铁结构示意图

3. 电烙铁的使用注意事项

① 使用电烙铁前应进行以下检查：

• 安全检查。

首先是进行外观检查，看电源线表皮绝缘层是否有"烫坏"而使其芯线裸露。若有必须先用电工胶布进行有效处理。其次是检查电烙铁的绝缘性。方法是用万用表 $R×10\text{ k}$ 挡，表笔一端接电源插头，另一端接烙铁头金属外壳，阻值应趋于∞。对于外壳接地的有三芯电源插头的电烙铁，还要检查电源线与地线的接头是否接错，外壳与地线的接头是否接通等。

• 阻值检查。

电烙铁是利用电阻丝通电发热原理而制成的。计算电烙铁芯阻值的公式为 $R = U^2/P$，其中 R 为阻值，P 为电烙铁标称功率，U 为所使用的电源电压。因为一般使用交流电为 220 V，故可用 $R = 48\,400/P$ 来计算。例如所使用的烙铁标称功率为 20 W，则其静态阻值约为 2.4 kΩ。用欧姆表测量电烙铁电源插头两端的阻值，就可以判断电烙铁是否有开路或短路现象。

• 机械性能检查。

进行机械性能检查时，主要检查烙铁头、把柄是否松动；柄上的紧固螺钉要旋紧，使其顶紧导线，以免电源线在使用时从里面接线柱处拉断，造成短路。

② 使用时要轻拿轻放，更不能用来任意敲击，以免损坏烙铁芯。

③ 烙铁头要经常保持清洁与镀锡状态，并保持镀锡面平整。

④ 烙铁头上吃锡过多时，可轻轻抖动电烙铁把焊锡抖落在锡盒里，绝不能乱甩烙铁，使焊锡四处飞溅，以免烫伤人或物，或溅到电路板上造成短路。

⑤ 电烙铁在不用时应放置在烙铁架中。

⑥ 较长时间不使用电烙铁，电烙铁应断电。

5.2.3.2 焊料与助焊剂

1. 焊料

焊锡是电子产品焊接的主要焊料。焊锡是在易熔金属锡中加入一定比例的铅和少量的其他金属制成的。其特点是：熔点低、流动性好、附着力强、机械强度高、导电性好、不易老化、抗腐蚀性好、焊点光亮美观。

2. 助焊剂

助焊剂可分为无机助焊剂、有机助焊剂和树脂助焊剂。它能溶解和去除金属表面的氧化物，并在焊接加热时包围金属的表面，使之和空气隔绝，防止金属在加热时氧化，另外还能够降低焊锡的表面张力，有利于焊锡的湿润。松香是一种电子产品焊接时采用的主要助焊剂。

手工焊接中大量使用的是"焊锡丝"，是将焊锡制成空心管状，管中填入优质松香和活化剂。这种焊锡丝在焊接使用时可以不加助焊剂，操作方便实用。

焊锡丝的直径（粗细）有多种规格，通常，选用的焊锡丝的直径应小于焊点的尺寸。

在我们的实验和实训中，一般选择的是 0.8～1 mm 焊锡丝，其锡铅比例为 61.9∶38.1，其熔点温度大约为 183°C。

5.2.3.3 焊接的基本方法

1. 焊接前的准备工作

为了焊接时烙铁头容易黏上焊锡,在使用前要检查烙铁头是否氧化和平整。如果被氧化或不平整,可用锉刀或小刀等轻轻除去烙铁头表面的氧化层并镀上锡。

2. 焊接方法与过程

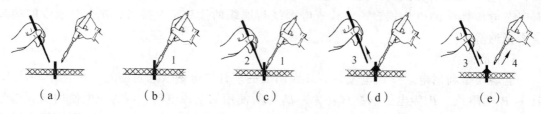

图 5.2.2 手工焊接过程示意图

① 准备:将焊接元件插入 PCB 实训板,准备好电烙铁和焊锡丝等,如图 5.2.2(a)所示。

② 加热焊件(元件引脚和焊盘):手持电烙铁使烙铁头以 45°角度压在 PCB 实训板待焊元件的焊盘(即铜箔)上,而且烙铁头斜平面接触元件引脚,如图 5.2.2(b)所示。

③ 熔化焊锡丝:用烙铁头接触焊锡丝,使之熔化,如图 5.2.2(c)所示。

④ 移开焊锡丝:待焊锡丝熔化成液态并流到元件引脚四周的焊盘且填满焊盘时,移开焊锡丝,如图 5.2.2(d)所示。

⑤ 移开烙铁:移开焊锡丝后,即可移开电烙铁,如图 5.2.2(e)所示。

整个操作过程用 3~5 秒完成。

3. 对焊点的主要要求

① 焊接牢固;
② 焊点大小适中;
③ 焊点光洁美观。

5.2.4 色环电阻的识别

电阻元件的主要参数为阻值、功率和误差。

电阻的阻值应符合电阻的标称值系列中的值。常用电阻的标称值系列如表 5.2.2 所示。

表 5.2.2 常用电阻的标称值系列表

系列	误差	标称值										
E24	Ⅰ级±5%	1.0	1.1	1.2	1.3	1.5	1.6	1.8	2.0	2.2	2.4	2.7	3.0
		3.3	3.6	3.9	4.3	4.7	5.1	5.6	6.2	6.8	7.5	8.2	9.1
E12	Ⅱ级±10%	1.0	1.2	1.5	1.8	2.2	2.7	3.3	3.9	4.7	5.6	6.8	8.2
E6	Ⅲ级±20%	1.0	1.5	2.2	3.3	4.7	6.8						

目前，电子电路中的电阻元件主要使用的是金属膜(RJ)色环电阻，功率一般多为 1/4 W，1/8 W，1/16 W 等，功率较小，体积较小。常用的有四环电阻和五环电阻，色环多，表示精度高。其色环与电阻值的关系如表 5.2.3 所示。

表 5.2.3 色环电阻的颜色-数码对照表

颜色	有效数字	倍乘（乘数）	误差
棕	1	10^1	±1%
红	2	10^2	±2%
橙	3	10^3	—
黄	4	10^4	—
绿	5	10^5	±0.5%
蓝	6	10^6	±0.25%
紫	7	10^7	±0.1%
灰	8	10^8	—
白	9	10^9	—
黑	0	10^0	—
金	—	10^{-1}	±5%
银	—	10^{-2}	±10%

四环电阻第一、二环表示有效数字，第三环为倍数，第四环为误差环。

例如，四环电阻的色环依次为绿、棕、红、金，则其阻值为

$$R = 51 \times 10^2\ \Omega = 5.1\ \text{k}\Omega$$

误差为±5%。

五环电阻第一、二、三环表示有效数字，第四环为倍数，第五环为误差环。

例如，五环电阻的色环依次为红、红、黑、黑、棕，其阻值为

$$R = 220 \times 10^0\ \Omega = 220\ \Omega$$

误差为±1%。

5.2.5 实训板的结构与示意图

该实训板采用在 PCB 上加铜铆钉的结构和工艺，具有焊连电路方便、灵活、实用和经久耐用的特点。其结构示意图如图 5.2.3 所示。

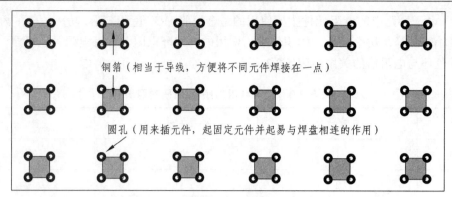

图 5.2.3 铜铆钉 PCB 实训板示意图

5.2.6 实验内容与要求

① 认知电烙铁，进行安全检查、阻值检查、机械性能检查并进行焊接练习。
② 练习读色环电阻的值，并用万用表验证。
③ 用电阻和导线等在 PCB 实训板上练习焊接电路。

5.3 电路元件伏安特性的测绘

5.3.1 实验目的

① 学会识别常用电路元件的方法；
② 掌握线性电阻、非线性电阻元件伏安特性的测绘方法。

5.3.2 实验原理

任何一个二端元件的特性可用该元件上的端电压 u 与通过该元件的电流 i 之间的函数关系 $i=f(u)$ 来表示，即用 i-u 平面上的一条曲线来表征，这条曲线称为该元件的伏安特性曲线。

线性电阻器的伏安特性曲线是一条通过坐标原点的直线，该直线的斜率等于该电阻器的电阻值。

一般的白炽灯在工作时灯丝处于高温状态，其灯丝电阻随着温度的升高而增大，通过白炽灯的电流越大，其温度越高，阻值也越大。一般灯泡的"冷电阻"与"热电阻"的值可相差几倍至十几倍。

一般的半导体二极管是一个非线性电阻元件，正向压降很小（一般的锗管为 0.2～0.3 V，硅管为 0.5～0.6 V），正向电流随正向压降的升高而急骤上升，而反向电压从零一直增加到十多至几十伏时，其反向电流增加很小，粗略地可视为零。可见，二极管具有单向导电性，但反向电压加得过高，超过极限值，则会导致二极管击穿损坏。

稳压二极管是一种特殊的半导体二极管，其正向特性与普通二极管类似，但其反向特性较特别。在反向电压开始增加时，其反向电流几乎为零，但当电压增加到某一数值时（称为管子的稳压值，有各种不同稳压值的稳压管）电流将突然增加，以后它的端电压将基本维持恒定，当外加的反向电压继续升高时其端电压仅有少量增加。

注意：流过普通二极管或稳压二极管的电流不能超过其极限值，否则二极管会被烧坏。

5.3.3 实验仪器和元件

指针式万用表（MF-47 型或其他型号）　　直流电压表
稳压电源（或实验箱）　　　　　　　　　电阻元件和二极管

5.3.4 实验注意事项

① 测二极管正向特性时，稳压电源输出应由小至大逐渐增加，应时刻注意电流表读数不得超过 30 mA。

② 进行不同实验时，应先估算电压和电流值，合理选择仪表的量程，勿使仪表超量程，仪表的极性也不可接错。

5.3.5 实验内容及步骤

1. 测定线性电阻器的伏安特性

① 按图 5.3.1 在 PCB 实训板焊接和连接电路。

② 调节稳压电源的输出电压 U_s，从 0 V 开始缓慢地增加（按表 5.3.1），一直到 10 V，记下相应的电压表和电流表的读数 U_R，I 的值，并记录在表 5.3.1 中。

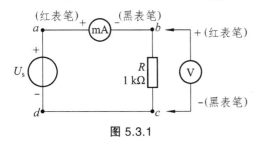
图 5.3.1

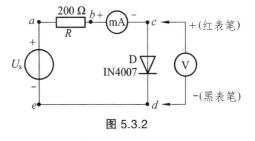
图 5.3.2

表 5.3.1

U_R/V	0	0.5	1	1.5	2	4	6	9	10
I/mA									

2. 测定非线性白炽灯泡的伏安特性

将图 5.3.1 中的电阻 R 换成一只 12 V 的白炽灯（DC 12 V），重复实验内容 1 并将数据记录在表 5.3.2 中。U_L 为灯泡的端电压。

表 5.3.2

U_L/V	0.1	0.5	2	4	6	6	10	11	12
I/mA									

注意：灯泡的亮度不宜太亮（即电压不要太高）。

3. 测定半导体二极管的伏安特性

① 按图 5.3.2 接线，R 为限流电阻器。测二极管的正向特性时，其正向电流不得超过 30 mA，二极管 D 的正向施压 U_{D^+} 可在 0～0.65 V 之间取值，在 0.5～0.65 V 之间应多取几个测量点。实验数据记入表 5.3.3 中。

表 5.3.3　正向特性实验数据

U_{D^+}/V	0.10	0.30	0.50	0.55	0.60	0.65	0.60	0.65
I/mA								

② 测反向特性时，只需将图 5.3.2 中的二极管 D 反接，且其反向施压 U_{D^-} 可达 30 V。实验数据记入表 5.3.4 中。

表 5.3.4　反向特性实验数据

U_{D^-}/V	0	−5	−10	−15	−20	−22	−25	−30
I/mA								

4. 测定稳压二极管的伏安特性

（1）正向特性实验

① 将图 5.3.2 中的二极管换成稳压二极管 2CW51。

② 重复实验内容 3 中的正向测量。U_{Z^+} 为 2CW51 的正向施压。实验数据记入表 5.3.5 中。

表 5.3.5　稳压二极管正向特性实验

U_{Z^+}/V	
I/mA	

（2）反向特性实验

① 将图 5.3.2 中的 R 换成 510 Ω，2CW51 反接。

② 测量 2CW51 的反向特性。稳压电源的输出电压 U_O 从 0～20 V 变化，测量 2CW51 二端的电压 U_{Z^-} 及电流 I，由 U_{Z^-} 可看出其稳压特性。实验数据记入表 5.3.6 中。

表 5.3.6　稳压二极管反向特性实验

U_O/V	
U_{Z^-}/V	
I/mA	

5.3.6　实验报告内容

① 根据各实验数据，分别在方格纸上绘制出光滑的伏安特性曲线。
② 根据实验结果，总结被测各元件的特性。
③ 简述测电压的方法与步骤。

5.4 电位的测试与电位图的绘制

5.4.1 实验目的

① 验证电路中电位的相对性、电压的绝对性；
② 掌握电路电位图的绘制方法。

5.4.2 实验原理

在一个闭合电路中，各点电位的高低视所选的电位参考点的不同而变，但任意两点间的电位差（即电压）则是绝对的，它不因参考点的变动而改变。

电位图是一种平面坐标一、四两象限内的折线图。其纵坐标为电位值，横坐标为各被测点。要制作某一电路的电位图，先以一定的顺序对电路中各被测点编号。以图 5.4.1 所示电路为例，各测点编号为 $A \sim F$。先在坐标横轴上按顺序、间隔均匀地标上 A，B，C，D，E，F，A。再根据测得的各点电位值，在各点所在的垂直线上描点，最后用直线依次连接相邻两个电位点，即得该电路的电位图。

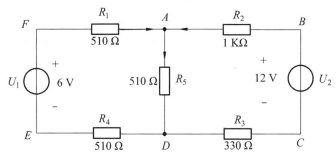

图 5.4.1 实验电路原理图

在电位图中，任意两个被测点的纵坐标值之差即为该两点之间的电压值。

在电路中电位参考点可任意选定。对于不同的参考点，所绘出的电位图形是不同的，但其各点电位变化的规律却是一样的。

5.4.3 实验仪器和主要器材

万用表（MF-47 型或其他型号）　　稳压源（或实验箱）
PCB 实训板　　　　　　　　　　　电烙铁和电阻元件

5.4.4 实验内容及步骤

实验原理电路如图 5.4.1 所示。
① 在 PCB 实训板上按图 5.4.1 焊接电路。为方便测量，焊接电路示意图如图 5.4.2 所示。
② 分别将两路直流稳压电源接入电路，其中，$U_1 = 6$ V，$U_2 = 12$ V。（先调准输出电压值，再接入实验电路中。）

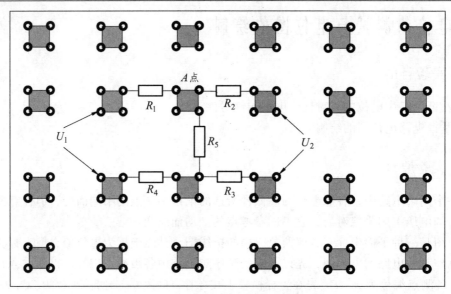

图 5.4.2 焊接电路示意图

③ 以 A 点作为电位的参考点，分别测量 B, C, D, E, F 各点的电位值及相邻两点之间的电压值 U_{AB}, U_{BC}, U_{CD}, U_{DE}, U_{EF} 及 U_{FA}，数据记入表 5.4.1 中。

④ 以 D 点作为参考点，重复实验内容 4，测得数据记入表 5.4.1 中。

表 5.4.1

电位参考点	电位与电压	V_A	V_B	V_C	V_D	V_E	V_F	U_{AB}	U_{BC}	U_{CD}	U_{DE}	U_{EF}	U_{FA}
A	红表笔接												
	黑表笔接												
	测量值												
D	红表笔接												
	黑表笔接												
	测量值												

5.4.5 实验注意事项

① 在焊接电路时，尽量使用 PCB 实训板上的 4 个焊接点铜箔连接。

② 注意电阻的阻值，认真读色环。

③ 注意电源的值和正极、负极。

④ 用指针式万用表的直流电压挡或用数字直流电压表测量电位时，用负表笔（黑色）接参考电位点，用正表笔（红色）接被测各点。

⑤ 若指针正向偏转或数显表显示正值，则表明该点电位为正（即高于参考点电位）。

⑥ 若指针反向偏转或数显表显示负值，应调换万用表的表笔，然后读出数值。此时在电位值之前应加一负号（表明该点电位低于参考点电位）。数显表也可不调换表笔，直接读出负值。

5.4.6 实验报告内容

① 根据实验数据,绘制两个电位图,并对照观察各对应两点间的电压情况。两个电位图的参考点不同,但各点的相对顺序应一致,以便对照。
② 完成数据表格中的计算,对误差作必要的分析。
③ 总结电位相对性和电压绝对性的结论。
④ 简述测电阻的方法与步骤。

5.5 基尔霍夫定律的验证

5.5.1 实验目的

① 验证基尔霍夫定律的正确性,加深对基尔霍夫定律的理解;
② 学会测量各支路电流。

5.5.2 实验原理

基尔霍夫定律是电路的基本定律。测量某电路的各支路电流及每个元件两端的电压,应能分别满足基尔霍夫电流定律(KCL)和基尔霍夫电压定律(KVL)。即对电路中的任一个节点而言,应有 $\sum I = 0$;对任何一个闭合回路而言,应有 $\sum U = 0$。

运用上述定律时必须注意各支路或闭合回路中电流的正方向,此方向可预先任意设定。

5.5.3 实验仪器和主要器材

万用表(MF-47 型或其他型号)　　直流电压表
电烙铁　　　　　　　　　　　　　PCB 实训板
稳压电源(或实验箱)　　　　　　 电阻、导线若干

5.5.4 实验内容及步骤

实验原理电路如图 5.5.1 所示。

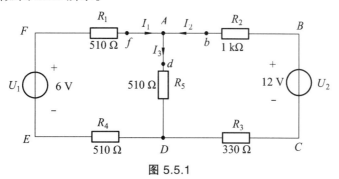

图 5.5.1

① 在 PCB 实训板上按图 5.5.1 焊接电路。为了方便测量电流 I_1，I_2 和 I_3，在焊接电路时，人为增加了 Af，Ab 和 Ad 连接导线，如图 5.5.2 所示。

② 实验前先任意设定三条支路和三个闭合回路的电流正方向。图 5.5.1 中的 I_1，I_2，I_3 的方向已设定。三个闭合回路的电流正方向可设为 $ADEFA$，$BADCB$ 和 $FBCEF$。

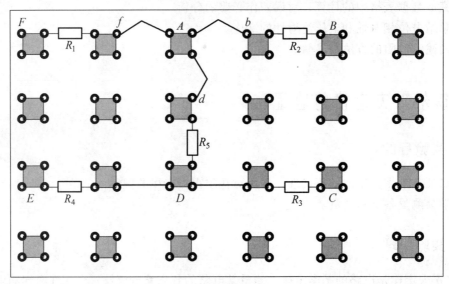

图 5.5.2

③ 分别将两路直流稳压电源接入电路，令 $U_1 = 6$ V，$U_2 = 12$ V。
④ 将万用表置于电流挡，分别串接入三条支路中，读出电流值并记入表 5.5.1 中。
⑤ 将万用表置于电压挡，按表 5.5.1 分别测量各个电压值。

表 5.5.1

被测量	I_1	I_2	I_3	U_1	U_2	U_{FA}	U_{AB}	U_{AD}	U_{CD}	U_{DE}
三用表挡位										
三用表量程										
红表笔接										
黑表笔接										
测量值										

5.5.5 实验注意事项

① 所有需要测量的电压值，均以电压表测量的读数为准。电源 U_1，U_2 的值，在接入电路后也需测量，不应取电源本身的显示值。

② 防止稳压电源两个输出端碰线短路。

③ 用指针式电压表或电流表测量电压或电流时，如果仪表指针反偏，则必须调换仪表极性，重新测量。此时指针正偏，可读得电压或电流值。若用数显电压表或电流表测量，则可直接读出电压或电流值。但应注意：所读得的电压或电流值的正、负号应根据设定的电流参考方向来判断。

④ 将 U_1 和 U_2 的值交换接入（即 $U_1 = 12$ V，$U_2 = 6$ V），再按表 5.5.1 重测。

5.5.6 实验报告内容

① 根据实验数据，选定节点 A，验证 KCL 的正确性。
② 根据实验数据，选定实验电路中的任一个闭合回路，验证 KVL 的正确性。
③ 根据实验数据，总结实验结论。
④ 简述测电流的方法与步骤。

5.6 叠加原理的验证

5.6.1 实验目的

验证线性电路叠加原理的正确性，加深对线性电路的叠加性和齐次性的认识和理解。

5.6.2 实验原理

叠加原理指出：在有多个独立源共同作用的线性电路中，通过每一个元件的电流或其两端的电压，可以看成是由每一个独立源单独作用时在该元件上所产生的电流或电压的代数和。

线性电路的齐次性是指，当激励信号（某独立源的值）增加或减小 k 倍时，电路的响应（即在电路中各电阻元件上所建立的电流和电压值）也将增加或减小 k 倍。

5.6.3 实验仪器和主要器材

万用表（MF-47 型或其他型号）　　直流电压表
电烙铁　　　　　　　　　　　　　PCB 实训板
稳压电源（或实验箱）　　　　　　电阻、二极管导线若干

5.6.4 实验内容及步骤

实验原理电路如图 5.6.1 所示。

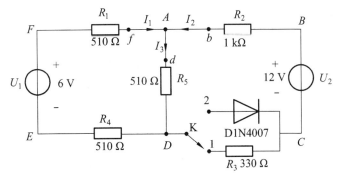

图 5.6.1

① 在 PCB 实训板上按图 5.6.1 焊接电路。

首先使开关 K 置于 1 位。（注意：开关 K 实际使用导线代替。）

为了方便测量电流 I_1，I_2 和 I_3，人为增加 A_f，A_b 和 A_d 连接导线。

② 令 U_1，U_2 电源共同作用，U_1 接 6 V，U_2 接 12 V，用直流数字电压表和毫安表测量各支路电流及各电阻元件两端的电压，将数据记入表 5.6.1 中。

表 5.6.1 U_1，U_2 电源共同作用

电源	K	I_1	I_2	I_3	U_{AB}	U_{CD}	U_{AD}	U_{DE}	U_{FA}
U_1、U_2 共同作用	1								
	2								

③ 让 U_1 电源单独作用，U_2 先从电路中拆除（即断开 U_2，再用导线将 BC 两点连接），测量各值，将数据记入表 5.6.2 中。

表 5.6.2 U_1 电源单独作用

电源	K	I_1	I_2	I_3	U_{AB}	U_{CD}	U_{AD}	U_{DE}	U_{FA}
U_1 单独作用	1								
	2								

④ 让 U_2 电源单独作用，U_1 先从电路中拆除（即断开 U_1，再用导线将 EF 两点连接），测量各值，将数据记入表 5.6.3 中。

表 5.6.3 U_2 电源单独作用

电源	K	I_1	I_2	I_3	U_{AB}	U_{CD}	U_{AD}	U_{DE}	U_{FA}
U_2 单独作用	1								
	2								

⑤ 让 U_1 = 12 V 电源单独作用，测量各值，数据记入表 5.6.4 中，并与表 5.6.2 中的数据进行比较和分析。

表 5.6.4 U_1 = 12 V 时单独作用

电源	K	I_1	I_2	I_3	U_{AB}	U_{CD}	U_{AD}	U_{DE}	U_{FA}
U_1 = 12 V	1								
	2								

⑥ 将开关 K 置于 2 位（即把 R_5 换成二极管 1N4007），重复实验步骤② ~ ⑤，将数据记入对应表中。分别对 K 在 1 位和 2 位的数据进行比较和分析。

5.6.5 实验注意事项

① 测量各支路电流时，或者用电压表测量电压降时，应注意仪表的极性，正确判断测得值的 + 、 − 号后，记入数据表格。

② 注意仪表量程的及时更换。

5.6.6 实验报告内容

① 根据实验数据表格，进行分析、比较，总结实验结论，即验证线性电路的叠加性与齐次性。
② 各电阻器所消耗的功率能否用叠加原理计算得出？试用上述实验数据，进行计算并得出结论。

5.7 电压源与电流源的等效变换

5.7.1 实验目的

① 掌握电源外特性的测试方法；
② 验证电压源与电流源等效变换的条件。

5.7.2 实验原理

一个直流稳压电源在一定的电流范围内具有很小的内阻。故在实际中，常将它视为一个理想的电压源，即其输出电压不随负载电流而变。其外特性曲线，即其伏安特性曲线 $U = f(I)$ 是一条平行于 I 轴的直线。一个实际中的恒流源在一定的电压范围内，可视为一个理想的电流源。

一个实际的电压源（或电流源），其端电压（或输出电流）不可能不随负载而变，因它具有一定的内阻值。故在实验中，用一个小阻值的电阻与稳压源相串联（或用一个大电阻与恒流源相并联）来模拟一个实际的电压源（或电流源）。

一个实际的电源，就其外部特性而言，既可以看成是一个电压源，又可以看成是一个电流源。若视为电压源，则可用一个理想的电压源 U_s 与一个电阻 R_0 相串联的组合来表示；若视为电流源，则可用一个理想电流源 I_s 与一电导 G_0 相并联的组合来表示。如果这两种电源能向同样大小的负载供出同样大小的电流和端电压，则称这两个电源是等效的，即具有相同的外特性。

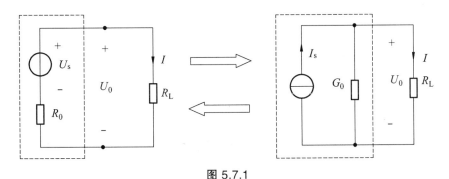

图 5.7.1

一个电压源与一个电流源的等效变换如图 5.7.1 所示，其条件为

$$I_s = U_s/R_0, \quad G_0 = 1/R_0 \quad 或 \quad U_s = I_s R_0, \quad R_0 = 1/G_0$$

5.7.3 实验仪器和主要器材

万用表（MF-47 型或其他型号） 　　直流电压表
电烙铁 　　PCB 实训板
稳压电源（或实验箱） 　　电阻、电阻器、导线若干

5.7.4 实验内容及步骤

1. 测定直流稳压电源与实际电压源的外特性

① 在 PCB 实训板上按照图 5.7.2 焊接电路。

U_s 为 +12 V 直流稳压电源（将图 5.7.1 中的 R_0 短接）。调节 R_w，令其阻值由大至小变化，记录两表的读数，并把测试数据填入表 5.7.1 中。

表 5.7.1

U_0/V								
I/mA								

② 按图 5.7.3 焊接电路，虚线框可模拟为一个实际的电压源。调节 R_w，令其阻值由大至小变化，记录两表的读数，并将测试数据填入表 5.7.2 中。

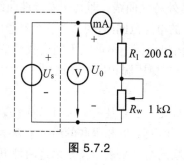

图 5.7.2

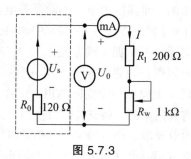

图 5.7.3

表 5.7.2

U_0/V								
I/mA								

2. 测定电流源的外特性

按图 5.7.4 焊接电路。I_s 为直流恒流源，调节其输出为 10 mA。令 R_0 分别为 1 kΩ 和 ∞（即接入和断开），调节电位器 R_L（从 0 至 1 kΩ），测出这两种情况下的电压表和电流表的读数。自拟数据表格，记录实验数据。

3. 测定电源等效变换的条件

先按图 5.7.5（a）焊接电路，记录线路中两表的读数。然后利用图 5.7.5（a）中右侧的元件和仪表，按图 5.7.5（b）焊接电路。

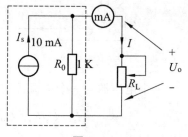

图 5.7.4

调节恒流源的输出电流 I_s，使两表的读数与图 5.7.5（a）所示电路中的数值相等，记录 I_s 的值，验证等效变换条件的正确性。

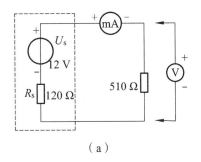
（a）

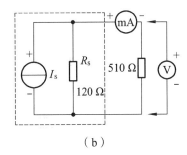
（b）

图 5.7.5

5.7.5 实验注意事项

① 在测电压源外特性时，不要忘记测空载时的电压值；测电流源外特性时，不要忘记测短路时的电流值。注意恒流源负载电压不要超过 20 V，负载不要开路。
② 改接电路时，必须关闭电源开关。
③ 直流仪表的接入应注意极性与量程。

5.7.6 实验报告内容

① 根据实验数据绘出电源的四条外特性曲线，并总结各类电源的特性。
② 根据实验结果，验证电源等效变换的条件。

5.8 戴维南定理和诺顿定理的验证

5.8.1 实验目的

① 验证戴维南定理和诺顿定理的正确性，加深对两条定理的理解；
② 掌握测量有源二端网络等效参数的一般方法。

5.8.2 实验原理

1. 戴维南定理及诺顿定理

任何一个线性有源网络，如果仅研究其中一条支路的电压和电流，则可将电路的其余部分看作是一个有源二端网络（或称为含源一端口网络）。

戴维南定理指出：任何一个线性有源网络，总可以用一个电压源与一个电阻的串联来等效代替，此电压源的电动势 U_s 等于这个有源二端网络的开路电压 U_{oc}，其等效内阻 R_0 等于该网络中所有独立源均置零（理想电压源视为短接，理想电流源视为开路，受控源保留）时的等效电阻。

诺顿定理指出：任何一个线性有源网络，总可以用一个电流源与一个电阻的并联组合来等效代替，此电流源的电流 I_s 等于这个有源二端网络的短路电流 I_{sc}，其等效内阻 R_0 的定义同戴维南定理。

$U_{oc}(U_s)$ 和 R_0 或者 $I_{sc}(I_s)$ 和 R_0 称为有源二端网络的等效参数。

2. 有源二端网络等效参数的测量方法

（1）开路电压法、短路电流法测 R_0

在有源二端网络输出端开路时，用电压表直接测其输出端的开路电压 U_{oc}，然后再将其输出端短路，用电流表测其短路电流 I_{sc}，则等效内阻为

$$R_0 = \frac{U_{oc}}{I_{sc}}$$

如果二端网络的内阻很小，若将其输出端口短路则易损坏其内部元件，因此不宜用此法。

（2）伏安法测 R_0

用电压表、电流表测出有源二端网络的外特性曲线，如图 5.8.1 所示。根据外特性曲线求出斜率 $\tan\varphi$，则内阻

$$R_0 = \tan\varphi = \frac{\Delta U}{\Delta I} = \frac{U_{oc}}{I_{sc}}$$

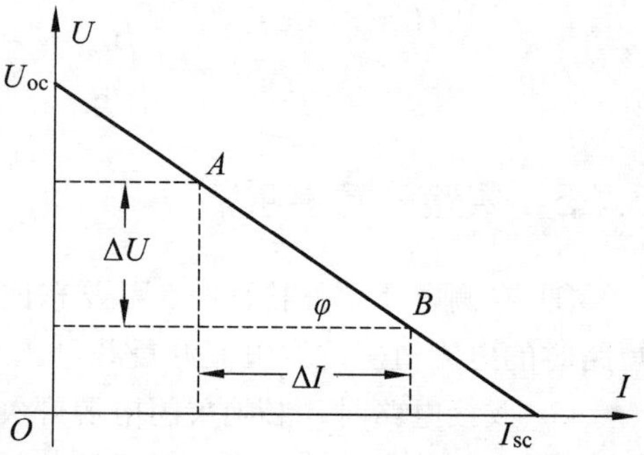

图 5.8.1

也可以先测量开路电压 U_{oc}，再测量电流为额定值 I_N 时的输出端电压值 U_N，则内阻为

$$R_0 = \frac{U_{oc} - U_N}{I_N}$$

（3）半电压法测 R_0

如图 5.8.2 所示，当负载电压为被测网络开路电压的一半时，负载电阻（由电阻箱的读数确定）即为被测有源二端网络的等效内阻值。

（4）零示法测 U_{oc}

在测量具有高内阻有源二端网络的开路电压时，用电压表直接测量会造成较大的误差。为了消除电压表内阻的影响，往往采用零示测量法，如图 5.8.3 所示。

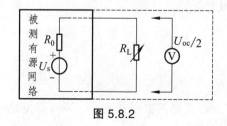

图 5.8.2

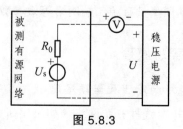

图 5.8.3

零示法测量原理是，用一低内阻的稳压电源与被测有源二端网络进行比较，当稳压电源的输出电压与有源二端网络的开路电压相等时，电压表的读数将为"0"，然后将电路断开，测量此时稳压电源的输出电压，即为被测有源二端网络的开路电压。

5.8.3 实验仪器和主要器材

万用表（MF-47 型或其他型号）　　直流电压表
电烙铁　　　　　　　　　　　　　PCB 实训板
稳压电源（或实验箱）　　　　　　电阻、导线若干

5.8.4 实验内容及步骤

被测有源二端网络如图 5.8.4（a）所示。图中：$R_1 = 330\,\Omega$，$R_2 = 510\,\Omega$，$R_3 = 510\,\Omega$，$R_4 = 10\,\Omega$，$I_s = 10\,\text{mA}$，$U_s = 12\,\text{V}$，$R_L = 0 \sim 1\,\text{k}\Omega$。

1. 测量等效参数

用开路电压法、短路电流法测定戴维南等效电路的 U_oc，R_0 和诺顿等效电路的 I_sc，R_0。
① 按图 5.8.4（a）焊接电路。
② 接入稳压电源 $U_s = 12\,\text{V}$ 和恒流源 $I_s = 10\,\text{mA}$。
③ 不接入 R_L，测出 $U_\text{oc} = U_{ABK}$，并将数据记录在表 5.8.1 中。
④ 接入 R_L，且使 $R_L = 0$，或直接从外部短接 A，B 点，测出 I_sc，并将数据记录在表 5.8.1 中。
⑤ 计算出 R_0。

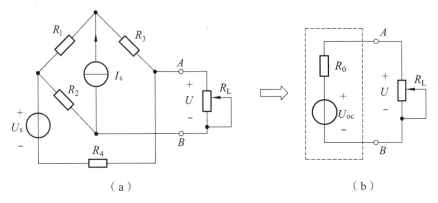

（a）　　　　　　　　　　　　　（b）

图 5.8.4

表 5.8.1

U_oc/V	I_sc/mA	$R_0 = U_\text{oc}/I_\text{sc}/\Omega$

2. 负载实验

按图 5.8.4（a）接入 R_L。改变 R_L 阻值，测量有源二端网络的外特性曲线。数据记入表 5.8.2 中。

表 5.8.2

U/V										
I/mA										

3. 验证戴维南定理

从电阻箱上（或外选）取得按步骤 1 所得的等效电阻 R_0 之值，然后令其与直流稳压电源（调到步骤 1 时所测得的开路电压 U_{oc} 之值）相串联，如图 5.8.4（b）所示，仿照步骤 2 测其外特性，对戴维南定理进行验证，并将数据记录在表 5.8.3 中。

表 5.8.3

U/V								
I/mA								

4. 验证诺顿定理

从电阻箱上取得按步骤 1 所得的等效电阻 R_0 之值，然后令其与直流恒流源（调到步骤 1 时所测得的短路电流 I_{sc} 之值）相并联，如图 5.8.5 所示，仿照步骤 2 测其外特性，对诺顿定理进行验证，并将数据记录在表 5.8.4 中。

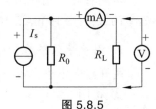

图 5.8.5

表 5.8.4

U/V								
I/mA								

5. 直接测量法测有源二端网络等效电阻

如图 5.8.4（a）所示，将被测有源网络内的所有独立源置零（去掉电流源 I_s 和电压源 U_s，并在原电压源所接的两点用一根短路导线相连），然后用伏安法或者直接用万用表的欧姆挡去测定负载 R_L 开路时 A，B 两点间的电阻，此即为被测网络的等效内阻 R_0，或称网络的入端电阻 R_i。

6. 用半电压法和零示法测量被测网络的等效内阻 R_0 及其开路电压 U_{oc}

电路及数据表格自拟。

5.8.5 实验注意事项

① 测量时应注意电流表量程的更换。

② 步骤 5 中，电压源置零时不能够在电路中将稳压源短接，而应该将稳压电源从电路中拆除，再将电路中接电源的两个点用导线连接。

③ 用万用表直接测 R_0 时，网络内的独立源必须先置零，以免损坏万用表。其次，欧姆挡必须经调零后再进行测量。

④ 用零示法测量 U_{oc} 时，应先将稳压电源的输出调至接近于 U_{oc}，再按图 5.8.3 测量。

⑤ 改接电路时，要关掉电源。

5.8.6 实验报告内容

① 根据步骤 2，3，4，分别绘出曲线，验证戴维南定理和诺顿定理的正确性，并分析产生误差的原因。

② 将步骤 1，5，6 测得的 U_oc 与 R_0 与预习时计算的结果作比较，你能得出什么结论？

5.9 最大功率传输条件测定

5.9.1 实验目的

① 掌握负载获得最大传输功率的条件；
② 了解电源输出功率与效率的关系。

5.9.2 实验原理

1. 电源与负载功率的关系

图 5.9.1 可视为由一个电源向负载输送电能的模型，R_0 可视为电源内阻和传输线路电阻的总和，R_L 为可变负载电阻。

负载 R_L 上消耗的功率 P 可由下式表示：

$$P = I^2 R_\text{L} = \left(\frac{U}{R_0 + R_\text{L}}\right)^2 R_\text{L}$$

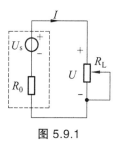

图 5.9.1

当 $R_\text{L} = 0$ 或 $R_\text{L} = \infty$ 时，电源输送给负载的功率均为零。而以不同的 R_L 值代入上式可求得不同的 P 值，其中必有一个 R_L 值使负载能从电源处获得最大的功率。

2. 负载获得最大功率的条件

负载获得最大功率的条件，即最大功率传输的条件是：

$$R_\text{L} = R_0$$

$$P_\text{max} = \left(\frac{U}{R_0 + R_\text{L}}\right)^2 R_\text{L} = \left(\frac{U}{2R_\text{L}}\right)^2 R_\text{L} = \frac{U^2}{4R_\text{L}}$$

当满足 $R_\text{L} = R_0$ 时，负载从电源获得的最大功率。这时，称此电路处于"匹配"工作状态。

3. 匹配电路的特点及应用

在电路处于匹配状态时，电源本身要消耗一半的功率。此时电源的效率只有 50%。显然，这对电力系统的能量传输过程是绝对不允许的。

发电机的内阻是很小的，电路传输的最主要指标是要高效率送电，最好是 100%的功率均传送给负载。为此，负载电阻应远大于电源的内阻，即不允许运行在匹配状态。

而在电子技术领域里却完全不同，一般的信号源本身功率较小，且都有较大的内阻。而负载电阻（如扬声器等）往往是较小的定值，且希望能从电源获得最大的功率输出，而电源的效率往往不予考虑。通常设法改变负载电阻，或者在信号源与负载之间加阻抗变换器（如音频功放的输出级与扬声器之间的输出变压器），使电路处于工作匹配状态，以使负载能获得最大的输出功率。

5.9.3 实验仪器和主要器材

万用表（MF-47 型或其他型号）　　直流电压表
电烙铁　　　　　　　　　　　　　PCB 实训板
稳压电源（或实验箱）　　　　　　电阻、导线若干

图 5.9.2

5.9.4 实验内容及步骤

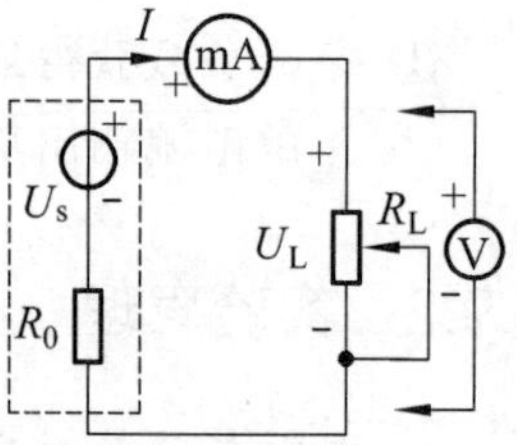

① 按图 5.9.2 接线，负载 R_L 取自十进制可变电阻器。

② 按表 5.9.1 所列内容，令 R_L 在 $0 \sim 1 \text{ k}\Omega$ 内变化，分别测出 U_o、U_L 及 I 的值。表中 U_o、P_o 分别为稳压电源的输出电压和功率；U_L、P_L 分别为 R_L 两端的电压和功率；I 为电路的电流。在 P_L 最大值附近应多测几点。

表 5.9.1

$U_s = 10$ V $R_{01} = 100 \ \Omega$	R_L/Ω								$1 \text{ k}\Omega$	∞
	U_o									
	U_L									
	I									
	P_o									
	P_L									
$U_s = 15$ V $R_{02} = 300 \ \Omega$	R_L/Ω								$1 \text{ k}\Omega$	∞
	U_o									
	U_L									
	I									
	P_o									
	P_L									

5.9.5 实验报告内容

① 整理实验数据，分别画出两种不同内阻下的下列各关系曲线：

$I \sim R_L$, $U_o \sim R_L$, $U_L \sim R_L$, $P_o \sim R_L$, $P_L \sim R_L$

② 根据实验结果,说明负载获得最大功率的条件是什么。

5.10 示波器的使用

5.10.1 实验目的

① 学会示波器的操作方法;
② 掌握示波器的主要面板旋钮、开关和按键的作用;
③ 了解示波器的组成框图和波形显示原理。

5.10.2 实验主要器材

双踪示波器 DC4322B　　　　　　　信号发生器

5.10.3 示波器的基本工作原理

示波器是观测电信号波形的电子测量仪器,它能把肉眼看不见的电信号变换成看得见的图像,便于人们研究各种电现象的变化过程。

利用它不仅可以观测电信号波形,还可对交流电压或直流电压的大小、周期性信号的周期或频率、脉冲信号的脉宽、上升和下降时间等各种电参数进行测量与估算,用途十分广泛。

1. 示波器的结构

示波器主要由示波管、Y 轴(垂直)放大器、X 轴(水平)放大器、扫描信号发生器和电源等几部分组成,如图 5.10.1 所示。

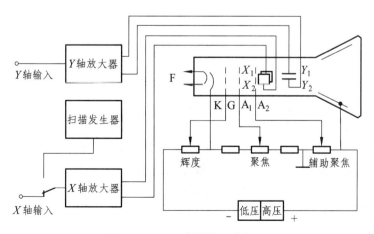

图 5.10.1　示波器的组成框图

（1）示波管

示波管是示波器的主要部件，它由电子枪、偏转系统和荧光屏组成。

电子枪的阴极 K 被灯丝 F 加热后发射大量电子，电子穿过控制栅极 G 的中心小孔集成一束，电子束通过第一阳极 A_1、第二阳极 A_2 后被加速和聚焦，射到荧光屏上，使荧光屏玻璃壳内壁的荧光物质受到轰击而发出荧光来。调节栅极的电位可以控制电子流的密度，从而调节荧光屏上光点的亮度（称为辉度）；调节阳极 A_1 和 A_2 的电位可以调节电子束的速度和聚焦程度，使光点更细更亮。在示波器的面板上，有"辉度""聚焦""辅助聚焦"等旋钮，就是用于这些调节的。

偏转系统有两对互相垂直的金属板，一对是垂直偏转板 Y_1 和 Y_2，另一对是水平偏转板 X_1 和 X_2，它们分别加不同的电压。当电子束通过偏转板时，在偏转板电场力的作用下，发生水平和垂直两个方向上有规律的偏移，其偏移位置随加在偏转板上的电压的变化而变化，从而在荧光屏上显示出所需要测量的波形来。

（2）Y 轴放大器

Y 轴放大器能够把被测试的弱信号放大，然后加在示波器的垂直偏转板上，使电子束产生足够的偏移。当被测信号过大时，放大器的输入端有衰减器进行衰减。示波器面板上分别有"Y 轴衰减""Y 轴增幅"（或"灵敏度选择"）旋钮，就是用于这些调节的。

（3）X 轴放大器

X 轴放大器的作用与 Y 轴放大器相似。X 轴的输入信号一般由机内"扫描发生器"直接引入扫描电压，经放大后加在 X 轴偏转板上，控制电子束的水平偏转。也可以从面板上的"X 轴输入"端钮输入外加信号。示波器面板上有"X 轴衰减""X 轴增幅"等旋钮用于 X 轴偏转的调节。

（4）扫描信号发生器

扫描信号发生器的作用是产生与时间呈线性关系的周期性锯齿波电压，作为 X 轴的扫描电压。其频率可以通过面板上的"扫描范围""扫描微调"等旋钮进行调节。

（5）电　源

示波器内的电源装置，能够提供机内各放大器和示波管所需要的各种高、低压直流电源。

（6）校准信号发生器

示波器中一般都有校准信号发生器，它是一个幅度和频率固定的方波信号发生器，用来对 Y 轴和 X 轴进行校准，以便对被测信号波形进行定量的观测。

2. 示波器的波形显示原理

当把被测信号（如正弦交流电压）加在垂直偏转板上，而水平偏转板不加扫描电压时，电子束在正弦电压作用下，在荧光屏的垂直方向作上下移动，在荧光屏上呈现一段垂直线段。同理，若只有扫描电压作用在水平偏转板上，也只能得到一条水平线段。

当被测正弦信号加在垂直偏转板 Y_1 和 Y_2 上，同时在水平偏转板 X_1 和 X_2 上加锯齿波线性扫描电压来模拟时间轴，电子束在正弦电压和扫描电压的共同作用下，同时产生上下和左右的偏移（偏转），在荧光屏就显示出被测试正弦波信号的波形来，如图 5.10.2 所示。

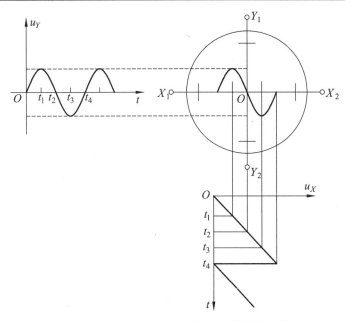

图 5.10.2 示波器的波形显示原理示意图

为了使荧光屏上显示一个稳定的波形,必须使

$$T_X = NT_Y \tag{5.10.1}$$

式中,T_X 为扫描信号(时基信号)的周期;N 为波形周期个数;T_Y 为显示信号的周期。

3. 示波器面板

示波器面板上的主要旋钮、开关和按键的位置如图 5.10.3 所示,其功能说明见表 5.10.1。

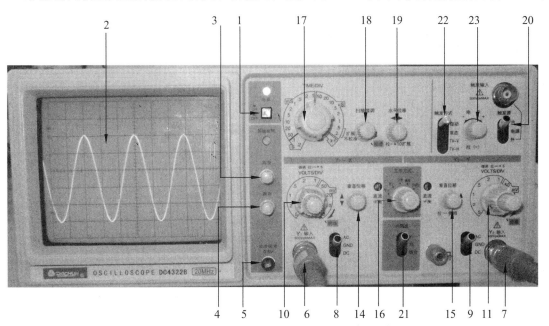

图 5.10.3 示波器面板主要旋钮、开关和按键的位置

表 5.10.1

部分	编号	旋钮名称	主要作用	常置态
电源与显示	1	电源开关	按下后指示灯亮，表明电源接通	
	2	荧光屏	显示信号波形，轴方向有 10 格，轴方向有 8 格，且各 5 小格	
	3	辉度	改变光点和扫描线的亮度（即波形亮度）	适中
	4	聚焦	调节电子束截面大小，使扫描线清晰	最清晰
	5	校准信号	提供方波信号，$V_{P-P}=0.5\ V$，$f=1\ kHz$	
垂直通道(Y)部分	6（7）	Y_1/Y_2 输入	将需要观察的信号通过"探头"接入	
	8（9）	Y_1（Y_2）信号耦合方式	AC—交流；GND—接地；DC—直流	AC
	10（11）	VOLTS/DIV（V，mV）	垂直灵敏度切换 1，2，5 阶梯衰减开关；改变第 1 路（或第 2 路）信号在荧光屏的显示幅度	幅度适中
	12（13）	VAR（幅度校准）	连续可变灵敏度调节（微调）；提供幅度的比较基准（顺时针旋到底）；微调拉出——波形幅度扩展 5 倍	
	14（15）	垂直位移↑↓Y_1（Y_2）	改变第 1 路（或第 2 路）信号在荧光屏上显示的波形的上下位置（使波形上下移动）	适中
	16	工作方式	Y_1—只显示 Y_1 的信号波形	
			Y_2—只显示 Y_2 的信号波形	
			交替—同时显示 Y_1 和 Y_2 的信号波形	
水平通道(X)部分	17	TIME/DIV（s，ms，μs）	扫描时基（时间）选择按 1，2，5 阶梯变换；改变信号在荧光屏上的波形显示的宽度	
	18	扫描微调（时基校准）	连续调节扫描时基信号；提供时间的比较基准（顺时针旋到底）	
	19	水平位移（X）⇄	改变信号在荧光屏上显示的水平位置（使波形左右移动）拉出—方向 X 扩展 10 倍	适中
触发部分	20	触发源	内、电源、外	内
	21	内触发	Y_1，Y_2 和组合	Y_1，Y_2
	22	触发方式	自动—任何情况下都有扫描基线，一般使用该方式	常用
			常态—触发扫描方式，有触发信号时进行扫描；无扫描信号或触发失步时，无扫描基线；一般用于观察频率<30 Hz 的信号波形	
			TV-V—视频-场方式，观察视频场信号时使用	
			TV-H—视频-行方式，观察视频行信号时使用	
	23	触发电平	调节波形在荧光屏上的稳定显示（常常需要人为调节）	适中

5.10.4 实验内容与方法

① 利用示波器中的校准信号,在荧光屏上调出一个清晰而稳定的波形。要求:峰-峰值 V_{P-P} 在荧光屏占 4 格,一个完整周期 T 占 5 格。

将示波器的主要旋扭、按键和开关的位置填入表 5.10.2 中。

② 利用示波器观察从函数信号发生器输出的一个频率 $f = 500 \sim 1\,000$ Hz,幅度 $U_m = 2$ V 的正弦波信号。要求:用示波器测试该信号的幅度有效值和信号频率。

表 5.10.2

名 称		选 择	名 称		选 择	名 称		选 择
Y_1 输入			Y_2 输入			工作方式 Y_1		
耦合方式	AC		耦合方式	AC		工作方式 Y_2		
	GND			GND		工作方式—交替		
	DC			DC		内触发	Y_1	
VOLTS/DIV			VOLTS/DIV				Y_2	
VAR1			VAR2				组合	
Y_1 位移			Y_2 位移			触发方式	自动	
TIME/DIV			触发源	内			常态	
扫描微调				电源			TV-V	
水平位移				外			TV-H	

5.11 模拟"配电"

5.11.1 实验目的

① 掌握安全用电常识,了解供配电常识;
② 了解室内电源的配置方式;
③ 掌握家用配电箱、电度表、开关、插座等的连接方法;
④ 了解常用电工工具,并学会其使用方法。

5.11.2 主要仪表、器材和工具

本实训所用主要仪表、器材和工具如表 5.11.1 所示。

表 5.11.1

序号	名 称	数量	序号	名 称	数量
1	MF-47 型万用表	1 块	7	开关(含声控开关)	4 个
2	试电笔	1 支	8	螺口灯座、节能灯	2 个
3	木质配电实训板	1 块	9	电工刀(剪刀)	1 把
4	空开	1 个	10	一字(或十字)螺丝刀	1 把
5	30 W 荧光灯	1 套	11	电源线	若干
6	5 孔插座	1 个	12	电工胶布	

5.11.3 实训任务与要求

实训任务：利用现有器材，模拟设计和装配一个室内"电源供电系统"。

主要功能要求：

① 计量总耗电（设计考虑，但不实际连接）。
② 过载保护（空开）。
③ K_1 控制一负载（荧光灯）。
④ 双控（K_2/K_3）一负载（节能灯泡）。
⑤ 声控（K_4）一负载（节能灯泡）。
⑥ 给一个 5 孔插座供 220 V 市电。

工艺要求：配电板上布局合理，工艺好，导线选择正确，操作方便、安全。

5.11.4 配电基本常识

1. 室内供电方式

在我国，室内配电通常使用中性点接地的三相四线制提供 220 V/380 V 的电压。

家庭供电常常采用 220 V 单相两线制，它是在 380 V 三相四线制中取出一根相线 L（火线）和一根中性线 N（零线）得到的。

2. 插座与插头的安装

插座是各种用电器具的供电点。单相插座分双孔和三孔，三相插座为四孔。

插头是各种用电器具从插座处获得电源的器件。

（1）插座的连接

插座的连接示意图如图 5.11.1 所示。

图 5.11.1

（2）插头的安装与接线

插头的安装与接线示意图如图 5.11.2 所示。

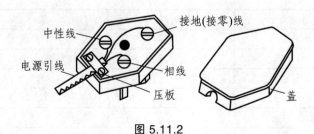

图 5.11.2

3. 电源与电源线的颜色关系

红色——接相线 L（火线）

绿色——接中性线 N（零线）

黄绿双色线——接保护线 E（地线）

4. "双控"的原理

"双控"的原理接线示意图如图 5.11.3 所示。

"双控"与开关内部接线示意图如图 5.11.4 所示。

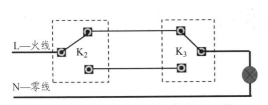 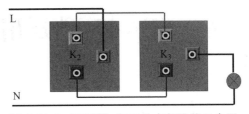

图 5.11.3　"双控"的原理接线示意图　　图 5.11.4　"双控"与开关内部接线示意图

注意：开关必须选择"双触点"开关。

5. 总实物接线图

总实物接线示意图如图 5.11.5 所示。

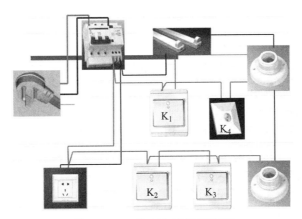

图 5.11.5　总实物连接示意图

5.11.5　装配要求

① 安全第一，两人密切配合。

② 在接入"市电"前，必须经现场实训指导老师检查同意。

③ 电源线选择一定注意颜色符合规范、长短合适、线径（粗细）符合功率要求。

④ 布线工艺要求为"横平竖直"；"剥出"的接线头长度要适中，不能裸露太长；外部接头用钳子接紧并用胶布缠好。

6　MF-47型万用表的装配与调试

万用表是一种多功能、多量程的便携式电工仪表。一般的万用表可以测量直流电流、交直流电压和电阻，有些万用表还可测量电容、功率、晶体管共射极直流放大系数 h_{FE} 等。

MF-47型万用表具有多个基本量程和多个附加参考量程，是一种量限多、分挡细、灵敏度高、体形轻巧、性能稳定、过载保护可靠、读数清晰、使用方便的新型万用表。

6.1　实训目的

① 理解万用表的基本工作原理、结构与组成；
② "走通"原理图和PCB上的实物图；
③ 掌握PCB的锡焊技术与方法；
④ 进一步掌握元器件的检测与判断方法；
⑤ 掌握MF-47型万用表的装配工艺、装配方法和检测方法；
⑥ 了解万用表的故障判断与排除方法；
⑦ 学会实训总结报告的撰写方法；
⑧ 注重培养学生的团队思想、合作意识和职业素养。

6.2　实训主要器材、仪表和工具

MF-47套件	1套
标准万用表	1块
内热式电烙铁	1把
斜口钳（或剪刀）	1把
小起子	1把

6.3 万用表的工作原理

6.3.1 万用表的种类

万用表主要有模拟指针式万用表和数字式万用表两种，外形如图 6.3.1 所示。

图 6.3.1　指针式万用表与数字式万用表外形示意图

本实训项目是指针式万用表的装配，因此，只介绍指针式万用表的结构、工作原理及使用方法。

6.3.2 指针式万用表的结构、组成与特征

1. 指针式万用表的结构特征

MF-47 型万用表采用高灵敏度的磁电系整流式表头，造型大方，设计紧凑，结构牢固，携带方便，零部件均选用优良材料及工艺处理，具有良好的电气性能和机械强度。

2. 指针式万用表的主要组成部件及各部分主要作用

指针式万用表的形式很多，但基本结构是类似的。指针式万用表主要由表头、转换开关（挡位和量程）、测量线路的 PCB 板、面板等组成，如图 6.3.2 所示。

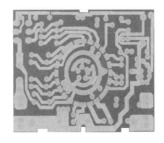

　　面板 + 表头　　　　　测量线路的 PCB 板　　　转换开关旋钮　　电刷旋钮

图 6.3.2　指针式万用表的主要部件

① 表头是采用"显示面板+表头"一体化结构。
② 转换开关用来选择被测电量的种类和量程。
③ 电刷主要配合转换开关和测量线路板接通相应电路。
④ 测量线路板将不同性质和大小的被测电量转换为表头所能接受的直流电流。

3. 指针式万用表的组成（见图6.3.3）

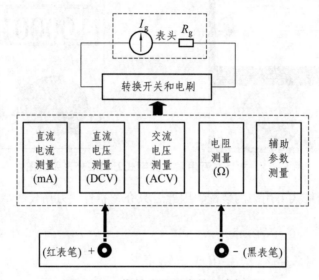

图6.3.3 指针式万用表的组成框图

6.3.3 MF-47型万用表的工作原理

1. 模拟万用表的原理示意图（见图6.3.4）

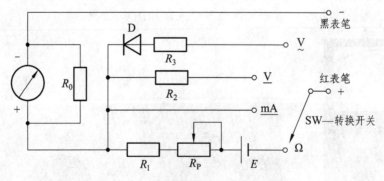

图6.3.4 模拟万用表的原理示意图

2. MF-47型万用表的实际原理图（见图6.3.5）

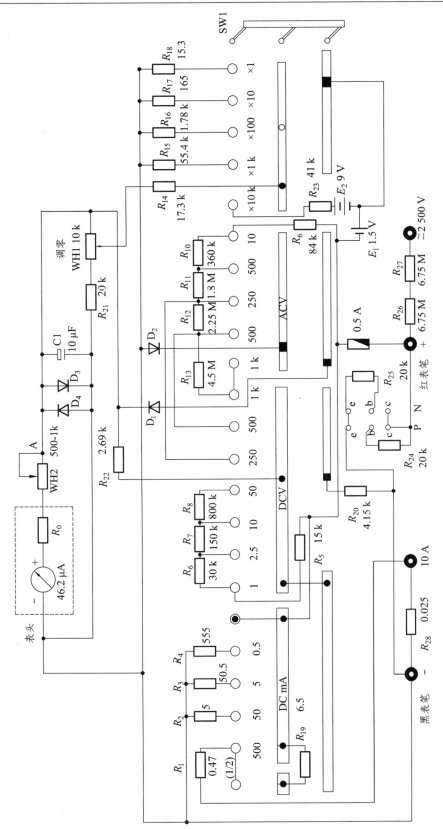

图 6.3.5 MF-47 型万用表的实际原理图（以实际配发为准）

3. PCB 焊接面实物图

PCB 焊接面（铜箔面）实物图如图 6.3.6 所示，它由公共显示部分、直流电流部分、直流电压部分、交流电压部分和电阻部分组成。

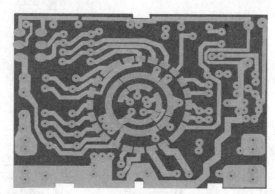

图 6.3.6　MF-47 型万用表的印制电路板（PCB）

每个挡位在 PCB 上的大致分布为：左上部为交流电压挡（ACV），左下部为直流电压挡（DCV），下边部为直流电流挡（DCmA），右中间是电阻挡（Ω）。

4. MF-47 装配图（见图 6.3.7）

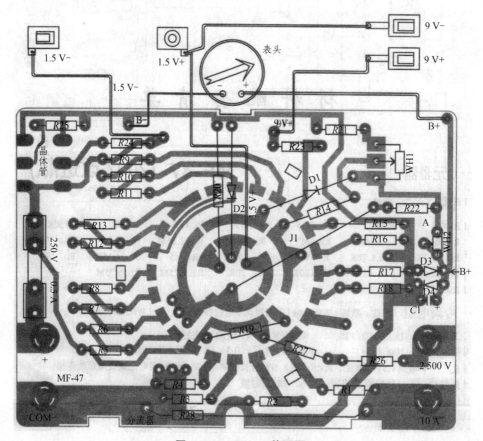

图 6.3.7　MF-47 装配图

6.4 MF-47 型万用表装配步骤

① 按元件清单清点材料（元件）；
② 检测和判断电阻、二极管、电位器和电容等；
③ 焊接前的准备工作；
④ 元器件的安装与焊接；
⑤ 机械部件的安装调整；
⑥ 检测与验收；
⑦ 撰写装配总结报告。

6.5 主要元件识别与判断

1. 色环电阻的识别

参见 5.2.4 节。

2. 二极管极性的判断

① 从外标记直接判断："淡银色环"端为二极管的负极端。

② 用万用表判断：将万用表置于 Ω 挡的×1 k 倍率，将二极管搭接在表笔两端，观察万用表指针的偏转情况，如果指针偏向右边，阻值较小，则黑表笔所接的端为二极管的正极，反之则为负极，如图 6.5.1 所示。

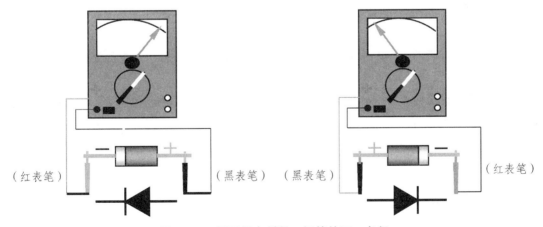

图 6.5.1 用万用表判断二极管的正、负极

3. 电解电容极性的判断

① 注意观察，在电解电容外侧面有"-"，是负极。
② 对于新电解电容，也可以根据它引脚的长短来判断，长引脚为正极，短引脚为负极。

③ 如果已经把引脚剪短，并且电容外表上没有标明正负极，那么可以用万用表来判断。判断的方法是正接时漏电流小（阻值大），反接时漏电流大。

6.6 装配与工艺要求

1. 焊接前的准备工作

① 确保元件质量完好，序号、型号正确并做好标记。

② 元件成型和元件卧式与立式安装。

元件成型的方法是：用镊子夹住元件的"根部"弯折成型。

元件卧式与立式安装的示意图如图 6.6.1 所示。

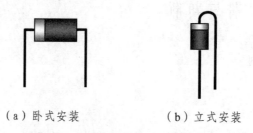

（a）卧式安装　　　　（b）立式安装

图 6.6.1　元件卧式和立式安装示意图

2. 元件焊接与装配的基本原则

元件焊接与装配的基本原则为"四先四后"，即先小后大、先低后高、先轻后重、先内后外。

本次 MF-47 型万用表的装配步骤建议为：

① 焊接电路板（PCB）。

• 元件从字符面插入：R1~R27，D1~D4，保险管座，WH2，分流器 R28→C1。

• 用标准表对每个焊好的电阻测试一次阻值，确保正确。

• 元件置于铜箔面直接焊接的元器件（电位器 WH1、晶体管插座、表笔插孔座）必须经老师辅导后，才允许焊接。

② 焊接外部导线。

③ 老师检查验收工艺。

④ 固定电刷。

⑤ 把 PCB 固定在表内。

⑥ 安装电池。

⑦ 插上测量表笔进行"自检"并记录数据（依据老师给定的要求进行）。

⑧ 在测试台进行现场测试，老师验收。

⑨ 校准（视误差大小而定）。

⑩ 上好后盖。

3. 几个特殊件的安装

（1）表笔（输入）插管的安装

输入插管装在铜箔面，即焊接面，是用来插表笔的，因此一定要焊接牢固。将其插入线路板中，用尖嘴钳在"字符面"轻轻钳紧，将其固定。一定要注意插管与PCB垂直，然后将两个固定点焊接牢固，如图6.6.2（a）所示。

（2）晶体管插座的安装

晶体管插座装在线路板铜箔面，即焊接面，用于判断晶体管的极性。在"铜箔面"的左上角有6个椭圆的焊盘，中间有两个小孔，用于晶体管插座的定位。

将晶体管插片插入晶体管插座中，如图6.6.2（b）所示，特别注意开口方向如图中①所示，将底部其伸出部分折平，如图中②所示。

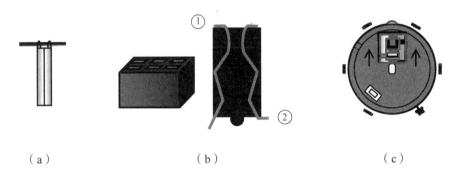

（a）　　　　　　　　　（b）　　　　　　　　　（c）

图6.6.2　几个特殊件的安装示意图

晶体管插片装好后，将晶体管插座装在线路板上，定位，检查是否垂直，并将6个椭圆的焊盘焊接牢固。

（3）V型电刷的安装

V型电刷的安装，开口朝左下方，并轻轻用力将V型电刷卡入，如图6.6.2（c）所示。千万不能装反，否则，电刷容易损坏而且电路不能正常工作。

（4）电池夹的安装

注意分清"长片"和"短片"，电池极板安装的位置平极板与凸极板不能对调，否则电路无法接通。

（5）外接导线的连接

首先，根据连接点的位置与性质，选择合适的导线及导线长度。其次，注意导线的选色（分色），一般红色为电源的正极，黑色为电源的负极（或地线）。电源线一般不能用同一颜色。

4. 焊接时的特别注意事项

① 焊接时一定要注意"电刷轨道"[见图6.6.3（a）]上不能粘上锡，否则会严重影响电刷的转动。为了防止电刷轨道粘锡，可用一张与电刷轨道同样大小的圆形厚纸（自制）贴在PCB上，如图6.6.3（b）所示。

② 焊接电刷轨道内的焊点时，可将保护圆纸对应处开口；在外侧两圈轨道中的焊点，由

于电刷要从中通过,安装前一定要检查焊点高度,不能超过 2 mm,焊点不能太大,如果焊点太高、太大都会影响电刷的正常转动甚至刮断电刷。

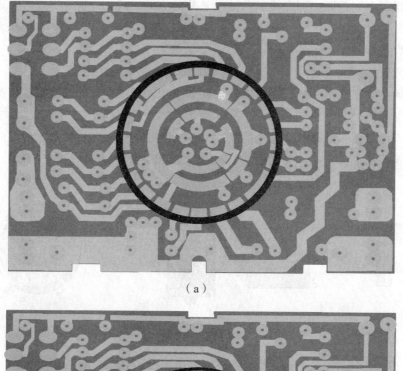

(a)

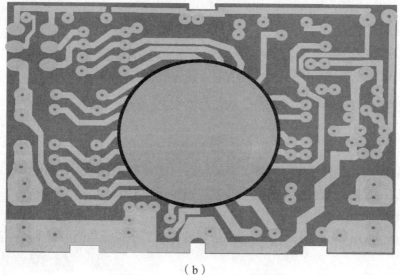

(b)

图 6.6.3　电刷轨道的保护示意图

6.7　检测与验收

1. 工艺验收

① 元件的成型、装配工艺;

② 焊接工艺和质量。

2. 功能验收和测试

主要参照附录 6.3——自检自测数据与验收签字单的内容进行。

3. 成绩评定的主要参考依据

① 有无错装、漏装元件；
② 有无搭焊、漏焊、虚焊、假焊，铜箔有无断裂，连线有无错误，焊点清洁度等；
③ 器件和工具有无损坏、丢失等，仪器仪表有无损坏等；
④ 工艺质量、功能实现及测量数据等；
⑤ 实训总结报告的撰写；
⑥ 实训态度，实训完成情况，遵守操作规程、团结协作、机务作风等表现。

6.8 实训的总体要求

① 认真参加训练，自觉遵守实训纪律，培养一丝不苟的工作态度；
② 注意安全用电，确保人身安全和设备安全；
③ 注意电烙铁不能碰到电源线、衣物、仪表、桌面等易燃物品；
④ 保管好自己的元件和工具；
⑤ 保持操作位干净，仪器仪表和工具放置有序；
⑥ 严格遵守操作规程，安全实训、文明实训，实训场地严禁高声喧哗、嬉戏和打闹。

附录1　安全用电基本常识

电能是现代社会使用的主要能源,它既清洁,又方便,因而在人们的生产、生活等诸方面得到广泛的应用,但如果使用不当,则可能发生严重事故。电气事故包括人身事故和设备事故。当发生人身事故时,轻者烧伤,重者死亡;当发生设备事故时,轻则损坏电气设备,重则引起火灾或爆炸。为了安全有效地使用电能,除了掌握电的基本性能和规律外,还必须了解供、配电和安全用电的基本知识。

一、供电与配电

电能是二次能源,它是由煤炭、水力、石油、天然气、太阳能及原子能等一次能源转换而来的。

电能以功率形式表达时,俗称为电力。它的生产、传输和分配是通过电力系统来实现的。

(一) 电力系统

发电厂通常远离用户,而输电线路越长则线路上损耗的电能越多。为了减少线路上损耗,通常采用升高电压的方法。因为当容量一定时,电压升高,电流可以减小,线路上的损耗即可降低。因此需要用变压器把电压升高进行远距离高压输电,到达用户地区又要降低电压进行配电。

由发电机、输配电线路、变压设备、配电设备、保护电器和用电设备等组成一个总体即为电力系统。

电力系统由发电厂、电力网和电能用户三个基本部分组成。

电力系统中从发电厂将电能输送到用户的部分则为电力网。附图1.1是电力系统输配电过程的示意图。

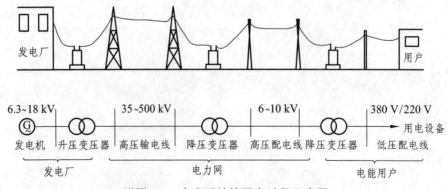

附图1.1　电力系统输配电过程示意图

1. 发电厂

发电厂是电力系统中提供电能的部分。发电厂按转化为电能的一次能源的不同，可分为火力发电厂、水力发电厂、核能发电厂、风力发电厂、地热发电厂和太阳能发电厂等。

我国目前由于煤矿资源和水力资源比较丰富，火力发电和水力发电占据着主导地位，核能发电、风力发电、地热发电、太阳能发电等也得到大力推进和使用。

考虑到发电机的绝缘与运行安全，发电机电压不能过高，三相交流发电机的电压一般为 6.3~18 kV。通常需要把发电机发出的电压升高后才能输送出去。

2. 电力网

电能从发电厂传输到用户，需经过升压、传输、降压、分配等中间环节，称为电力网，简称电网。发电机发出的电压除供发电站附近区域使用外，都要经过升压变电所将电压升高。根据输送容量的大小和距离的远近，升压后的电压有 35 kV、110 kV、220 kV、330 kV、500 kV 等几个等级。当高压电输送到用户附近后，先在用电地区设置的区域变电所进行第一次降压，一般将电压降为 6~10 kV 或 35 kV，然后送到用户变电所再次降压，一般把电压降至 380 V/220 V 供给用户设备。

为了提高电力系统的经济性、可靠性和稳定性，一般通过电力网把多个发电厂、变电所联合起来，构成一个大容量的电力网进行供电。

3. 电能用户

在工厂中有许多用电设备，按其用途可分为动力用电设备（如电动机）、工业用电设备（如电解）、电热用电设备（如电炉）以及照明用电设备和实验用电设备等。它们分别将电能转换为机械能、化学能、热能和光能等不同形式的能量，所有这些用电设备，统称为用户。

电能输送到工厂后，还需要进行变电和配电。变电所与配电所的区别在于配电所只接收电能和分配电能，而变电所除有这两个功能外，还要变换电压。所以，变电所中除了配电装置外，还装有变压器。

（二）工厂供电系统

从电能输送线路进厂到所有用电设备进线端子的整个电路系统称为工厂供电系统。工厂配电一般有 6~10 kV 高压和 380 V/220 V 低压两种。对于容量较大的泵、风机等一些采用高压电动机传动的设备，直接由高压配电供给；大量的低压电气设备需要 380 V/220 V 电压，由低压配电供给。

一般中型工厂的电源进线电压是 6~10 kV，经高压配电所由高压配电线路将电能送到各车间变电所或直接供给高压用电设备。车间变电所一般设置（1~2）台电力变压器，将 6~10 kV 的高压降至 380 V/220 V，再经低压配电线路将电能分送给各低压用电设备。附图 1.2 是有两路高压线进配电所的供电系统示意图。

在低压配电系统中，照明线路与动力线路可以分开，但通常采用三相四线制。

对于小型工厂，一般采用电力系统的 380 V/220 V 低压配电线路供电，只需要设置一个低压配电室即可。

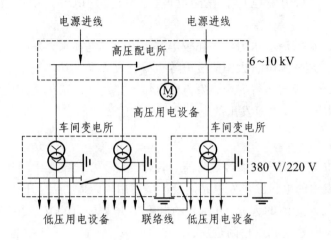

附图 1.2　一般工厂配电示意图

二、安全用电基本常识

电给人类带来巨大物质文明的同时也给人们带来了触电伤亡的危险。为了保证使用者人身安全和设备安全，保证电气设备正常运行，必须采取相应的安全措施，防止触电和设备事故的发生。

（一）安全电流与电压

1. 安全电流

根据人体在电流流过时产生的不同生理反应，可将电流分为感知电流、摆脱电流和致命电流。

感知电流是指在一定频率下，通过人体引起人的感觉的最小电流。人对电流最初的感觉是轻微麻感和微弱针刺感。感知电流一般不会对人体造成伤害，但当电流增大时感觉增强，反应变大，可能导致坠落等二次事故。工频感知电流的大小约为 1 mA。

摆脱电流是指人触电后能自行摆脱电极的最大电流。对于不同的人，摆脱电流值也不同。摆脱电流值与个体生理特征、电极形状、电极尺寸等因素有关。摆脱电流的大小约为 10 mA。

致命电流是指在较短的时间内危及人生命的电流。例如 100 mA 的电流通过人体 1 s，足以使人丧命，因此致命电流为 50 mA。

在有防止触电保护装置的情况下，人体允许通过的电流一般可按 30 mA 考虑。

电流大小与人体感觉的关系和对人体的危害如附表 1.1 所示。

附表 1.1 电流大小与人体感觉的关系和对人体的危害

电流大小/mA	人体感觉	对人体的危害	范围
≤5	轻微麻感和微弱针刺感	不会直接造成危害，但会造成二次事故	感知电流
8~10	手指关节有剧痛感	手摆脱电极已经感到困难	摆脱电流
20~25	手迅速麻痹	不能自动摆脱电极，呼吸困难	致命电流
50~80	呼吸困难、心房开始震颤	人有生命危险	
90~100	呼吸麻痹	大约2~3秒心脏开始麻痹，停止跳动	

一般情况下，流过人体的电流在 5 mA 以下，可视为安全电流。

对于同样大小的电流，交流比直流的伤害严重，而频率为 50 Hz 左右的交流电对人体的伤害最严重。对于同样的触电电流，通过人体的时间越长，对人体的伤害越严重。

2. 安全电压

一般情况下人体的电阻通常取 800 Ω ~ 1 kΩ，参照新的国家标准《特低电压限值》（GB/T 3805—2008），在人体皮肤电阻和对地电阻不降低，而且电路正常无故障的最不利条件下（如潮湿条件），直流电压的限值为 35 V，交流电压（15 ~ 100 Hz）限值为 16 V。

国际电工委员会规定接触电压的限定值（即安全电压）为 50 V，并规定 25 V 以下时不需要考虑防止电击的安全措施。

我国把安全电压设为 42 V，36 V，24 V，12 V 和 6 V 五个等级，多采用 36 V 和 12 V 两个等级。采用安全电压时，必须由实行了电气隔离的特定电源供电。

（二）触电与安全用电

触电是指电流流过人体而对人体产生的生理和病理伤害。

1. 触电方式

人体触电的方式可分为直接触电和间接触电。

人体直接接触带电设备称为直接触电。其防护方法主要是给带电导体加上绝缘，给变电所的带电设备加上隔离栅栏或防护罩。直接触电又可分为单相触电和两相触电。

两相触电是指人体两处同时触及两相带电体而触电，如附图 1.3（a）所示。这时加在人体上的电压是线电压，在 380 V/220 V 电网中是 380 V。通过人体的电流只决定于人体的电阻和两相导体接触处的接触电阻之和。这种触电方式是最危险的。

单相触电是指当人体直接接触三相电源中的一根线时，电流通过人体流入大地这种触电方式。单相触电的危险程度与电源中性点是否接地有关。

附图 1.3（b）和附图 1.3（c）分别为三相电源中性点接地和不接地的单相触电示意图。

 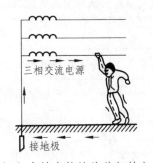 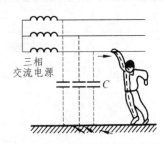

（a）两相触电　　　　（b）中性点接地的单相触电　　（c）中性点不接地的单相触电

附图 1.3　直接触电示意图

当高压线断落地面时，电流流入地下，接地点周围产生强电场，接地点的电位最高，离接地点越远电位越低。当人进入这个区域时，两脚跨步之间将存在一个跨步电压，由它引起的触电称为跨步电压触电。人离断线接地点越近，跨步电压触电造成的危害就越大，如附图 1.4 所示。

附图 1.4　跨步电压触电示意图

2. 安全用电措施

为防止触电事故和电气火灾事故的发生，杜绝电（含雷电）给人类带来损失和灾害，电工操作人员必须严格遵守安全操作规程，同时，还必须相应采取必要的安全防护措施。

（1）防止触电的安全保护措施

① 严禁违章带电操作。

电工作业必须由经过正规培训、考试合格的专业电工进行操作，并有专人监护，采取相应的安全措施。如，穿绝缘靴，用绝缘材料缠绕裸露导体，站在橡皮垫或干燥的绝缘物上作业。

② 严禁乱接接地线。

严禁将接地线接在埋于地下的水管、煤气管等管道上使用。金属外壳的电气设备的电源插头一般用三极插头,接地保护极必须接到专用的接地线上。

③ 采用保护接地或保护接零安全装置。

保护接地是指将电气设备在正常情况下不带电的金属外壳或构架,与大地之间作良好的金属连接。采用保护接地后,即使人触及漏电设备的金属外壳也不会触电。保护接地一般适用于 1 000 V 的电气设备以及电源中线不直接接地的 1 000 V 以下的电气设备,如附图 1.5(a)所示。

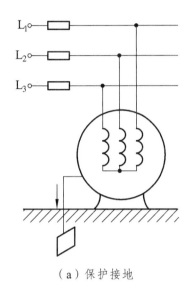

(a) 保护接地

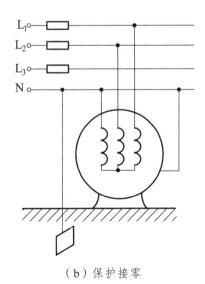

(b) 保护接零

附图 1.5　保护接地和保护接零示意图

保护接零是指将电气设备在正常情况下不带电的金属外壳和构架,与供电系统中的零线相连。接零后若电气设备的某相绝缘损坏而漏电时,短路电流立即将熔丝熔断或使其他保护电器动作而切断电源,消除了触电的危险。保护接零适用于三相四线制中线直接接地系统中的电气设备，如附图1.5（b）所示。

④ 建立经常或定期的安全检查制度，发现不符合安全规定的隐患或电气故障应及时加以处理。在暗湿的环境场合中，应使用36 V，24 V或12 V的安全电压。

⑤ 对于裸露的带电线路或带电设备，必须按规定架空，设置遮拦或标示牌。

⑥ 当人体进入高压线跌落区，必须保持镇静，双脚并拢作小幅度跳动，远离高压线落地区域，从而防止跨步电压触电。

（2）电气火灾的防护措施

① 正确安装电气设备。

② 保持必要的防火距离。

③ 正确选用保护装置。

④ 保持电气设备的正常运行。

⑤ 配备消防器材和设备。

附录2　部分习题参考答案

习题一

一、判断题

1	2	3	4	5	6	7	8	9	10	11	12	13	14	15
×	√	×	×	√	√	×	×	×	√	×	×	√	×	√

三、单项选择题

1	2	3	4	5	6	7	8	9	10	11	12
D	B	C	D	B	C	B	D	C	A	C	D

四、分析计算题

1. $I_{(60W)} \approx 0.27\ \text{A}$　　　$R_{(60W)} \approx 806\ \Omega$
   $I_{(100W)} \approx 0.45\ \text{A}$　　$R_{(100W)} \approx 484\ \Omega$

2. （1）$P = 4\ \text{W}$　（2）$U = 3\ \text{V}$　（3）$I = -2\ \text{mA}$，$W = 6 \times 10^{-4}\ (\text{J})$

3. （1）$P = 8\ \text{W}$　（2）$P = -10\ \mu\text{W}$　（3）$u = 4\ \text{V}$

4. （a）$U_{ab} = -5\ \text{V}$　（b）$U_{ab} = -5\ \text{V}$　（c）$U_{ab} = 10\ \text{V}$　（d）$U_{ab} = -10\ \text{V}$

5. （1）当 $R = 5\ \Omega$ 时，$I_R = 2\ \text{A}$（假设 I_R 的参考方向是由上往下）；
   　　　　　　　　$I_{10V} = 1\ \text{A}$（假设 I_{10V} 的参考方向是由下往上）；
   　　　　　　　　$P_{10V} = -10\ \text{W}$（产生功率），$P_{1A} = -10\ \text{W}$（产生功率）
   （2）当 $R = 20\ \Omega$ 时，$I_R = 0.5\ \text{A}$（假设 I_R 的参考方向是由上往下）；
   　　　　　　　　$I_{10V} = -0.5\ \text{A}$（假设 I_{10V} 的参考方向是由下往上）；
   　　　　　　　　$P_{10V} = 5\ \text{W}$（吸收功率），$P_{1A} = -10\ \text{W}$（产生功率）

6. （1）当 $R = 1\ \Omega$ 时，$U_{1A} = 11\ \text{V}$（假设 U_{1A} 的参考方向是上"+"下"-"），
   　　　　　　　　$P_{1A} = -11\ \text{W}$（输出功率），$P_{10V} = 10\ \text{W}$（吸收功率）
   （2）当 $R = 100\ \Omega$ 时，$U_{1A} = 110\ \text{V}$（假设 U_{1A} 的参考方向是上"+"下"-"），
   　　　　　　　　$P_{1A} = -110\ \text{W}$（输出功率），$P_{10V} = 10\ \text{W}$（吸收功率）

7. $P_A = 8\ \text{W}$（吸收功率），$P_B = 12\ \text{W}$（吸收功率），（$P_C = -20\ \text{W}$）

8. 图（a）电压 $U_{ab} = -17\ \text{V}$，$P = 25\ \text{W}$；图（b）电压 $U_{ab} = 5\ \text{V}$；$P = 4\ \text{W}$

9. $I_1 = -4$ A, $I_2 = 7$ A, $I_3 = 3$ A

10. $U_1 = -3$ V, $U_2 = 1$ V, $U_{ab} = 0$ V

11. $U = 6$ V, $I = 3$ A, $P_{4V} = -12$ W（输出）, $P_{1A} = -6$ W（输出）, $P_{2\Omega} = 2$ W（消耗）, $P_{1\Omega} = 16$ W（消耗）

12. $u = 2.5$ V

13. $V_a = 10$ V, $V_b = 13$ V

14. （1）当 S 断开时：$V_c = -6$ V, $V_d = -5$ V, $V_e = 1$ V, $U_{ce} = -7$ V, $U_{ef} = 1$ V

   （2）当 S 闭合（3 Ω 电阻被短路）时：$V_c = -6$ V, $V_d = -4$ V, $V_e = 2$ V, $U_{ce} = -4$ V, $U_{ef} = 2$ V

习题二

一、判断题

1	2	3	4	5	6	7	8	9	10	11	12	13	14	15
×	√	×	√	×	√	×	√	×	×	√	√	×	√	×
16	17	18	19	20	21	22	23	24	25	26	27	28	29	30
√	×	√	√	√	√	√	×	√	×	√	×	√	×	√

三、单项选择题

1	2	3	4	5	6	7	8	9	10	11	12	13	14	15	16
C	A	B	A	B	A	D	B	B	C	A	B	A	B	B	A

四、分析计算题

1. （1）总功率 $P_总 = \sum P_单 = 400$ W

   （2）总电流 $I_总 = \sum I_单 = 1.82$ A

2. (a) $R_{ab} = 18 + 6 // 3 = 20$ Ω

   (b) $R_{ab} = (6//6 + 7)//10 = 5$ Ω

   (c) $R_{ab} = (2//4) + 6 + (4//8) = 10$ Ω

3. $U = 1.2$ V, $I = 0.12$ A, $P_R = 0.324$ W

4. $I = 2$ A, $U_{ab} = 12$ V

5. $I = 17.5$ mA

6. $P_{I_S} = 4$ mW（消耗）, $P_{U_S} = -30$ mW（产生、提供、输出）

   $P_{R_1} = 8$ mW（消耗）, $P_{R_2} = 18$ mW（消耗）

7. 图（a）: a、b 端等效为一个电阻, $R_{ab} = 15$ Ω

   图（b）: a、b 端等效为一个电阻（$R_0 = 5$ Ω）和一个理想电压源（$U_{oc} = U_{ab\text{开}} = -2.5$ V）的串联形式。

附录 2 部分习题参考答案   231

8. 图（a）：$U = 35 + 5I$（即 $U_0 = 35$ V $R_0 = 5\ \Omega$）

   图（b）：$U = 10I$（即 $R_0 = 10\ \Omega$）

9. 图（a）：$U = -1 + 4I$（即 $U_0 = -1$ V $R_0 = 4\ \Omega$）

   图（b）：$U = -1 + I$（即 $U_0 = -1$ V $R_0 = 1\ \Omega$）

10. （1）戴维南模型参数 $U_{oc} = 10$ V，$R_0 = 5\ \Omega$（等效电路模型略）

    （2）诺顿模型参数 $I_{sc} = 2$ A，$R_0 = 5\ \Omega$（等效电路模型略）

11. 图（a）：$U = 15$ V，$I = -2.25$ A，$P_R = 20.25$ W；

    图（b）：$U = 8$ V，$I = 3$ mA，$P_R = 54$ mW；

12. $U_x = 1$ V

13. 图（a）：$U_0 = 6$ V，$R_0 = 8\ \Omega$

    图（b）：$U_0 = -15$ V，$R_0 = 3\ \Omega$

14. 图（a）：求得：$U_{oc} = 22.4$ V，$R_0 = 1.6\ \Omega$，当 $R_L = R_0 = 1.6\ \Omega$ 时，$P_{max} = 78.4$ W

    图（b）：解得：$U_{oc} = 5$ V，$R_0 = 10\ \Omega$，当 $R_L = R_0 = 10\ \Omega$ 时，$P_{max} = 0.625$ W

15. （1）当 $R_L = 4\ \Omega$ 时，电压 $U = 16/3$ V

    （2）改变 R_L，当 $R_L = 2\ \Omega$ 时，$P_{max} = 8$ W

16. $I_1 = 1$ A，$I_2 = -1$ A，$I_3 = 2$ A，$I_4 = 1$ A，$I_5 = 3$ A，$I_6 = 2$ A

17. $u = 4$ V

18. $I_1 = -6$ A，$I_2 = -6$ A

19. $U_{ac} = 4$ V，$U_{bc} = 7$ V，$U_{ab} = -3$ V

20. （1）设 $V_d = 0$，则

    节点 a：$V_a = U_s$

    节点 b：$(1/R_2 + 1/R_3 + 1/R_4)V_b - (1/R_2)V_a - (1/R_3)V_c = 0$

    节点 c：$(1/R_1 + 1/R_3 + 1/R_5)V_c - (1/R_1)V_a - (1/R_3)V_b = I_s$

21. $i_x = 3$ A

习题三

一、判断题

1	2	3	4	5	6	7	8	9	10	11	12	13	14	15
×	×	×	√	√	×	√	×	×	√	√	×	√	×	√

三、单项选择题

1	2	3	4	5	6	7	8	9	10	11	12
D	C	A	C	B	A	D	C	B	B	C	C

四、分析计算题

1. （未解）

2.（未解）

3. 图（a）：$C_{ab} = 10$ F，图（b）：$C_{ab} = (5/8)C$

4. 图（a）：$L_{ab} = 0.4L$，图（b）：$L_{ab} = 1.5L$

5. $i(t) = (t + 5)$ A

6. $i(t) = (5t^2 + 4t)$ A

7. （1）图（a）：

   $u_C(0^+) = u_C(0^-) = 18$ V，$i(0^+) = 3$ A

   $u_C(\infty) = 12$ V，$i(\infty) = 2$ A，$\tau = R_0C = 10 \times 10^{-6}$ s

   （2）图（b）：

   $i_L(0^+) = i_L(0^-) = 0$，$u(0^-) = 0$

   $i_L(\infty) = 0.25$ A，$u(\infty) = 7.5$ V，$\tau = \dfrac{L}{R} = 0.5 \times 10^{-3}$ s

   （3）图（c）：

   $u_C(0^+) = u_C(0^-) = 24$ V，$i_L(0^-) = 0$

   $i(0^+) = 5$ A，$i(\infty) = 0$，$u_C(\infty) = -6$ V，$\tau = R_0C = 3$ s

   （4）图（d）：

   $i_L(0^+) = i_L(0^-) = 3$ A，$i(0^+) = 1$ A

   $i_L(\infty) = 4.5$ A，$i(\infty) = 1.5$ A，$\tau = R_0C = 2$ s

8. （1）$u_C(0^+) = u_C(0^-) = 4.5$ V

   （2）$u_C(\infty) = 9$ V

   （3）$\tau = R_0C = 2$ s

   （4）$u_C(t) = u_C(\infty) + [u_C(0^+) - u_C(\infty)]e^{-\frac{t}{\tau}} = 9 - 4.5e^{-0.5t}$ V $(t \geqslant 0)$

9. （1）$u_C(0^-) = 0$，$u_C(0^+) = u_C(0^-) = 0$

   （2）$i(0^+) = 3$ mA

   （3）$u_C(\infty) = 6$ V，$i(\infty) = 1$ mA

   （4）$\tau = R_0C = 1$ ms

   （5）$u_C(t) = u_C(\infty) + [u_C(0^+) - u_C(\infty)]e^{-\frac{t}{\tau}} = 6 - 6e^{-1000t}$ V $(t \geqslant 0)$

   （6）$i(t) = i(\infty) + [i(0^+) - i(\infty)]e^{-\frac{t}{\tau}} = 1 + 2e^{-1000t}$ A $(t \geqslant 0)$

   （7）波形示意图（略）

10. （1）$i(t_1^-) = i_L(t_1^-) = 10$ A，$i_L(t_1^+) = i_L(t_1^-) = 10$ A

    （2）$u(t_1^+) = 60$ V

    （3）$i(\infty) = 25$ A，$u(\infty) = 0$

    （4）$R_0 = 4$ Ω

    （5）$\tau = \dfrac{L}{R_0} = 5 \times 10^{-3}$ s

    （6）$i(t) = i(\infty) + [i(0_1^+) - i(\infty)]e^{-\frac{t-t_1}{\tau}} = 25 - 15e^{-200(t-t_1)}$ A $(t \geqslant t_1)$

附录 2　部分习题参考答案　233

$$u(t)=u(\infty)+[u(t_1^+)-u(\infty)]\mathrm{e}^{-\frac{t-t_1}{\tau}}=60\mathrm{e}^{-200(t-t_1)}\text{ V}\qquad(t\geqslant t_1)$$

（7）波形示意图（略）。

习题四

一、判断题

1	2	3	4	5	6	7	8	9	10	11	12	13	14	15	16	17	18	19	20
√	×	×	√	×	×	×	×	×	×	√	×	√	√	√	√	×	×	×	√

三、单项选择题

1	2	3	4	5	6	7	8	9	10	11	12	13	14	15	16	17	18	19	20
D	C	B	A	D	A	C	C	C	B	B	C	B	B	D	A	A	C	D	C

四、分析计算题

1. $i(t)=I_\mathrm{m}\cos(\omega t+\varphi_i)=10\cos(10^3 t+30°)$ mA

   $u(t)=U_\mathrm{m}\cos(\omega t+\varphi_u)=220\sqrt{2}\cos\left(314t+\dfrac{\pi}{4}\right)$ V

2. （1）$\dot{I}_1=\dfrac{5}{\sqrt{2}}\underline{/0°}=2.5\sqrt{2}\underline{/0°}$ A，（2）$\dot{I}_2=\dfrac{3}{\sqrt{2}}\underline{/60°}=1.5\sqrt{2}\underline{/60°}$ A

3. （1）$u_0(t)=5\sqrt{2}\cos(\omega t+53°)$ V，$i_0(t)=10\sqrt{2}\cos(\omega t-37°)$ A，u_0 超前 i_0 90°

   （2）$u_1(t)=3\sqrt{2}\cos(\omega t+180°)$ V，$i_1(t)=5\sqrt{2}\cos(\omega t-107°)$ A，i_1 超前 u_1 53°

   （3）$u_2(t)=6\sqrt{2}\cos(\omega t-90°)$ V，$i_2(t)=5\sqrt{2}\cos(\omega t-30°)$ A，i_2 超前 u_2 60°

   （4）$u_3(t)=2\sqrt{2}\cos(\omega t+150°)$ V，$i_3(t)=3\sqrt{2}\cos(\omega t+90°)$ A，i_3 滞后 u_3 60°

   相量图（略）

4. $u(t)=20\sqrt{2}\cos(10^3 t-45°)$ V，$i(t)=3\sqrt{2}\cos(10^3 t+30°)$ mA

5. $u(t)=10\sqrt{2}\cos(1\,000\pi t-60°)$ V

   相量图（略）

6. （a）$\dot{U}=\dot{U}_1+\dot{U}_2=3+\mathrm{j}4$ V

   （b）$\dot{I}_2=\dot{I}-\dot{I}_1=-3+5\mathrm{j}$ A

7. （1）$i(t)=9.2\sqrt{2}\cos(314t+30°)$ A （或 $I\approx 9.2$ A）

   （2）相量图（略）

   （3）$W=Pt=2\times 3\times 30=180$ kW·h $=180$（度）

8. $I_L=0.5$ mA

9. （1）$X_C=\dfrac{1}{\omega C}=10^5\ \Omega=100$ kΩ　$\dot{U}_C=\dfrac{1}{\mathrm{j}\omega C}\dot{I}_C=400\underline{/-150°}$ V

   相量图（略）

10. （1） $Z = 4\underline{/45°} = 2.8 + \text{j}2.8\ \Omega$　　电压超前电流 45°（电路呈感性）。

　　（2） $Z = 5 - \text{j}5\ \Omega$　　电压滞后电流 45°（电路呈容性）。

　　（3） $Z = 3\underline{/90°}\ \Omega$　　电压超前电流 90°（电路呈纯感性）。

　　等效电路模型（略）

11. 图（a）： $Y_{(a)} = 2 - \text{j}2\ \text{S}$， $Z_{(a)} = 0.25 + \text{j}0.25\ \Omega$

　　图（b）： $Y_{(b)} = 3 + \text{j}3\ \text{S}$， $Z_{(b)} \approx 0.17 - \text{j}0.17\ \Omega$

12. $\dot{I}_R = 1\underline{/0°}\ \text{A}$， $\dot{I}_C = 1\underline{/90°}\ \text{A}$， $\dot{I} = \dot{I}_R + \dot{I}_C = 1 + \text{j}1 = 1\underline{/45°}\ \text{A}$

　　相量图（略）

13. 图（a）： $I = \sqrt{6^2 + 8^2} = 10\ \text{A}$

　　图（b）： $U_L = \sqrt{U^2 - U_R^2} = \sqrt{2^2 - 1^2} = \sqrt{3} \approx 1.73\ \text{V}$

14. $Z = R + \text{j}\left(\omega L - \dfrac{1}{\omega C}\right) = 0.5 + \text{j}0.5 = \dfrac{\sqrt{2}}{2}\underline{/45°}\ \Omega$

　　$\dot{I}_S = 10\underline{/0°}\ \text{A}$

　　$\dot{U} = Z\dot{I}_S = \dfrac{\sqrt{2}}{2}\underline{/45°} \times 10 = 5\sqrt{2}\underline{/45°}\ \text{V}$

　　$u(t) = 10\cos(10^3 t + 45°)\ \text{V}$

15. $\omega_0 = \dfrac{1}{\sqrt{LC}} = \dfrac{1}{\sqrt{160 \times 10^{-6} \times 250 \times 10^{-12}}} = 5 \times 10^6\ \text{rad/s}$

　　$\rho = \sqrt{\dfrac{L}{C}} = \sqrt{\dfrac{160 \times 10^{-6}}{250 \times 10^{-12}}} = 800\ \Omega$

16. $\omega_0 = \dfrac{1}{\sqrt{LC}}$， $L = \dfrac{1}{\omega_0 C} = 5\ \text{mH}$

17. （1） $\rho = \dfrac{R}{Q_0} = 270\ \Omega$， $\rho = \omega_0 L = \dfrac{1}{\omega_0 C}$

　　（2） $L = \dfrac{\rho}{\omega_0} \approx 35.8\ \text{mH}$， $C = \dfrac{1}{\rho\omega_0} = 0.5\ \mu\text{F}$

18. （1） $n = \dfrac{N_1}{N_2} = \dfrac{U_1}{U_2}$， $U_2 = nU_1 = 90\ \text{kV}$

　　（2） $n = \dfrac{N_1}{N_2} = \dfrac{I_2}{I_1}$， $I_1 = \dfrac{N_2}{N_1}I_2 = 1\,500\ \text{A} = 1.5\ \text{kA}$

19. $N_1 = \dfrac{U_1}{U_2}N_2 = 1100$ 匝

20. （1） $\dot{U}_{dc} = -\dot{U}_{cd} = -U\underline{/60°} = U\underline{/60° + 180°} = U\underline{/-120°}\ \text{V}$

　　　　$\dot{U}_{fe} = -\dot{U}_{ef} = -U\underline{/-60°} = U\underline{/-60° + 180°} = U\underline{/120°}\ \text{V}$

（2）将 b、d、f 相连接，形成一个公共点，a、c、e 三个首端电源的输出端，即为星形连接。

（3）将 b 与 c 相连，d 与 e 相连，f 与 a 相连，由 a、d、f 三端引出三根连接线，即为三角形连接。（即将 $\dot{U}_{ab}$、$\dot{U}_{dc}$、$\dot{U}_{fe}$ 三个绕组按相序首尾相连接）

连接图（略）

附录3 装配实训总结报告的内容与格式要求

一、实训题目：MF-47型万用表装配。

二、实训目的。

三、简述万用表的基本组成与工作原理。

四、简述MF-47型万用表的主要功能。

五、画出MF-47型万用表"直流电流挡"和"欧姆挡"的分电路原理图。

六、简述色环电阻阻值的识别方法，以及二极管D与电解电容C的正负极性的判别方法。

七、简述MF-47型万用表装配工艺要求与装配顺序。

八、实测结果记录表与老师验收签字单。

九、装配实训的主要收获与体会。

要求：

① 统一封面（认真填写相关内容）并装订成册。

② 内容完整、字迹清楚、图表规范、按时完成。

③ 建议：最好是打印稿。

附录4 "自检自测"数据与验收签字单

姓名（学号）_____ 组号_____

自装表挡位	指定自检参数	自检结果	指定测试	老师签字	备注
电阻挡	检验调零				
	$R_2 = 5$ （MF-47中）				
	$R_5 = 15\ \text{k}\Omega$（MF-47中）				
	$R =$ （自选）				
直流电压挡 DCV（20 k/V）	测1.5 V干电池				
	1 V量程的内阻R				
	10 V量程的内阻R				
	50 V量程的内阻R				
≥250 V（9 k/V）	125 V量程的内阻R				
	250 V量程的内阻R				
	500 V量程的内阻R				
交流电压挡 ACV（9 k/V）	10 V量程的内阻R				
	50 V量程的内阻R				
	250 V量程的内阻R				
	500 V量程的内阻R				
直流电流挡 DCmA	5 mA量程的内阻R				
	50 mA量程的内阻R				
	500 mA量程的内阻R				
注意分清	用"标准表"的电阻挡检测自装表量程的静态内阻				
记录项目	学生实训状态记录	工艺	完成时间	器材情况	工具
老师签字与记录					
备注					

特别注意：

① 自装表未经老师验收和装好后盖之前，不允许用来测试220 V市电。

② 该验收单为老师验收签字与评定成绩的重要依据，请裁剪下并附在总结报告中。

_____年____月____日

参考文献

[1] 翁黎朗. 电路分析基础[M]. 北京：机械工业出版社，2009.
[2] 刘芬，李晶骅. 电路分析与实践[M]. 上海：上海交通大学出版社，2010.
[3] 陈晓平，李长杰. 电路分析与实践[M]. 北京：机械工业出版社，2008.
[4] 席时达. 电工技术[M]. 北京：高等教育出版社，2008.
[5] 付植桐. 电工技术实训教程[M]. 北京：高等教育出版社，2009.
[6] 王慧玲. 电路基础实验与综合训练[M]. 北京：高等教育出版社，2008.
[7] 陈晓平，李长杰. 电路分析基础[M]. 北京：机械工业出版社，2008.
[8] 沈元隆，刘陈，吴新余. 电路分析基础[M]. 江苏：东南大学出版社，1996.
[9] 邱关源. 电路原理[M]. 北京：高等教育出版社，1996.